棉花营养诊断与现代施肥技术

姜存仓 陈 防 主编

U0239220

中国农业出版社

内容提要

　　本书系统地介绍了我国棉花生产概况、主产区域土壤养分状况、棉花生长特点、棉花养分吸收特性、矿质营养元素缺乏的诊断以及棉田测土配方施肥技术，着重介绍了与当前生产相适应的各种肥料适宜用量、施用方法和养分配比。本书内容全面，侧重介绍棉花矿质营养元素的作用、缺素诊断及测土配方施肥技术。内容通俗易懂、图文并茂，具有实用价值高、技术先进、操作性强等特点，可供棉田生产一线技术人员、棉农、肥料生产与经销人员、农业院校师生、科研院所技术工作者阅读参考。

主　　编　姜存仓　陈　防

副主编　鲁剑巍　王晓丽

编　　者　姜存仓　陈　防　鲁剑巍

　　　　　夏　颖　郝艳淑　王晓丽

序

棉花是我国重要的经济作物和棉纺织品的原料。棉花作为一种天然纤维，在透气性、保暖性、柔软程度等方面超过化纤，对人体无不利的静电反应。随着人们保健意识的增强，尽管纺织产品采用化纤已成为潮流，但是，棉纺织品更受到人们的钟爱。我国棉纺织品及服装是出口创汇的重要产品。因此，发展棉花生产对于发展农村经济，增加农民收入，建设文明富裕的新农村，促进我国国民经济又好又快的发展，具有重大而现实的意义。

棉花生长期长，具有无限生长习性，不断现蕾、开花、结桃。棉花需肥多，故棉花施肥不同于其他作物，要求施肥次数多、数量适宜、养分平衡、时间准确，才能不断满足棉花对营养的需要。缺肥导致棉花早衰低产，肥料过多或者养分失衡，反使棉花生长过旺，导致蕾铃大量脱落，不仅产量不高，还使品质降低，施肥效益下降，致使耕地质量退化，养分流失而污染环境。当前迫切需要加强对棉花科学施肥的指导。

有关棉花营养施肥方面的书籍偏少，多是20世纪八九十年代出版的，已不适应棉花品种更新、生产条件与植棉科学技术的发展。姜存仓副教授从研究生学习开始一直从事棉花营养与施肥的研究与应用，陈防研究员长期从事植物营养和施肥的研究与应用，他们积累了大量棉花营养与施肥的研究成果。此次合作而成《棉花营养诊断与现代施肥技术》一书，既是作者对前人工作的总结，也是自己科研成果的奉献。该书内容新颖，科学性强，深入浅出，简明易懂。该书的出版必将受到广大科技工作者和农民朋友的喜爱，对我国棉花施肥技术不断向前发展起到推动作用。

特乐意为之序。

中国植物营养与肥料学会顾问

华中农业大学教授、原副校长　王运华

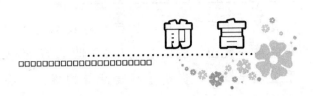

前　言

　　棉花是世界性的经济作物，全世界有 150 多个国家种植棉花。自 20 世纪 80 年代以来，我国棉花生产一直居世界之首，在国民经济和人民生活中占有极其重要的地位，是我国出口创汇的重要资源之一。据农业部最新统计，2007 年全国棉花种植面积 8 300 万亩，比上年增加 1.72%，预计总产超过 700 万 t，创历史最好水平。据我国海关统计数据，2006 年 1～12 月，我国纺织品和服装进出口总值为 1 651.36 亿美元，与 2005 年同比增长 22.66%，占全国外贸进出口总值的 9.38%，贸易顺差达到 1290.34 亿美元。棉花是我国重要战略物质，棉纤维在国防、医药、化工、电讯、交通等部门均有广泛用途。

　　养分是植物生长的基础，肥料是作物的粮食，科学合理施用肥料是农业生产活动中最重要的内容之一。随着现代化农业的发展，肥料在农业增产和农民增收中的作用越来越大，国内外经验证明，棉花增产的各项措施中施肥所起的作用占 40%～60%。有机肥的积造和施用在我国历史悠久，祖先们为我们留下了许多宝贵的经验。同时，新中国成立后尤其是近 30 年来我国十分重视化肥的生产和施用，目前已经成为世界化肥生产与消费的第一大国，我国农业从20世纪70年代后，化肥使用量迅速增加，促进了粮食产量的提高，在解决人们温饱问题上起到了重要作用。在当前种植业直接投入中，农民大约要花费一半甚至更多的直接成本用于购买肥料，因此用好肥料也是高效利用资源和节约种田成本的重要措施。近年来，随着我国农业基础设施条件的改善和棉花产量的增加，棉花的种植制度、施肥结构、耕作方式、主栽品种等发生了较大改变，土壤养分和耕地质量亦发生了较大变化。由于科学研究推广的滞后及农业科技知识普及不力，目前棉田肥料施用不平衡、养分比例失调及盲目施肥等现象时常发生，由此导致农作物产量和品质降低，施肥效益下降，耕地质量退化，农作物病虫害普遍发生，大量氮、磷流失造成农业面源污染加剧，部分地区水体富营养化进程加快，生态环境恶化，农业综合生产能力降低，严重制约着农业生产的持续发展和提高。为此，党和国家对科学施肥工作给予了前所未有的重视，从政策上对肥料的科学研究和技术推广进行大力支持，要求加强对农民合理施肥的指导，提高肥料利用率，降低污染。这对推动我国科学施肥工作，加快农业科技进步，提高农业综合生产能力具有重大的意义。

为了更好地指导棉花施肥，给农业技术推广人员和肥料经营人员当好施肥参谋，中国农业出版社组织有关科研、教学和技术推广部门的土壤肥料专家编写了本书。全书分为九章，主要介绍了棉花栽培的基本知识、作物营养元素的种类和作用、土壤养分的供给、作物营养诊断等基本的作物营养知识。介绍了大、中、微量元素肥料的种类、性质、施用量及施肥方法。还介绍了棉花测土配方施肥技术的基本方法和技术环节，用于养分诊断的土壤及植物样品的取样和测定方法、各种养分临界指标。另外，书后还附有棉花营养失调症状图谱。

本书由姜存仓、陈防主编，鲁剑巍、王晓丽副主编。参与本书编写的人员有：姜存仓博士（华中农业大学副教授）参加编写第一章、第六章；陈防博士（中国科学院研究员）参加编写第二章、第三章；鲁剑巍博士（华中农业大学教授）参加编写第五章、第九章；王晓丽硕士（华中农业大学）参加编写第四章；夏颖博士（华中农业大学）参加编写第八章；郝艳淑硕士（华中农业大学）参加编写第七章；各章节编写完毕后由姜存仓和陈防统稿。

编者们近年主持和参加了许多相关施肥技术的科研项目，诸如国家自然科学基金项目"不同钾效率棉花基因型对土壤钾库和外源钾吸收利用差异的内在机制"（编号 40801112 / D010506）、国际植物营养研究所（IPNI）项目"不同基因型棉花对钾肥利用率的差异及对生态效应的影响"（编号：Hubei－37，Hubei－29）、中国科学院知识创新工程重要项目"钾高、低效基因型棉花差异的生理及其机制研究"（编号：KSCX2－YW－N－002）等，均为本书提供了丰富的资料和素材。在项目的实施过程中，农业部全国农业技术推广服务中心高祥照处长、华中农业大学副校长张献龙教授、华中农业大学植物科技学院聂以春教授、中国农业科学院棉花研究所毛树春研究员及种子资源室的同志给予了大力的帮助和支持，湖北省洪湖市大同湖农场的鲁君明所长在编写的过程中提出了很多很好的建议；同时本书也吸收和借鉴了国内外其他学者及专家的有关著作、论文和网络中的相关内容，由于篇幅所限不一一注明出处，在此谨向他们表示深深的谢意。

　　本书是棉花施肥方面的"入门"读物，是一本面向农业技术人员的工具书，适合各级农业推广部门、肥料生产企业、土壤和肥料科研教学部门及从事测土配方施肥技术推广的各级技术人员、棉花种植户阅读参考。也可作为相关大专院校教学参考书，还可作为县市、乡镇和村组科学施肥培训教材及肥料生产和经销人员的培训材料。

　　由于棉花施肥技术内容广泛，涉及的知识面广，加之现代农业发展对科学施肥提出了更高的要求，而编者学识浅薄，错误和不当之处在所难免，热忱希望广大读者多提宝贵意见和建议。

姜存仓

2010 年 8 月 5 日于武汉狮子山

目 录

序

前言

目　录

Contents

□□□□□□□□□□□□□□□□□□□□□□□

Contents

Contents

第一章
我国棉花生产概况

内 容 提 要

棉花是我国主要的经济作物之一，既是最重要的纤维作物，又是重要的油料作物，也是含高蛋白的粮食作物，还是纺织、精细化工原料等重要的战略物资，在国民经济和人民生活中占有重要地位。研究棉花生长发育过程中土壤、植株的营养动态和规律，利用营养诊断的手段进行因土、因苗施肥，改善棉花的营养条件，保证棉花高产、稳产、优质，以增加棉农收入和满足国民经济发展等多方面的需要。本章主要对棉花的基本知识进行了总结和概述，包括棉花的生长发育过程及其特性，棉花纤维品质的构成因子，棉花的分类、加工与检验，棉花的分级，棉花的产区分布、区划以及我国近年来的棉花产量状况等。

Brief

Cotton is one of the main cash crops in China, not only it is the most important fiber crop, but also is important oil crop. It is a high protein crop, and is a strategic resource on textiles, fine chemicals raw materials. Study trophic dynamics and laws in the soil and plant on the cotton growth process, using nutrition diagnosis methods to fertilize according to soil and cotton plants, improving nutritional conditions of cotton, guarantees the cotton high production, the stable production and high quality, to increase cotton farmers' income and the satisfaction of the national economic development, and other needs. This chapter mainly has carried on the summary and the outline to cotton's elementary knowledge, including cotton's growth process and characteristic, cotton textile fiber quality constitution factor, cotton's classification, processing and examination, cotton's graduation, cotton's production area distribution, regionalization as well as our country recently these year cotton output condition and so on.

一、概述

棉花是离瓣双子叶植物，属锦葵目锦葵科木槿亚科棉属，喜热、好光、耐旱、忌渍，适宜于在疏松深厚土壤中种植。棉花栽培历史悠久，约始于公元前 800 年。我国是世界上种植棉花较早的国家之一，公元前 3 世纪，即战国时代，《尚书》、《后汉书》中就有关于我国植棉和纺棉的记载。

在我国棉花栽培历史上，先后种植过 4 个栽培品种：海岛棉（长绒棉）、亚洲棉（粗绒棉）、陆地棉（细绒棉）和草棉（粗绒棉）。在不同历史时期，我国的主要栽培品种也不一样，亚洲棉引入的历史最久，种植时间最长，同时栽培区域较广；陆地棉引入我国的历史较短，但发展很快，19 世纪 50 年代即取代了亚洲棉。目前广大棉区所种植的棉花多为陆地棉种（细绒棉），新疆还种植有少量海岛棉（长绒棉）。

棉花原产于热带、亚热带地区，是一种多年生、短日照作物。经长期人工选择和培育，逐渐北移到温带，演变为一年生作物。春季（或初夏）播种，当年现蕾、开花、结实，完成生育周期，到冬季严寒来临时，生命终止。在其生长发育过程中，只要有充足的温度、光照、水肥条件等，就像多年生植物一样，可不断地长枝、长叶、现蕾、开花、结铃，持续生长发育，具有无限生长性和较强的再生能力。在棉花的一生中，温度对它的生长发育、产量及产品质量的形成影响很大。除温度外，棉花对光照非常敏感，比较耐干旱，怕水涝。棉花生长历经春、夏、秋、冬4个季节，春分到立冬16个节气（从4月中下旬至11月中旬左右）。棉花从出苗到吐絮所需的天数，称为生育期。生育期长短，因品种、气候及栽培条件的不同而异，一般中熟陆地棉品种约130～140d。在优越的生产条件下，可促使棉花生长加快，发育提前。因此，创造适宜条件，满足棉花生育对环境条件的要求，就能促进棉花早发，延长有效结铃期，从而达到早熟、优质、高产的目的。在棉花整个生育过程中，共经历5个生育时期。播种出苗期：播种—出苗，约需7～13d；苗期：出苗—现蕾，约需40～45d；蕾期：现蕾—开花，约需25～30d；花铃期：开花—吐絮，约需50～60d；吐絮期：吐絮—收花结束，30～70d不等。相对于其他农产品来讲，棉花生长期较长，受自然因素的影响较大。

二、棉花的生长发育

1. 棉子发芽出苗过程　棉花种子内部贮藏丰富的营养物质。因此，棉子发芽一般需要经历3个过程：一是吸水膨胀过程；二是贮藏物质分解分化过程；三是胚细胞生长、分化过程。种子吸水膨胀后，酶的活性逐渐加强，使子叶内的贮藏物质分解转化为可溶性的、较简单的物质，供胚吸收利用。胚吸收养分后，即开始细胞分裂、生长、分化，形成幼苗的不同器官。当胚根突破珠孔向外伸长达种子长度一半时，叫做发芽。发芽后，条件适宜，胚轴伸长为幼茎。幼茎起初弯曲呈弓背状，待顶破土后便很快伸直，并将子叶带出土面，当子叶平展时，叫做出苗。

2. 棉子发芽出苗需要的条件

（1）温度　棉花是喜温作物，棉子发芽的最低温度为10.5～12℃，适宜温度为28～30℃，最高温度为40～45℃。在临界温度范围内，温度越高，发芽越快。在昼夜平均温度相同的条件下，变温比恒温更有利于发芽。棉子出苗时对温度的要求比发芽高。试验表明，一般陆地棉品种出苗需要16℃以上，在16～32℃之间，随温度的升高出苗速度加快。

（2）水分　棉子种皮厚而坚硬，种子内含有大量的营养物质，所以棉子发芽需要吸收较多的水分，陆地棉为种子风干重的61.6%。因此，棉子在播种前需要浸种，吸足水分，利于发芽出苗。棉子发芽出苗与土壤水分状况关系密切。一般土壤水分为田间持水量的70%左右时发芽率高，出苗快；若土壤水分为田间持水量的45%时，则发芽率低，出苗慢。盐碱地棉田，在含盐量不超过0.25%～0.3%的范围内，土壤含盐量越高，棉子发芽出苗所需的土壤水分也越高。主要是降低盐分溶液浓度，有利于棉子吸水，发芽出苗。

（3）氧气　棉子内含有丰富的蛋白质和脂肪，要有充足的氧气，才能增强呼吸作用和酶的活动，将不可溶性物质转化为可溶性物质，供发芽出苗需要。因此，要做好整地保墒工作，掌握适宜的播种深度，播后松土，以满足棉子发芽出苗对氧气的需要。

3. 根及其生长　棉花的根系为直根系，由主根、侧根、支根和根毛组成。棉花是深根作物，主根入土深，侧根分布广。主根入土深度可达2m以上。侧根主要分布在地表以下10～30cm土层内，上层侧根扩展较长，一般可达60～100cm，往下渐短，形成一个倒圆锥形的强大根系网。棉花主根生长速度是前期快，后期慢。现蕾前主根比茎生长快，主根长度约为茎高的4～5倍。现蕾后，棉株地上部分生长加快，侧根迅速增加，主根生长速度相对减慢。开花后，由于棉株地上部分生长旺盛，进入大量开花结铃期，主根生长速度缓慢。适宜棉花根系生长的条件是：土壤温度18～25℃，土壤水分为田间持水量的60%～70%，土壤酸碱度（pH）6.5～8.5，土层深厚，土壤质地疏松，土壤养分含量丰富。

4. 茎、枝及其生长　棉花的主茎由节和节间组成，着生叶片的地方叫做节，节与节之间叫节间。节间的长短是衡量棉株生长是否稳健的一个重要指标，生长稳健的棉株，节间较短，徒长的棉株节间较长。茎的颜色生长前期呈绿色，以后随着茎秆逐渐生长、成熟，由下向上逐渐变为红色。主茎颜色经常作为田间诊断的指标。另外，主茎上着生茸毛，具有保护作用，还有油腺，油腺内有棉酚，有抵抗害虫作用。棉花主茎的生长速度，一般苗期生长缓慢，现蕾后逐渐加快，初花期生长最快，盛花期后又逐渐减慢。主茎生长快慢受温度、水分、养分、光照等条件的影响。棉花的茎上有分枝，分枝有果枝和叶枝两种。果枝能直接长出花蕾，开花结铃。叶枝间节长出花蕾，开花结铃。棉花的茎枝生长发育的适宜温度为 20～30℃，温度低于 19℃时，果枝发育受抑制。温度高，水肥不当时，茎枝徒长。一般现蕾后，温度在25℃左右时，主茎每长一节或出现一个果枝约需 3d 左右，果枝每长一节约需 6d 左右。土壤水分以田间持水量的 60%～70%为宜，另外，还要有充足的光照和适宜的养分。

5. 叶及其生长　棉花的叶分为子叶、先出叶和真叶。子叶两片，一般呈茧形，对生在子叶节上。子叶是棉花出现真叶前，制造有机养分的主要器官。因此，三叶期以前，要注意保护好子叶。先出叶位于枝条基部的左侧或右侧，为不完全叶，叶形多为披针形或长椭圆形，易脱落。真叶有主茎叶和果枝叶，为完全叶，叶片为掌状，通常有 3～5 裂或更多。真叶出生的速度与温度有密切关系。出苗到第一片真叶出现，气温在 14℃时，需要20 多 d；16～18℃时，需 10～12d；25℃时只需 5～7d。自第一片真叶出现以后，随气温升高，真叶出生速度逐渐加快，平均每隔 3～4d 可长出一片真叶。叶片的叶龄可达 70～90d，其中以出生 21～28d 的光合效率最高，超过 60d 以上的光合作用效率大大降低。据研究，丰产棉田的叶面积动态应该是：初蕾期叶面积系数 0.2～0.3，初花期 1.5～2.0，盛花期 3.0～3.5，最大叶面积系数不宜超过 4，始絮期 2.0～2.5，以后缓慢降低。

6. 现蕾 当棉株第一果枝上出现荞麦粒大小（长、宽约 3mm）的三角形花蕾时叫做现蕾，棉花的花蕾是由果枝的顶芽分化发育而成的。一般陆地棉品种长出 6～8 片真叶时，开始出现第一果枝，长出第一个花蕾，大约现蕾后 20～25d 就可发育成完全的花。棉花现蕾的顺序是由下向上，从内向外，以第一果枝第一果节为中心，呈螺旋曲线由内圈向外围发展现蕾。相邻两果枝的同一节位现蕾间隔的天数称为纵间期，一般为 2～4d。同一果枝相邻两果节现蕾间隔的天数叫横间期，一般为 5～7d。棉花现蕾的最低临界温度为 19～20℃，在肥水条件适宜，温度不超过 30℃时，温度越高，现蕾速度越快，现蕾越多。天津地区 7 月上、中旬，日平均气温多在 25℃ 以上，所以棉株生长旺盛，现蕾数最多。蕾期土壤湿度以保持田间持水量的 60%～70% 为宜，如果低于 55% 时和高于 80% 以上，都会不利于棉株正常生育，影响增蕾保蕾。

7. 开花、授粉与受精 棉花现蕾后约经 25d 左右开花。开花顺序和现蕾顺序相同。开花前一天的下午，花冠急剧伸长露出苞叶，于次日早晨花冠开放，呈乳白色，到下午 3、4 点后逐渐萎缩，变成微红色，第二天变成紫红色并凋萎，一般到第三、四天花冠脱落。但在开花时遇雨，花冠残留在子房上，易引起幼铃感病脱落。棉花开花后，花粉粒落到柱头上，称为授粉。棉花以自花授粉为主，因花大色艳，又有蜜腺，能引诱昆虫传粉，所以也有一部分是异花授粉的。一般异花授粉率达 2%～12%，故称棉花为常异花授粉作物。授粉后，花粉粒便在枝头上萌发，约在 1h 内即可伸出花粉管，开始受精过程。从授粉到受精结束，一般约需 24～30h。没有受精的胚珠，就很快死亡成为不孕子。棉花授粉、受精，一般以天气晴朗微风，空气湿度 60%～70% 和温度 25～30℃时最为适宜。开花时遇雨，花粉粒吸水膨胀破裂，丧失生活力。温度低于 15℃ 或高于 35℃，也会使花粉粒的生活力降低，阻碍受精，没有受精的子房就会脱落。

8. 棉铃、种子和纤维的生长发育　棉铃是由受精的子房发育而成。棉铃有 3～5 室，每室有子棉 1 瓣。棉铃的生育过程可分为 3 个阶段：①体积增大阶段：受精后约 25～30d，棉铃体积可能长到应有的大小；②内部充实阶段：棉铃体积达到应有大小后，便进入内部充实阶段，约经历 25～35d；③开裂吐絮阶段：棉铃完成前两个阶段后，在适宜的条件下，铃壳脱水失去膨压而收缩，沿裂缝线开裂，露出子棉，称为吐絮，从开裂到吐絮大约需要 5～7d。3 个阶段虽有一定的先后顺序，但并不能截然分开。棉铃的大小，常以平均单铃重或每千克籽棉所需的铃数来表示。陆地棉品种的单铃重一般为 4～6g，即 180～240 个铃可收 1kg 籽棉。棉铃按结铃时间，可划分为伏前桃、伏桃和秋桃，总称为三桃。7 月 15 日以前所结的成铃（棉铃直径达 2cm）为伏前桃；7 月 16 日至 8 月 15 日所结的成铃为伏桃；8 月 16 日以后所结的成铃为秋桃。根据棉铃吐絮时间早晚，可分为霜前花和霜后花。在生产上常把严霜后 5d 以前所收的棉花，称为霜前花；把严霜后 5d 以后所收的棉花，称为霜后花。霜前花纤维品质和铃重等均好于霜后花。棉籽是子房内受精的胚珠发育而成的，在棉铃发育的同时，棉籽也迅速发育。一般在受精后 20～30d，棉籽体积可达到应有大小。棉籽的大小用"籽指"来表示，即 100 粒干棉籽的重量一般为 9～12g。

棉纤维的发育过程可分为伸长期、加厚期和扭曲期 3 个时期。

伸长期：棉花开花后第二天纤维初生细胞开始伸长，受精后 5～25d 伸长最快，25～30d 纤维达最后长度。一般开花后 3d 内开始伸长的可发育成长纤维，3d 后开始伸长的只能形成覆盖种子表面的短绒。影响纤维伸长的速度和长度，除品种等因素外，水分是主要因素。据研究表明，当土壤水分低于田间持水量的 55％时，则纤维缩短 2～3mm。此外，温度低于 16℃及光照不足，也会使棉纤维变短。

加厚期：棉纤维加厚一般从开花后 20～25d 开始，每天淀积一层，直到裂铃时停止，约需 25～30d。加厚的速度和厚度，因品种和环境条件而异。在环境条件中，温度是影响纤维加厚的主要因素。在 20～30℃ 的温度范围内，温度越高，加厚越快，而低于 20℃ 纤维停止加厚。因此，后期棉铃不成熟的棉纤维较多，品质差。

扭曲期：此期一般在棉铃开裂后 3～5d 完成。棉子上纤维的多少，常用"衣指"或"衣分"来表示。衣指即 100 粒籽棉的纤维重，衣分是指皮棉重占籽棉重的百分数。

三、棉花生长发育的特性

1. 无限生长习性　棉花在适宜的环境条件下，主茎能向上持续生长，不断地生长果枝，果枝又可不断地横向增生果节，蕾铃能不断增加。这一特性，对夺取棉花高产是极为有利的条件。在生产上应用的适期早播、促壮苗早发、防止早衰和地膜覆盖等措施，都是根据这一特性，尽量延长生长期，增加有效结铃期，来充分发挥棉花的增产潜力。棉花的无限生长习性，也有不利的一面，例如易徒长，易贪青晚熟，后期还容易出现二次生长等。根据棉花这一特性，生产上采用喷施生长调节剂、人工除枝等措施进行调控，以达到多结铃、结大铃的目的。

2. 喜温、好光　棉花是喜温作物，一生都需要较高的温度。据研究，生长发育最适宜的温度为 25～30℃。棉花各生育时期所需最低温度是：种子发芽 10.5～12℃，出苗 16～17℃，开始现蕾 19～20℃。在棉铃发育过程中，温度低于 15℃ 纤维不能伸长，低于 20℃ 纤维停止加厚。棉花是好光作物，光照时间的长短和光照强度都会影响棉花的生育。一般棉花在每日 12h 光照条件下发育最快，而 8h 光照条件下，由于棉株营养不良，反而延迟发育。棉花需要的光照强度比一般作物如小麦等都要高。

3. 生长并进时间长 棉花从现蕾开始，即进入营养生长和生殖生长并进的时期，一直到吐絮，一般长达 70～80d。在这段时间内，营养生长和生殖生长之间，在营养物质分配以及对环境条件的需要上存在着矛盾，如果处理不当，造成营养生长过旺或是生长不良，都会引起蕾铃脱落，达不到多现蕾、多结铃、结大铃的目的。

4. 再生能力强 棉株的每个叶腋里都生有腋芽，当棉株遭受风、雹、虫等自然灾害后，只要时间充裕，采取措施创造适宜条件，就可以长出新枝条，获得一定的产量。棉花的幼根断伤以后，能长出更多的的新根。蕾期深中耕，就是对这一特性的利用。

此外，棉花还具有适应性广和株形可控性，使棉花丰产栽培具有十分丰富的内容。

四、棉纤维品质的构成

棉纤维是由受精胚珠的表皮细胞经伸长、加厚而成的种子纤维，不同于一般的韧皮纤维。棉纤维以纤维素为主，占干重的 93%～95%，其余为纤维的伴生物。由于棉纤维具有许多优良经济性状，使之成为最主要的纺织工业原料。

1. 长度 目前国内主要棉区生产的陆地棉及海岛棉品种的纤维长度，分别以 25～31mm 及 33～39mm 居多。棉纤维的长度是指纤维伸直后两端间的长度，一般以毫米表示。棉纤维的长度有很大差异，最长的纤维可达 75mm，最短的仅 1mm，一般细绒棉的纤维长度在 25～33mm 之间，长绒棉多在 33mm 以上。不同品种、不同棉株、不同棉铃上的棉纤维长度有很大差别，即使同一棉铃不同瓣位的棉籽间，甚至同一棉籽的不同籽位上，其纤维长度也有差异。一般来说，棉株下部棉铃的纤维较短，中部棉铃的纤维较长，上部棉铃的纤维长度介乎二者之间；同一棉铃中，以每瓣籽棉的中部棉籽上着生的纤维较长。棉纤维长度是纤维品质中最重要的指标之一，与纺纱质量关系十分密切，当其他品质相同时，纤维愈长，其纺纱支数愈高（表1-1、表1-2）。支数的计算，是在公定回潮率条件下（8.5%），每1千克棉纱的长度为若干米时，即为若干公支，纱越细，支数越高。纺纱支数愈高，可纺号数愈小，强度愈大。

表1-1　原棉长度与可纺支数的关系

原棉种类	纤维长度（mm）	细度（m/g）	可纺支数（公支）
长绒棉	33～41	6 500～8 500	100～200
细绒棉	25～31	5 000～6 000	33～90
粗绒棉	19～23	3 000～4 000	15～30

表1-2　棉纤维的经济性状及可纺号数比较

棉纤维经济性状	长绒棉	细绒棉
色泽	乳白	洁白
长度（mm）	35～45	21～33
细度（m/支）	6 500～9 000	4 500～7 000
直径（μm）	12～14.5	13.5～19
宽度（μm）	14～22	18～25
转曲（转/cm）	100～120	50～80
强度（g）	4.5～6.0	3.5～5.0
裂长度（km）	27～40	21～25
可纺号数（号）	特细号4～10	细号及中号11～30

2. 长度整齐度　纤维长度对成纱品质所起的作用也受其整齐度的影响，一般纤维愈整齐，短纤维含量愈低，成纱表面越光洁，纱的强度越高。

3. 纤维细度　纤维细度与成纱的强度密切相关，纺同样粗细的纱，用细度较细的成熟纤维时，因纱内所含的纤维根数多，纤维间接触面较大，抱合较紧，其成纱强度较高。同时细纤维还适于纺较细的纱支。但细度也不是越细越好，太细的纤维，在加工过程中较易折断，也容易产生棉结。

4. 纤维强度 指拉伸一根或一束纤维在即将断裂时所能承受的最大负荷，一般以克或克/毫克或磅/毫克表示，单纤维强度因种或品种不同而异，一般细绒棉多在 $3.5\sim5.0$ g 之间，长绒棉纤维结构致密，强度可达 $4.5\sim6.0$ g。

5. 纤维成熟度 棉纤维成熟度是指纤维细胞壁加厚的程度，细胞壁愈厚，其成熟度愈高，纤维转曲多，强度高，弹性强，色泽好，相对的成纱质量也高；成熟度低的纤维，各项经济性状均差，但过熟纤维也不理想，纤维太粗，转曲也少，成纱强度反而不高。

五、棉花的分类、加工与检验

1. 分类 根据棉花物理形态的不同，分为籽棉和皮棉。棉农从棉株上摘下的棉花叫籽棉，籽棉经过去籽加工后的棉花叫皮棉，通常所说的棉花产量，一般指的是皮棉产量。根据加工用机械的不同，棉花分为锯齿棉和皮辊棉。锯齿轧花机加工出来的皮棉叫锯齿棉，皮辊轧花机加工出来的皮棉叫皮辊棉。皮辊棉生产效率低，加工出的棉花杂质含量高，但对棉纤维无损伤，纤维相对较长；锯齿轧花机加工出来的皮棉杂质含量低，工作效率高，但对棉花纤维有一定的损伤。目前细绒棉基本上都是锯齿棉，长绒棉一般为皮辊棉。

2. 加工 一般用衣分来表示籽棉加工成皮棉的比例，正常年份，衣分为 $36\sim40$，也就是 100kg 籽棉能够加工出 $36\sim40$kg 皮棉。皮棉不能散放，必须经打包机打成符合国家标准的棉包。我国标准皮棉包装有两种包型：85kg/包（±5kg）、200kg/包（±10kg），但以 85kg/包居多。

3. 检验 我国棉花的质量检验是按照细绒棉国家标准

GB1103—1999 进行的。标准规定，检验棉花分以下几个指标：

品级：根据棉花的成熟程度、色泽特征、轧工质量这 3 个条件把棉花划分为 1～7 级及等外棉。

长度：根据棉纤维的长度划分有长度级，以 1mm 为级距，把棉花纤维分成 25～31mm 7 个长度级。

马克隆值：马克隆是英文 Micronaire 的音译，马克隆值是反映棉花纤维细度与成熟度的综合指标，数值愈大，表示棉纤维愈粗，成熟度愈高。具体测量方法是采用一个气流仪来测定恒定重量的棉花纤维在被压成固定体制后的透气性，并以该刻度数值表示。马克隆值分 3 个级，即 A、B、C，B 级为马克隆值标准级。

回潮率：棉花公定回潮率为 8.5%，回潮率最高限度为 10.5%。实际工作中一般用电测器法测定原棉回潮率。

含杂率：皮辊棉标准含杂率为 2.5%。实际工作中，一般用原棉杂质分析机来测定原棉含杂率。

危害性杂物：棉花中严禁混入危害性杂物。

棉花检验分感官检验和仪器检验。由于目前我国的棉检仪器主要是测试棉花的一些物理指标，如棉纤维的强度、马克隆值等，还没有完全符合我国国情的棉花定级仪器，因此国标规定，棉花定级以感官检验为主、仪器检验为辅。在我国，承担棉花检验和仲裁机构是国家各级纤维检验局（所），棉花的进出口检验由各省（市）商品检验局负责。

2003 年 12 月 17 日，由国家发展改革委员会、国家质检总局、财政部、全国供销合作总社、中国农业发展银行联合下发《棉花质量检验体制改革方案》，该方案中明确提出棉花质检改革的目标是：力争用 5 年左右的时间，采用科学、统一、与国际接轨的棉花检验技术标准体系，在棉花加工环节实行仪器化、普遍性的权威检验，建立起符合我国国情、与国际通行做法接轨、科学权威的棉花质量检验体制。

六、棉花的分级

棉花分级是为了在棉花收购、加工、储存、销售环节中确定棉花质量，衡量棉花使用价值和市场价格必不可少的手段，能够充分合理利用资源，满足生产和消费的需要。

棉花等级由两部分组成：一是品级分级，二是长度分级。

1. 品级分级 一般来说，棉花品级分级是对照实物标准（标样）进行的，这是分级的基础，同时辅助于其他一些措施，如用手扯、手感来体验棉花的成熟度和强度，看色泽特征和轧工质量，依据上述各项指标的综合情况为棉花定级，国标规定，三级为品级标准级（表1-3）。

表1-3　棉花等级分类表

长度（cm）	一级	二级	三级	四级	五级	六级	七级
31	131	231	331	431			
30	130	230	330	430			
29	129	229	329	429			
28	128	228	328	428			
27	127	227	327	427	527		
26	126	226	326	426	526		
25	125	225	325	425	525	625	725

2. 长度分级 长度分级用手扯尺量法进行，手扯纤维得到棉花的主体长度（一束纤维中含量最多的一组纤维的长度），用专用标尺测量棉束，得出棉花纤维的长度。各长度值均为保证长度，也就是说，25mm 表示棉花纤维长度为 25.0～25.9mm，26mm 表示棉花纤维长度为 26.0～26.9mm，依此类推。同时国标还规定，28mm 为长度标准级；五级棉花长度大于 27mm，按 27mm 计；六、七级棉花长度均按 25mm 计。

品级分级与长度分级组合，可将棉花分为 33 个等级，构成棉花的等级序列。如国标规定标准品是 328，即品级为 3 级，长度为 28.0～28.9mm。

3. 马克隆值分级 马克隆值分 3 个级，即 A、B、C 级，B级为马克隆值标准级（表 1-4）。GB1103—1999 规定 328B 细绒白棉为标准等级，即表示品级三级，长度 28mm，马克隆值 B 级的细绒白棉。

表 1-4 马克隆值分级范围表（mm）

＜3.4mm	3.5～3.6mm	3.7～4.2mm	4.3～4.9mm	＞5.0mm
	A 级：高级			
	B 级：普通级			
C 级：折扣级				

七、棉花产区分布及区划

1. 我国棉花产区分布 我国适宜种植棉花的区域广泛，棉区范围大致在北纬 18°～46°，东经 76°～124°之间，即南起海南岛，北抵新疆的玛纳斯垦区，东起台湾省、长江三角洲沿海地带和辽河流域，西至新疆塔里木盆地西缘，全国除西藏、青海、内蒙古、黑龙江、吉林等少数省（自治区）外，都能种植棉花（图1-1）。2003 年棉花产量在 20 万 t 以上的省有：新疆（160 万t）、河南（37.67 万 t）、山东（87.7 万 t）、江苏（29.1 万 t）、河北（40.9 万 t）、湖北（32.5 万 t）和安徽（29 万 t）。

2. 我国棉花区划 我国棉区范围广阔，根据棉花对生态条件的要求，结合棉花生产特点，以及棉区分布状况、社会经济条件和植棉历史，将全国划分为三大棉区：长江流域棉区、黄河流域棉区和新疆棉区。

（1）长江流域棉区 包括上海、浙江、江苏、湖北、安徽、

图 1-1 棉花优势区域布局示意图

四川、江西、湖南 8 省市（直辖市），近年来种植面积稳中有减。长江流域在 20 世纪 80 年代初开始抗虫棉的研究与应用，到目前抗虫棉的面积接近 100%。

（2）黄河流域棉区 包括河南、河北、山东、山西、陕西、辽宁 6 省（自治区），近年来种植面积稳中有升。

（3）新疆棉区 包括新疆和河西走廊一带，种植面积稳中有升。新疆棉花以纤维长、色泽洁白、拉力强著称，是我国最具有发展潜力的新辟棉区。新疆水土光热资源丰富，气候干旱少雨，种植棉花条件得天独厚，近几年棉花种植面积增加很快（图 1-2）。从种植区域看，新疆已初步形成了 3 个产棉区，即南疆棉区、北疆棉区和东疆棉区。南疆棉区是新疆棉花的主产区，其棉花产量约占新疆棉区产量的 80%，也是我国最适宜的植棉地区，是长绒棉的生产基地。其次是北疆，再次是东疆。新疆棉花连续十年在总产、单产、人均占有量、外调量等方面居全国首位（图 1-3）。

图 1-2 三大棉区播种面积演变情况（1945—2005）

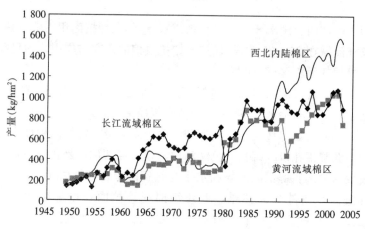

图 1-3 三大棉区棉花产量情况变化（1945—2005）

2006 年黄河流域地区面积 254.85 万 hm²，长江流域地区142.74 万 hm²，新疆地区 126.86 万 hm²。除三大主产棉区外，京、津、甘肃、广西、云南等地也有分散种植，但其产量合计占全国棉花总产不到 1‰。

八、我国的棉花产量

新中国成立以来，我国棉花供求矛盾一直比较突出。20 世纪80 年代以前，由于生产条件落后，棉花单产水平较低，总产量基本在 250 万 t 以下（1973 年产量 256.2 万 t），由于产量较小，国内市场供不应求，年进口棉花量较大，1979 年棉花进口量曾达91.89 万 t，这一时期总体上处于供不应求状态（图 1-4）。

图 1-4 1984—2004 年全国棉花产量走势图

20 世纪 80 年代以后，由于实行联产承包责任制，棉花生产的积极性被调动起来，产量迅速提高，到 1984 年，棉花产量创历史之最，达 626 万 t，而当时的消费能力只有 300 万 t 左右，市场出现了相对过剩。1985 年以后，我国棉纺工业发展很快，到 1989 年，年棉花消费量达到 400 万 t 左右，而同时棉花生产出现滑坡，1989 年棉花产量只有 379 万 t，当年棉花进口量达 40万 t。

20 世纪 90 年代以来，棉花生产比较稳定，除了特殊年份的1993 年和 1999 年，其余年份棉花产量均在 450 万 t 左右，基本能够满足生产经营的需要（表1-5）。

表1-5　近年来我国棉花生产情况统计

年　份	播种面积（万亩①）	单产（kg/亩）	总产量（万 t）
1990	8 382.2	53.8	451
1991	9 808.0	57.9	568
1992	10 253.0	44.0	451
1993	7 478.0	50.3	376
1994	8 292.0	51.3	425
1995	8 132.0	58.5	476
1996	7 083.4	59.3	420.3
1997	6 736.8	68.3	460.3
1998	6 689.1	67.3	450.1
1999	5 622.5	68.1	382.8
2000	5 400.0	81.8	441.7
2001	7 214.6	73.8	532.4
2002	6 720.0	78.47	492.0
2003	7 665.0	63.5	487.0

资料来源：1990—2000 年数据来源于《中国农业年鉴》，1991—2002 年版；2002 年数据来源于 2003 年国家统计局统计公报。

国家统计局公布，2004 年全国棉花产量达到 632 万 t，刷新了保持了 20 年的历史最高纪录。据中国棉花协会掌握的统计资料，这不仅是自 1949 年新中国成立以来棉花产量的最高水平，也是自 1919 年以来中国棉花产量最高纪录（图1-4）。据国家统计局的统计，2005 年和 2006 年我国棉花产量分别为 570 万 t 和 673 万 t，因而，2006 年棉花产量创了历史的新高。

---

① 亩为非法定计量单位，1 亩＝1/15hm²≈667m²。

中国是世界最大的棉花消费国，据中国棉花协会调查，2007年全国棉花总产量为758万t，2008年中国棉花种植面积576万hm²，产量为750万t。在2009年生产了640万t棉花，同比下降了14.6%。

由此可见，近年来中国棉花产量略有下降。国内产量的下降可能会促使中国从海外购买更多的棉花来满足国内纺织工业的需求，使纺织工业的出口出现上升的趋势。在2010年1月份，中国的棉花进口同比上升了286.4%，达到301 359t，这对国内外棉花产业和纺织工业的发展都有重要作用。

印度棉花协会2010年6月份发布最新报告，预计本季全球棉花种植面积将上升8%，达到3 270万hm²。这将是4年来的首次增长，受此影响，2010—2011年度全球棉花产量将比上年提高13%，达到2 480万t。报告认为，棉花种植面积增加的原因，主要还是由于2009—2010年度棉花价格的不断上涨。从2009年8月至今，国际棉花价格已经从每磅64美分，上涨到了约88美分。

在预计增长的区域中，美国和印度的增长面积约占一半。印度由于种植面积增加且气候条件也比上年理想，预计产量将达到550万t。同时，巴基斯坦的棉花产量也将提高5%，达到220万t。目前，有90%的棉花生长在北半球，而大部分棉花种植区都是从油籽或谷物的种植转产而来的。

报告认为，中国棉花产量的增长将非常有限，预计约为710万t，导致这一情况的主要原因是低温等不利天气条件，一些地区必须进行补种，并推迟了采摘。中国棉花产量的不振将直接导致进口的增长，预计进口量将达到270万t，较上年提高21%，以满足市场需求。

第二章
棉花矿质营养原理总论

内 容 提 要

目前，已发现植物体内的化学元素大约有 70 多种，其中，碳、氢、氧、氮、磷、钾、钙、镁等是公认的 16 种高等植物必需的营养元素，对植物体的构成和生长发育等都有不同程度的影响。本章主要介绍了植物生长所必需的营养元素，其中一部分营养元素来自于大气，而大部分营养元素来自于土壤。这里还着重对棉花的根系和根际进行了阐明，包括棉花根系的形态、结构和功能，棉花根系的生长与分布，棉花根系的生理功能及棉花的根际等，本章最后介绍了棉花根系如何进行养分的吸收，主要包括根系对养分的吸收方式，养分从外部溶液到达根系的迁移、养分在植物体内的运输、养分在植物体内的循环以及养分的再利用情况。了解棉花植株对养分的吸收和利用过程，通过各种措施提高养分的利用效率，能使有限的养分物质发挥更大的增产作用。

Brief

At present, there are about 70 kinds of chemical elements have been found in plant, among them, Carbon, Hydrogen, Oxygen, Nitrogen, Phosphorus, Potassium, Calcium, Magnesium, etc is recognized 16 essential nutrient elements for higher plants, effects on plant composition, growth and development to different extends. This chapter described the necessary nutrient for plant growth and some of them come from atmosphere, but most of the nutrients from the soil. Here also focus on cotton root system and the rhizosphere, including roots form, structure and function, roots growth and distribution, physiological functions of roots and cotton rhizosphere, This chapter also introduced how the cotton root system uptake the nutrients, mainly included the way root system uptake the nutrients, the nutrients arrives at the root system from the exterior solution the migration, the nutrients in the plant in vivo transportation, the nutrients in the plant in vivo circulation as well as the nutrient again using the situation. Understood the nutrients absorption and the use process of the cotton, enhances nutrients use efficiency through each measure, can enable the limited nutrient material to play the bigger production increase role.

第一节 棉花生长发育必需的营养元素

一、植物体的元素组成

植物的组成十分复杂，一般新鲜植株含有 75%～95% 的水分，5%～25% 的干物质。如果将干物质燃烧，其中的碳（C）、氢（H）、氧（O）、氮（N）等元素以二氧化碳、水、分子态氮和氮的氧化物形式跑掉，留下的残渣称为灰分。因此，植物必需的营养元素除碳、氢、氧外，可以分为氮及灰分元素两大类。到目前为止，已发现植物内化学元素大约有 70 多种，但是，这些化学元素在植物体内含量不同，而且所含的这些元素不一定就是植物生长必需的。有些元素可能是偶然被植物吸收，甚至还能大量积累；反之，有些元素对于植物需要虽然极微，然而都是植物生长不可缺少的营养元素。

二、植物生长必需的营养元素

关于研究植物的必需营养元素，1939 年 Arnon 和 Stout 提出了高等植物必需营养元素 3 条标准：

①如缺少某种营养元素，植物就不能完成生活史。

②必需营养元素的功能不能由其他营养元素所代替；在其缺乏时，植物会出现专一的、特殊的缺素症；只有补充这种元素后，才能恢复正常。

③必需营养元素直接参与植物代谢作用，例如酶的组分或酶促反应。

根据以上 3 条原则，确定了 16 种高等植物必需营养元素：碳（C）、氢（H）、氧（O）、氮（N）、磷（P）、钾（K）、钙（Ca）、镁（Mg）、硫（S）、铁（Fe）、锰（Mn）、锌（Zn）、铜（Cu）、钼（Mo）、硼（B）和氯（Cl）。

虽然所有高等植物已确定需要上述的 16 种营养元素，但是需要量之间差别很大，一般分为大量元素、中量元素和微量元素。

在必需营养元素中，碳和氧来自空气中的二氧化碳，氢和氧来自水，而其他的必须营养元素几乎全部是来自土壤。只有豆科作物有固定空气中氮气的能力，植物的叶片也能吸收一部分气态养分，如二氧化硫等。由此可见，土壤不仅是植物生长的介质，而且也是植物所需矿质养分的主要供给者。实践证明，作物产量水平常常受土壤肥力状况的影响，尤其是土壤中有效养分的含量对产量的影响更为显著。

许多文献报道，钠、钴、硅、钒、镍等元素对某些植物的生长有良好的作用，甚至也是不可缺少的。如藜科植物需要钠，豆科植物需要钴，蕨类植物和茶树需要铝，硅藻和水稻都需要硅，紫云英需要硒等。只是限于目前的技术水平，尚未证实它们是否为高等植物普遍所必需，所以，称这些元素为有益元素。由于分析技术，尤其是化学药品的纯化技术不断改进，有可能使许多植物体内含量极低的一些化学元素进入必需营养元素的行列，也有可能再发现一些新的必需营养元素。

三、营养元素缺乏的主要症状检索表

必需营养元素缺乏时出现的症状，是营养元素不足引起的代谢紊乱现象。任何必需元素的缺乏都影响植物生理活动，并明显地影响生长。缺素的植物虚弱、矮小，叶片小而变形，且往往缺绿。根据缺素症状和植株发生部位，可以鉴定所缺营养元素种类。

用溶液培养技术，容易制造各种营养元素缺乏症，以观察其症状。但运用这种症状来诊断田间作物或野生植物的缺素症时，必须注意以下几点：①在田间由于缺乏的严重程度不同，以及环境条件的影响，缺素症不像溶液培养中观察到的那样典型；②有些病毒病的症状和某些缺素症症状相似。考虑到田间情况的复杂性，诊断田间生长的作物的缺素症时，最好伴以植物的化学分析，并施用认为可能缺乏的营养元素。如体内该元素含量低于正常值，追加时植株又恢复正常生长，即可断定植物缺乏该元素。

有的营养元素的缺乏症状很相似，容易混淆。例如缺锌、缺锰、缺铁和缺镁的主要症状都是叶脉间失绿，有相似之处，但又不完全相同，可以根据各元素的缺乏症状的特点来辨识。辨别微量元素缺乏症状有3个着眼点，就是叶片大小、失绿的部位和反差强弱，分析如下：

叶片大小和形状：缺锌的叶片小而窄，在枝条的顶端向上直立呈簇生状。缺乏其他微量元素时，叶片大小正常，没有小叶出现。

失绿的部位：缺锌、缺锰和缺镁的叶片，只有叶脉间失绿，叶脉本身和叶脉附近部位仍然保持绿色。而缺铁叶片，只有叶脉

本身保持绿色，叶脉间和叶脉附近全部失绿，因而叶脉形成了细的网状。严重缺铁时，较细的侧脉也会失绿。缺镁的叶片，有时在叶尖和叶基部仍然保持绿色，这是与缺乏微量元素显著不同的。

反差：缺锌、缺镁时，失绿部分呈浅绿、黄绿以至于灰绿，中脉或叶脉附近仍保持原有的绿色。绿色部分与失绿部分相比较时，颜色深浅相差很大，这种情况叫作反差很强。缺铁时叶片几乎成灰白色，反差更强。而缺锰时反差很小，是深绿或浅绿色的差异，有时要迎着阳光仔细观察才能发现，与缺乏其他元素显著不同。

此外，各微量元素的缺乏情况也可以根据土壤类型加以区别：缺锰或缺铁一般发生在石灰性土壤上，缺镁只出现在酸性土壤上，只有缺锌会出现在石灰性土壤和酸性土壤上（表2-1）。

表2-1　植物必需营养元素缺乏的主要症状检索表

1. 较幼嫩组织先出现病症——不易或难以重复利用的元素
　　2. 生长点坏死
　　　　3. 叶失绿 ·· B
　　　　3. 叶失绿、皱缩、坏死；根系发育不良；果实极少或不能形成 ······ Ca
　　2. 生长点不坏死
　　　　3. 叶失绿
　　　　　　4. 叶脉间失绿以至坏死 ······································· Mn
　　　　　　4. 不坏死
　　　　　　　　5. 叶淡绿至黄色；茎细小 ························· S
　　　　　　　　5. 叶黄白色 ····································· Fe
　　　　3. 叶尖变白，叶细、扭曲、易萎蔫 ···················· Cu
1. 较老的组织先出现病症——易重复利用的元素
　　2. 整个植株生长受抑制
　　　　3. 较老叶片先失绿 ····································· N
　　　　3. 叶暗绿色或红紫色 ······························· P

2. 失绿斑点或条纹以至坏死

 3. 脉间失绿 ··· Mg

 3. 叶缘失绿或整个叶片上有失绿或坏死斑点

  4. 叶缘失绿以至坏死，有时叶片上也有失绿至坏死斑点 ········ K

  4. 整个叶片有失绿至坏死斑点或条纹 ·························· Zn

第二节　棉花的根系与根际

一、根系形态、结构和功能

　　棉花的根系为直根系，由主根、侧根、支根和根毛组成。主根呈圆锥形，粗、壮、扎得深；侧根发达、分布广，侧根前端幼嫩部分有根毛。主根、侧根、根毛形成棉花的根系网。棉花是深根作物，主根入土深，侧根分布广。主根入土深度可达 2m 以上，侧根主要分布在地表以下 10～30cm 土层内，上层侧根扩展较长，一般可达 60～100cm，往下渐短，形成一个倒圆锥形的强大根系网。棉花主根生长速度是前期快，后期慢。现蕾前主根比茎生长快，主根长度约为茎高的 4～5 倍。现蕾后，棉株地上部分生长加快，侧根迅速增加，主根生长速度相对减慢。开花后，由于棉株地上部分生长旺盛，进入大量开花结铃期，主根生长速度缓慢。适宜棉花根系生长的条件是：土壤温度 18～25℃，土壤水分为田间持水量的 60%～70%，土壤酸碱度（pH）6.5～8.5，土层深厚，土壤质地疏松，土壤养分含量丰富。

二、棉花根系的生长与分布

　　棉花根系为直根系，苗期为根系发展期，蕾期为根系生长旺盛期，花铃期达到根系吸收高峰期，吐絮期为根系机能衰退期。在适宜的生态环境和栽培条件下，上部侧根伸展较远，横向扩展可达 60～100cm，下部侧根伸展较近，大部分侧根分布于地表

10～30cm 土层内。李少昆（2000）研究表明，北疆高产棉花根系构型发现有 52.4％、65.8％和 73.3％以上的根量分别集中在地表 0～20cm、0～30cm、0～40cm 深的土层内，80.6％以上的根量集中在植株行间两侧 0～15cm 的土体内，这与唐仕芳（1985）、李亚兵（1998）的研究结果根量宽度主要在行间 15～20cm 相一致。根系的垂直分布趋势在 0～40cm 土层内降低极为显著，40cm 以下相对变缓，个别土层出现根量增多的现象，且不同时期根群分布范围不同，苗期分布较浅，始蕾期 40cm 以下土层中的根量仅占总根量的 1.7％，现蕾后根系迅速向下发展，至初花期，入土深度达 100cm 左右，花铃期根系继续下扎，深度可达 140cm。进入吐絮期，虽总根量仍有增加的趋势，但下扎根系很少，主要是因为近地表主根内开始积累大量养分，致使近地表根量占的比例又有所回升。

三、棉花根系的生理功能

棉花根系的生理功能是指根系在棉花生长发育、水分代谢、矿物质营养、光合作用、呼吸作用、抗性、感应性运动等生命活动中的作用。主根、侧根将棉株固定在土壤中，贮藏和输导物质，还能从土壤空气及碳酸盐溶液中吸取二氧化碳输送至叶片供光合作用，从土壤中吸收水分和养分输送至地上部各器官，供蒸腾及物质代谢需要。根系具有转化、合成某些有机物的能力，调节和控制各器官的形态构成及生长发育。根系可分泌有机酸，使土壤中难溶性盐类溶解，提高肥料利用率。

李永山（1992）研究认为，棉株根系伤流量随生育进程呈低—高—低的变化，以盛蕾期为最高，而戴敬研究结果则认为盛花期前后达高峰，根系总吸收面积及活跃吸收面积均随生育期的推移而增加，根系 α-NA 氧化活性大小反应了根系活力，棉株根系 α-NA 氧化活性在不同的氮水平下一生的变化成双峰曲线：第一高峰在盛花期后（8月5日或8月15日），第二高峰在晚秋桃时期（9 月 20 日），根系 α - NA 氧化能力也呈曲线变化，根系生理活性主要集中在 0～15cm 的耕层，根系 ABS 在总体上随生育进程呈现一定规律的变化，分布特点与根系 α - NA 氧化量相似，以 0～15cm 土层为主要活跃层，占总量的 70％～90％，15～30cm 土层只占 5％～15％，根系 ACS 变化规律及在耕层分布与根系 ABS 完全一致（戴敬，1998）。

四、棉花的根际

作物根际环境是作物根系生长发育、营养成分吸收和新陈代谢的场所，也是作物与土壤发生能量和物质交换的最重要的界面。由于作物根系的生命代谢活动包括分泌各种有机物质，细胞的脱落分解不仅使土壤物理化学性状改变，也使得根际的微生物大量繁殖，数量比土体超过几倍至上百倍。根系这种对微生物的选择性促进作用叫"根际效应"，可由 R/S 表述，即根际与土体微生物数量之比。由此可见，作物根系的生长不仅与有机和无机物质组成的无生命环境相关，同时也和土壤中栖居的微生物巨大群落有关。根际微生物可以通过以下几个方面影响植物营养：①养分的有效性；②根系生长和形态；③养分吸收过程；④植物生理和发育方面。不同作物的根际有其特定的微生物群落，研究不同作物的根际微生物群落特点及其规律，对于探索作物套作的微生物机理，以及用微生态方法来使作物套作达到最高效益有着重要的意义。

根际酶活性也是根际研究的重点。棉花对枯、黄萎病的抗性与根际真菌、放线菌数量呈正相关，与根际线虫数量呈负相关，且抗病品种根际分泌物与感病品种存在差异，微生物种数也多于感病品种。张风华等研究发现，棉田土壤微生物随季节的变化，花铃期根际微生物数量与作物产量呈正相关（张风华等，2000）。

第三节　养分的吸收及其在植物体内的运输

一、养分从外部溶液到达根系的迁移

养分通过扩散和质流从土壤溶液中到达根表，被根系以截获的方式吸收。

质流：养分通过植物的蒸腾作用随水分迁移到根表的过程，是某些养分迁移到根表的主要途径。

扩散：养分通过扩散作用而迁移到根表的过程，由于根系的不断吸收，造成根际土壤与周围土体间的浓度差。

截获：养分不通过运输而依靠根系生长时从新接触的土壤中直接吸收养分的方式，但所得到的养分是有限且不够用的。

二、根系对养分的吸收

1. 被动吸收　溶质分子或离子无选择地顺着浓度差梯度或电化学梯度进入细胞膜的过程，也叫非代谢吸收，主要按扩散的方式进行，也兼有离子交换的方式。

离子交换：一种是根表与土壤溶液间的离子交换，一种是根表与黏粒表面的接触交换。

离子扩散：包括简单扩散和杜南扩散。前者是离子因电化学势梯度发生的由外向内的净移动，后者则是蛋白质分子被固定在细胞内形成不扩散基引起的扩散。

2. 主动吸收　溶质分子或离子有选择地逆浓度梯度或电化学梯度进入细胞膜的过程，这一过程需代谢提供能量。关于这一过程的解释有 3 种假说：

（1）**载体假说**　以酶的动力学说为理论依据，认为离子通过质膜的运输与细胞的代谢产物或某种富含能量的物质即载体有关。它能解决离子吸收中的 3 个基本问题——选择性吸收、离子通过质膜及其在质膜上的转移、吸收与代谢的关系。

（2）载离子体假说　载离子体的作用主要有两种，一类是与被运载的离子形成络合物，促进其在膜脂相扩散；另一类是在膜内形成临时充水孔使离子进入。

（3）离子泵学说　把逆电化学势梯度主动运载离子的做功者称为"泵"，实际上也属于一种载体。

三、养分在植物体内的运输

进入根系的养分一部分在根细胞内被同化利用，另一部分则进入输导组织向地上运输。养分从根表皮细胞经皮层细胞到达中柱的过程叫横向运输，也叫短距离运输；从根部经木质部或韧皮部向根的运输过程叫纵向运输，又称为长距离运输。

1. 横向运输　是指介质中的养分沿根表皮、皮层、内皮层到达中柱（导管）的迁移过程。由于其迁移距离短，故也称为短距离运输。横向运输的途径分为两种：质外体途径和共质体途径。

质外体是细胞膜和细胞间隙组成的连续体，水分和养分可以自由出入，迁移速率快。共质体是由细胞的原生质组成，通过胞间连丝组成一个整体，养分借助原生质的环流在细胞间转运，最后到达中柱。

（1）质外体途径

①运输部位：根尖的分生区和伸长区。

由于内皮层还未充分分化，凯氏带尚未形成，质外体可延续到木质部，即养分可直接通过质外体进入木质部导管。

②运输方式：自由扩散、静电吸引。

③运输的养分种类：Ca^{2+}、Mg^{2+}、Na^+等。例如 Ca^{2+} 主要通过质外体运输，只有少量进入细胞内，因为质外体中的 Ca^{2+} 果胶转化为果胶酸钙，细胞内的 Ca^{2+} 草酸转化为草酸钙，所以钙的运输受到限制。

（2）共质体途径

①运输部位：根毛区。

内皮层已充分分化，凯氏带已形成，养分进入共质体（细胞内）后，靠胞间连丝在相邻的细胞间进行运输，最后向中柱转运。

②方式：扩散作用、原生质流动（环流）、水流带动。

③运输的离子：NO_3^-、$H_2PO_4^-$、K^+、SO_4^{2-}、Cl^-。

④具有自我调节作用：共质体内被运输的离子并不完全进入导管，除一部分在根内被利用和同化外，还要优先被液泡选择吸收而积累在液泡的"离子库"中。当通过共质体运输的离子暂时减少时，液泡又释放离子，使之通过运输到达导管。

2. 纵向运输　是指养分沿木质部导管向上或沿韧皮部筛管向上或向下移动的过程。由于养分迁移距离较长，故也称为长距离运输。包括木质部运输和韧皮部运输。

（1）木质部运输　木质部中养分的移动以根压和蒸腾作用为驱动力，方向由根至地上部。蒸腾作用一般起主导作用；当蒸腾作用微弱或停止时，根压起主导作用。木质部汁液的移动是根压和蒸腾作用驱动的共同结果，但两种力量的强度并不相同。从力量上，蒸腾拉力远大于根压压力。从作用的时间上，蒸腾作用在一天内有阶段性，而根压具有连续性。

蒸腾对木质部养分运输作用的大小取决于植物生育阶段、昼夜时间、离子种类和离子浓度等因素。①植物生育阶段：在植物生长旺盛期，蒸腾强度大，木质部养分的运输主要靠蒸腾拉力；②昼夜时间：白天木质部运输主要靠蒸腾作用，驱动力较强，且运输量大。夜间主要靠根压，其动力弱，养分运输量小；③元素种类：一般以质外体运输的养分受蒸腾作用影响较大，而以共质体运输为主的养分则受影响较小。高蒸腾强度对 K^+ 的木质部运输速率影响不大但能大幅度提高 Na^+ 的运输速率。植物体内以分子态运输的养分，其木质部运输也受蒸腾作用的强烈影响，最为典型的是硅和硼。钙的木质部运输与蒸腾作用也有密切关系；④离子浓度：介质中养分的浓度明显影响进入木质部离子的数量，也能影响蒸腾作用对木质部养分运输作用的程度；⑤植物器官：植物各器官的蒸腾强度不同，在木质部运输的养分数量上也有差异。养分的积累量取决于蒸腾速率和蒸腾持续的时间，蒸腾强度越大和生长时间越长的植物器官，经木质部运入的养分就越多。

移动的方式以质流为主，同时还有木质部汁液与导管壁及其周围薄壁细胞间的相互作用，包括阳离子与导管壁的交换吸附、薄壁细胞对离子的再吸收、导管周围活细胞向导管释放有机化合物等。木质部运输方向是单方向的，自根部向地上部运输，最后到达叶子、果实和种子等部位。

木质部导管壁上带有负电荷的阴离子基团，可将导管汁液中的阴离子吸附在管壁上，所吸附的阳离子又可以被其他阳离子交换下来，继续向上运输，这种吸附叫做交换吸附，其作用强弱取决于离子强度、浓度、活度、竞争离子、导管电荷密度等因素。

溶液在木质部导管运输的过程中，部分离子可被导管周围的薄壁细胞吸收，从而减少了溶质到达茎叶的数量，这种现象叫再吸收，结果使离子浓度在自下往上的过程中呈递减的趋势。

木质部薄壁细胞不仅有再吸收作用，而且能将离子再释放到导管中，对木质部汁液的成分起调节作用。

（2）韧皮部运输　韧皮部运输在活细胞中进行，可以有两个方向，但以下行为主。

韧皮部由筛管、伴胞和薄壁细胞组成，筛管上的筛孔是溶质运输的通道。韧皮部汁液的组成有以下特点：第一，汁液 pH 高于木质部，前者偏碱性而后者偏酸性。韧皮部偏碱性可能是因其含有 HCO_3^- 和大量 K^+ 等阳离子所引起的；第二，干物质和有机物含量远高于木质部，韧皮部汁液中干物质和有机化合物远高于木质部，韧皮部汁液中的 C/N 比值比木质部汁液宽；第三，某些矿质元素如钙镁的含量远小于木质部，其他养分高于木质部；第四，含碳化合物主要在韧皮部运输。

营养元素在韧皮部运输的难易程度分为 3 种：氮、磷、钾和镁的移动性大，微量元素中铁、锰、铜、锌和钼的移动性较小，钙和硼则很难在韧皮部中运输。

(3) 木质部与韧皮部之间的转移 养分顺着浓度梯度通过筛管原生质膜的渗漏来实现从韧皮部转向木质部；而从木质部向韧皮部的转移是逆浓度梯度，需要能量的主动过程，以转移细胞为中介，茎是这一过程的主要器官。

四、养分在植物体内的循环

养分在植物体内的循环指在韧皮部中移动性较强的矿质养分，通过木质部运输和韧皮部运输形成自根至地上部之间的循环流动。在韧皮部中移动性较强的矿质养分，从根的木质部中运输到地上部后，又有一部分通过韧皮部再运回到根中，尔后再转入木质部继续向上运输，从而形成养分自根至地上部之间的循环流动。体内养分的循环是植物正常生长所必不可少的一种生命活动。氮和钾的循环最为典型。

当植物根吸收的氮源为硝态氮时，运输到地上部的硝态氮经还原后其中大部分又经韧皮部返回到根中。Simpson 等人在小麦试验中发现，经木质部运输到茎叶的氮素，其中 79% 以还原态的形式再由韧皮部运回根中，其中的 21% 被根系所利用，其余部分再由木质部运向地上部。植物从土壤中吸收的硝态氮，一部分在根中还原成氨，进一步形成氨基酸并合成蛋白质；另一部分 NO_3^- 和氨基酸等有机态氮，进入木质部向地上部运输，在地上部尤其是叶片中，NO_3^- 进行还原，进而与酮酸反应形成氨基酸，它可以继续合成蛋白质，也可以通过韧皮部再运回根中。植物体内发生氮素的大规模循环，可能是由于根部硝态氮的还原能力有限，而必须经地上部还原后再运回根系，满足其合成蛋白质等代谢活动的需要（图 2-1）。

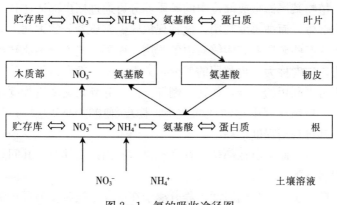

图 2-1　氮的吸收途径图

　　钾也是植物体内循环量最大的元素之一。它的循环对体内电性的平衡和节省能量起着重要的作用。根吸收的 K^+ 在木质部中作为 NO_3^- 的陪伴离子向地上部运输，到达地上部后 NO_3^- 还原成 NH_3，为维持电荷平衡，地上部必须合成有机酸（主要是苹果酸），以便与 K^+ 形成有机酸盐，使阴阳离子达到平衡。苹果酸钾可在韧皮部中运往根部，在根中苹果酸可作为碳源构成根的结构物质，或转化成 HCO_3^- 分泌到根外。根中的 K^+ 又可再次陪伴所吸收的 NO_3^- 向上运输，如此循环往复。有研究表明，参加体内往复循环的钾可占到地上部总钾量的 20% 以上。

　　植物体内养分的循环还对根吸收养分的速率具有调控作用。植物根对多种养分的吸收受植物体内营养状况的影响，地上部养分在韧皮部中运到根部的数量是反映地上部营养状况的一种信号。当运往根部的数量高于某一临界值时，表明植物的营养状况良好，根系可降低吸收速率；如运往根部的数量低于临界值时，则表明植物缺乏这种养分，通过植物本身的调节系统使根提高吸收速率，以满足其需要。

五、养分的再利用

植物某一器官或部位中的矿质养分可通过韧皮部运往其他器官或部位，而被再度利用，这种现象叫做矿质养分的再利用。植物体内有些矿质养分能够被再度利用，而另一些养分不能被再度利用。前者称为可再利用的养分，如氮、磷、钾和镁等，后者称为不可再利用的养分，如钙、硼等。矿质养分再利用的程度取决于养分在韧皮部中移动性的大小，韧皮部中移动性大的养分元素，其再利用程度也高。

养分从原来所在部位转移到被再度利用的新部位，其间要经历很多步骤。

第一步，养分的激活。养分离子在细胞中被转化为可运输的形态，例如氮在转移前先由不能移动的大分子有机含氮化合物分解为可移动的小分子含氮化合物；磷由有机含磷化合物分解为无机态磷。这一过程是由来自需要养分的新器官（或部位）发出的"养分饥饿"信号引起的，该信号传递到老器官（或部位）后，引起该部位细胞中的某种运输系统激活而启动，将细胞内的养分转移到细胞外，准备进行长距离运输。养分的激活可能是通过第二信使来实现的。

第二步，进入韧皮部。被激活的养分转移到细胞外的质外体后，再通过原生质膜的主动运输进入韧皮部筛管中。装入筛管中的养分根据植物的需要而进行韧皮部的长距离运输。运输到茎部后的养分可以通过转移细胞进入木质部向上运输。

第三步，进入新器官。养分通过韧皮部或木质部先运至靠近新器官的部位，再经过跨质膜的主动运输过程卸入需要养分的新器官细胞内。

养分再利用的过程是漫长的，需经历共质体（老器官细胞内激活）→质外体（装入韧皮部之前）→共质体（韧皮部）→质外体（卸入新器官之前）→共质体（新器官细胞内）等诸多步骤和途径。因此，只有移动能力强的养分元素才能被再度利用。

在植物的营养生长阶段，生长介质的养分供应常出现持久性或暂时性的不足，造成植物营养不良。为维持植物的生长，使养分从老器官向新生器官的转移是十分必要的。然而植物体内不同养分的再利用程度并不相同，再利用程度大的元素，养分的缺乏症状首先出现在老的部位；而不能再利用的养分，在缺乏时由于不能从老部位运向新部位，而使缺素症状首先表现在幼嫩器官。氮、磷、钾和镁4种养分在体内的移动性大，因而，再利用程度高，当这些养分供应不足时，可从植株基部或老叶中迅速及时地转移到新器官，以保证幼嫩器官的正常生长。植株缺钾程度越重，老叶中的钾向幼叶转移的比例越高。老叶中含钾量越低，缺钾症状越严重。植株含钾量顺序为：幼叶＞中部叶＞老叶。随着施钾量的增加，幼叶钾营养得到改善，老叶中的钾向幼叶中的转移也随之减弱，表现出叶片 K^+ 浓度顺序为老叶＞中部叶＞幼叶。

铁、锰、铜和锌等养分是韧皮部中移动性较弱的营养元素，再利用程度一般较低。因此，其缺素症状首先出现在幼嫩器官。老叶中的这些微量元素通过韧皮部向新叶转移的比例及数量还取决于体内可溶性有机化合物的水平。当能够螯合金属微量元素的有机成分含量增高时，这些微量元素的移动性随之增大，因而老叶中微量元素向幼叶的转移量随之增加。

植物生长进入生殖生长阶段后，同化产物主要供应生殖器官发育所需，因此运输到根部同化产物的数量急剧下降，从而根的活力减弱，养分吸收功能衰退。这时植物体内养分总量往往增加不多，各器官中养分含量主要靠体内再分配进行调节。营养器官将养分不断地运往生殖器官，随着时间的延长，养分在营养器官和生殖器官中的比例不断发生变化，即营养器官中的养分，所占比例逐渐减少。对于禾谷类作物来说，营养器官中的矿质养分到成熟期时，其总量中的 50％可转移到籽粒中。在农业生产中养分的再利用程度是影响经济产量和养分利用效率的重要因素，通过各种措施提高植物体内养分的再利用效率，就能使有限的养分物质发挥其更大的增产作用。

第三章
棉田土壤营养原理总论

内 容 提 要

自然界中植物生存发育所必需的水分和养分都是从土壤中获得的，适宜的土壤状况有利于植物体的生长繁殖。棉田土壤水分、养分、质地等性质在很大程度上影响着棉花的产量和品质。本章主要从黏土矿物组成、离子吸附与交换、土壤酸碱度、土壤中生物化学过程几方面介绍土壤的物理化学性状。土壤质地、结构和土壤水分是土壤的几个重要物理性质，也是认识和分析土壤的三大重要指标。土壤养分的有效性是土壤学科中的研究重点，通常用强度因素和容量因素对其进行评估，这对合理施肥、推荐施肥等有积极作用。要使棉花生长良好，必须考虑土壤质地和水分、土壤酸度、有机质含量、矿质养分状况和土壤氯含量等因素，确保最适宜的土壤条件。

Brief

It is necessary of water and nutrients from the soil, suitable soil conditions conducive for plants to growth and propagation. Soil moisture, nutrient, soil texture and so on, are affecting cotton's output and the quality to a great extent. This chapter describes the physical and chemical properties of soil from the clay mineral composition, ion adsorptive and exchange, soil pH and soil bio-chemical processes. The soil texture, structure and moisture are several important physical properties of the soil，also three big important targets to understanding and analysis soil. Soil nutrient's validity is the key research point in the soil discipline，usually carries on the appraisal with the intensity factor and the capacity factor，which play a positive role to applies fertilizer rationally，the recommendation to apply fertilizer and so on . In order to make sure cotton grow better，we must consider the fators that the soil texture and moisture content，soil acidity，organic content，mineral substance condition and soil chlorinity，to guarante the best soil condition.

第一节　土壤的物理化学性状

一、土壤黏土矿物组成

　　土壤矿物按矿物的来源可以分为原生矿物和次生矿物。原生矿物是直接来源于母岩的矿物，以硅酸盐和铝硅酸盐矿物占绝对优势。常见石英、长石、云母、辉石、角闪石和橄榄石等。原生矿物类型和数量的多少在很大程度上决定于矿物的稳定性；石英最稳定，是粗土粒的主要成分；白云母和长石较稳定，在粗土粒中较多；黑云母、角闪石、辉石等暗色矿物易风化。原生矿物是植物养分的重要来源。

　　次生矿物是由原生矿物分解转化而来的，按结晶状态可分为结晶质和非结晶质。土壤次生矿物以黏土矿物为主，而黏土矿物又可分为层状硅酸盐黏土矿物和非硅酸盐黏土矿物。层状硅酸盐黏土矿物从内部结构上看，是由两种基本结构单位所构成，并都含有结晶水，只是化学成分和水化程度不同而已。构成层状硅酸盐黏土矿物晶格的基本结构单位是硅氧四面体和铝氧八面体，它们分别相互聚合延伸形成硅片或铝片，硅片和铝片都带有负电荷不稳定，必须通过重叠化合才能形成稳定的化合物。土壤中层状硅酸盐黏土矿物的种类很多，根据其结构特点和性质，可归纳为 4 个类型：高岭组、蒙蛭组、水化云母组和绿泥石组矿物。

土壤黏土矿物组成中，除层状硅酸盐外，还含有一类矿物结构比较简单、水化程度不等的铁、锰、铝和硅的氧化物及其水合物和水铝英石（表 3 - 1）。

表 3 - 1　不同类型层状硅酸盐黏土矿物的比较

	高岭石组	蒙脱石组	水化云母组	绿泥石组
构造类型	1∶1	2∶1	2∶1	2∶1∶1
键合力	氢键	分子键	离子键	
胀缩性	胀缩性弱	胀缩性强	胀缩性弱	胀缩性较强
晶层间距（nm）	0.72	1～2	1.0	14
同晶置换	少	多	较多	较多
阳离子交换量〔cmol（+）/kg 土〕	3～15	80～150	20～40	10～40
颗粒表面（m^2/kg）	$10×10^3$	$700×10^3$	$100×10^3$	$100×10^3$
分布	南方酸土	温带草原	干旱土壤	

二、阳离子吸附与交换

根据物理化学的反应，溶质在溶剂中呈不均一的分布状态，溶剂表面层中的浓度与溶液内部不同的现象称为吸附作用。如果土壤胶体表面或表面附近的某种离子的浓度高于或低于扩散层之外的自由溶液中该离子的浓度，则认为土壤胶体对该离子发生了吸附作用。凡是液体表面层中溶质的浓度大于液体内部浓度的作用称为正吸附；反之，则称为负吸附。一般所说的吸附现象是指包括整个扩散层在内的部分与自由溶液中的离子浓度的差异。

1. 阳离子静电吸附　自然条件下土壤胶体一般带负电荷，胶体表面通常吸附着多种带正电荷的阳离子，这主要是源于土壤表面的负电荷与阳离子之间的静电作用力，吸附的阳离子处于胶体表面双电层扩散层的扩散离子群中，是完全可解离的，其离子吸附的速度、数量和强度决定于胶体表面电位、离子价数和半径等因素。胶体表面负电荷越多，吸附的阳离子数目就越多；胶体表面的电荷密度越大，阳离子所带电荷越多，则离子吸附越牢固；离子水合半径越小，离子吸附强度越大。

一价的 Li^+、K^+、NH_4^+、Rb^+ 离子的水合半径依次减小，离子在胶体表面的吸附亲和力顺序为：$Rb^+ > NH_4^+ > K^+ > Na^+ > Li^+$。$Rb^+$ 离子的吸附力最强，因为它的水化半径最小，离子外面较薄的水膜使离子与胶体表面的距离较近。相反，拥有较厚水膜的 Li^+ 离子，其与胶体表面的距离相对较远，吸附力弱（表 3-2）。

表 3-2　一价离子半径与吸附力的关系

一价离子	Li^+	Na^+	K^+	NH_4^+	Rb^+
离子的真实半径（nm）	0.078	0.098	0.133	0.143	0.149
离子的水合半径（nm）	1.008	0.79	0.537	0.532	0.509
离子在胶体上的吸附力			弱→强		

2. 阳离子的专性吸附

（1）概念　土壤胶体表面阳离子键不饱和而水合（化），产生可离解的水合基（—OH₂）或羟基（—OH），它们与溶液中过渡金属离子（M^{2+}、MOH^+）作用而生成稳定性高的表面络合物，这种吸附称阳离子专性吸附。

（2）阳离子专性吸附机理　元素周期表中的过渡金属〔ⅠB（Cu、Ag、Au）、ⅡB（Zn、Cd、Hg）族等〕离子的原子核的电荷数较多，离子半径较小，因而其极化能力和变形能力较强，能与配体形成内络合物，稳定性增加。过渡性金属离子在水溶液中以水合离子形态存在，并易水解成羟基阳离子，$M^{2+} + H_2O \rightarrow$

$MOH^+ + H^+$，水解后阳离子电荷减少，致使其向吸附胶体表面靠近时所需克服的能量降低，有利于与表面的相互作用。过渡金属元素的原子结构的这些特点是导致金属离子产生专性吸附，而不同于胶体表面碱金属和碱土金属静电吸附的根本原因。

产生阳离子专性吸附的土壤胶体物质主要是铁、铝、锰等的氧化物及其水合物，这些氧化物的结构特征是：一个或多个金属离子与氧或羟基相结合，其表面由于阳离子键不饱和而水合，因而带有可离解的水基或羟基。过渡金属离子可以与其表面上的羟基相作用，生成表面络合物。

①若金属离子是以 M^{2+} 离子的形态被专性吸附，则形成单配位基表面络合物：

$$\text{Fe}\begin{array}{c}\diagup\text{OH}\\ \diagdown\text{OH}\end{array}^{-1} +M^{2+} \longrightarrow \text{Fe}\begin{array}{c}\diagup\text{O}-\text{M}\\ \diagdown\text{OH}\end{array}\text{O} +H^+$$

形成单配位基络合物时释放一个质子，并引起一个单位的电荷变化。

②若金属离子是以 MOH^+ 离子的形态被专性吸附，则反应后有两个质子的释放，但表面电荷不发生变化。

$$M^{2+} + H_2O = MOH^+ + H^+$$

$$\text{Fe}\begin{array}{c}\diagup\text{OH}\\ \diagdown\text{OH}\end{array}^{-1} +MOH^+ \longrightarrow \text{Fe}\begin{array}{c}\diagup\text{O}-\text{MOH}\\ \diagdown\text{OH}\end{array}^{-1} +H^+$$

层状铝硅酸盐矿物在某些情况下对重金属离子也可产生专性吸附，因为层状硅酸盐的表面上裸露的 Al-OH 基和 Si-OH 基与氧化物表面的羟基相似，因此有一定程度的专性吸附能力。过渡性金属离子或其水合离子与土壤胶体表面上的羟基相作用，生成表面络合物，从而被土壤胶体专性吸附。氧化物对过渡金属离子的这种专性吸附作用既可在表面带负电荷时发生，也可在表面带正电荷或零电荷时发生，反应的结果使体系的 pH 下降。

专性吸附的离子为非交换态，不参与一般阳离子交换反应，但可以被与胶体亲合力更强的金属离子置换或部分置换，或在酸性条件下解吸。

（3）阳离子专性吸附的主要影响因素

①pH：金属离子水解和专性吸附反应均释放 H^+，而且金属离子水解后电荷数量减少，其向吸附胶体表面靠近时所需克服的能量降低，有利于因短程作用力而在胶体表面被吸附，因此，pH 升高有利于阳离子专性吸附反应地进行。

②土壤胶体类型：土壤胶体组分对阳离子专性吸附的能力有很大差异，产生阳离子专性吸附的土壤胶体主要是氧化物，但氧化物类型不同，专性吸附能力也有很大差异，一般的非晶质氧化物＞结晶质氧化物，非晶质的氧化锰＞氧化铝＞氧化铁。

（4）阳离子专性吸附的实际意义

①土壤和沉积物中的氧化物及其水合物通过专性吸附对多种微量重金属离子起富集作用，特别是氧化锰和氧化铁的作用更为明显，例如红壤、黄壤的铁锰结核中，Zn、Co、Ni、Ti、Cu、V 等都有富集，因此由于专性吸附对微量金属元素的富集作用正日益成为地球化学领域或地球化学探矿等学科的重要内容，具有实用价值。

②氧化物及其水合物对重金属离子的专性吸附，控制土壤溶液中重金属离子浓度，从而控制其生物有效性和生物毒性，因此阳离子专性吸附的研究对植物营养化学、指导合理施肥及重金属污染控制等有着重要意义。

③净化与污染作用：土壤氧化物胶体对重金属污染离子的专性吸附固定，对进入土壤和水体底泥中的重金属污染起一定的净化作用，并对植物从土壤溶液吸收和积累这些金属离子起一定的缓冲和调节作用，但同时给土壤带来潜在的污染危险。因此，研究专性吸附的同时，还需要研究被专性吸附的重金属离子的生物

学解吸问题。

3. 阳离子交换作用 在土壤中，被胶体静电吸附的阳离子，一般都可以被溶液中另一种阳离子交换而从胶体表面解吸。对这种能相互交换的阳离子叫做交换性阳离子，而把发生在土壤胶体表面的交换反应称之为阳离子交换作用。离子从土壤溶液转移至胶体表面的过程为离子的吸附，而原来吸附在胶体上的离子迁移至溶液中的过程为离子的解吸，二者构成一个完整的阳离子交换反应。阳离子交换作用有以下 3 个主要特点：

(1) 阳离子交换是一种可逆反应 溶液中的阳离子与胶体表面吸附的阳离子处于动态平衡中，而且反应速度很快，可以迅速达到平衡。这一原理在农业化学上有着重要的实践意义：如植物根系从土壤溶液中吸收了某阳离子养分后，降低了溶液中该阳离子的浓度，土壤胶体表面的离子就解吸、迁移到溶液中，被植物根系吸收利用；另外，可以通过施肥、施用土壤改良剂以及其他土壤管理措施，恢复和提高土壤肥力。

(2) 阳离子交换符合质量作用定律 对于任意一个阳离子交换反应，在一定温度下，当反应达到平衡时，根据质量作用定律有：

$$K = \frac{[\text{产物}1][\text{产物}2]}{[\text{反应物}1][\text{反应物}2]}$$

K 为平衡常数。根据这一原理，可以通过改变某一反应物（或产物）的浓度达到改变产物（或反应物）浓度的目的。例如通过改变土壤溶液中某种交换性阳离子的浓度，使胶体表面吸附的其他交换性阳离子的浓度发生变化，这对施肥实践以及土壤阳离子养分的保持等有重要意义。

(3) 阳离子交换遵循等价离子交换原则 例如，用带 2 个正电荷的钙离子去交换带 1 个正电荷的钾离子，则 1 摩尔 Ca^{2+} 离子可交换 2 摩尔的 K^+ 离子。同样，1 摩尔的 Fe^{3+} 离子需要 3 摩尔的 H^+ 或 Na^+ 离子来交换。

各种阳离子的交换能力与离子价态、半径有关。一般价数越大，交换能力越大；水合半径越小，交换能力越大。一些阳离子的交换能力排序如下：

$$Fe^{3+}>Al^{3+}>H^+>Ca^{2+}>Mg^{2+}>K^+>NH_4^+>Na^+$$

运动速度也影响离子交换能力。在这个序列中，氢离子是一个例外，H^+ 的半径较小，水化程度也极弱。由于它的运动速度快，其交换能力也很强。离子的浓度和数量也是影响阳离子交换能力的重要因素。对交换能力较弱的离子而言，在离子浓度足够高的情况下，它们也可以交换吸附交换能力较强的阳离子。据此，在实践中，我们可以通过增加土壤中有益阳离子浓度的方法，来调控阳离子的交换方向，以达到培肥土壤，提高土壤生产力的目的。

土壤吸附交换阳离子的总和称为阳离子交换量（CEC），用每千克土壤的一价离子的厘摩数表示，即 cmol（＋）/kg。阳离子交换量与土壤胶体的比表面和表面电荷有关，它们之间的关系可用下面的方程表示：

$$CEC=S\times\sigma$$

式中，S 为胶体的比表面，σ 为表面电荷密度。

但实际上，土壤阳离子交换量是通过用已知的阳离子代换土壤吸附的全部阳离子，再测定该已知阳离子吸附量的方法获得的。也有直接测定土壤中各种交换性阳离子的吸附量，再将它们的加和作为土壤的阳离子交换量。即 $CEC=\sum$ 交换性阳离子。土壤阳离子交换量是土壤的一个很重要的化学性质，它直接反映了土壤的保肥、供肥性能和缓冲能力。一般认为阳离子交换量在 20cmol（＋）/kg 以上为保肥力强的土壤；20～10cmol（＋）/kg 为保肥力中等的土壤；＜10cmol（＋）/kg 为保肥力弱的土壤。

影响土壤阳离子交换量的主要因素：①土壤质地：由砂质向黏质变化，阳离子交换量逐渐增大；②胶体的类型：有机胶体所带负电荷量较无机胶体大得多，因而有机质含量高的土壤阳离子交换量高；不同无机胶体类型间所带负电荷差异也很大，一般 2∶1 型黏土矿物 CEC 大于 1∶1 型，1∶1 型大于氧化物，2∶1 型中蒙脱石类大于水云母类；③土壤酸碱性：带可变电荷的土壤胶体，酸碱性是影响其电荷数量的重要因素，进而影响 CEC 和保肥能力。

土壤的可交换性阳离子有两类：一类是致酸离子，包括 H^+ 和 Al^{3+}；另一类是盐基离子，包括 Ca^{2+}、Mg^{2+}、K^+、Na^+、NH_4^+ 等。当土壤胶体上吸附的阳离子均为盐基离子，且已达到吸附饱和时的土壤，称为盐基饱和土壤，否则，这种土壤为盐基不饱和土壤。在土壤交换性阳离子中盐基离子所占的百分数称为土壤盐基饱和度，它与土壤母质、气候等因素有关。正常土壤的盐基饱和度一般为 70%～90%。盐基饱和度大的土壤，一般呈中性或碱性，盐基离子以 Ca^{2+} 离子为主时，土壤呈中性或微碱性；以 Na^+ 为主时，呈较强碱性；盐基饱和度小则呈酸性。盐基饱和度常常被作为判断土壤肥力水平的重要指标，盐基饱和度 ≥80% 的土壤，一般认为是很肥沃的土壤。盐基饱和度为 50%～80% 的土壤为中等肥力水平，而饱和度低于 50% 的土壤肥力较低。

三、阴离子吸附与交换

土壤胶体对阴离子除了有静电吸附和专性吸附作用外，因土壤胶体多数是带负电荷的，故在很多情况下阴离子还可出现负吸附。

1. 阴离子的静电吸附　土壤对阴离子的静电吸附是由于土壤胶体表面带有正电荷引起的。产生静电吸附的阴离子主要是 Cl^-、NO_3^-、ClO_4^- 离子等，与胶体对阳离子的静电吸附相同，这种吸附作用是由胶体表面与阴离子之间的静电引力所控制的，因此离子的电荷及其水合半径直接影响着离子与胶体表面的作用力。对于同一土壤，当环境条件相同时，反号离子的价数越高，吸附力越强；同价离子中，水合半径较小的离子，吸附力较强。产生阴离子静电吸附的主要是带正电荷的胶体表面，因此，这种吸附与土壤表面正电荷的数量及密度密切相关。土壤中铁、铝、锰的氧化物是产生正电荷的主要物质。

pH 是影响可变电荷的重要因素，因此，土壤 pH 的变化对阴离子的静电吸附有重要影响，随着 pH 的降低，正电荷增加，静电吸附的阴离子增加。在 pH>7 的情况下，即使是以高岭石和铁、铝氧化物为主要胶体物质的可变电荷土壤，其阴离子的静电吸附量也相当低。

2. 阴离子的负吸附　大多数土壤在一般情况下主要带负电荷，会造成对阴离子的排斥，其斥力的大小视阴离子与土壤胶体表面的距离而定，距离愈近斥力愈大，表现出较强的负吸附；反之表现出较弱的负吸附。阴离子的负吸附是指电解质溶液加入土壤后阴离子浓度相对增大的现象。

①负吸附随阴离子价数的增加而增加，如在钠质膨润土中，不同钠盐的阴离子所表现出的负吸附次序为：$Cl^- = NO_3^- <$ $SO_4^{2-} < Fe\,(CN)_6^{4-}$。

②陪伴阳离子不同，对阴离子负吸附也有影响。如在不同阳离子饱和的黏土与含相应阳离子的氯化物溶液的平衡体系中，Cl^- 离子的负吸附大小顺序为：$Na^+ > K^+ 、Ca^{2+} > Ba^{2+}$。

③就土壤胶体而言，表面类型不同，对阴离子的负吸附作用也不一样。带负电荷愈多的土壤胶体，对阴离子的排斥作用愈强，负吸附作用愈明显。

3. 阴离子专性吸附　阴离子的专性吸附是指阴离子进入黏土矿物或氧化物表面的金属原子的配位壳中，与配位壳中的羟基或水合基重新配位，并直接通过共价键或配位键结合在固体的表面。这种吸附发生在胶体双电层的内层，产生专性吸附的阴离子主要有 F^- 离子以及磷酸根、硫酸根、钼酸根、砷酸根等含氧酸根离子。

以 F$^-$ 离子为例，其配位交换反应为：

$$\begin{bmatrix} & OH_2 \\ M & \\ & OH \end{bmatrix}^0 + F^- \longrightarrow \begin{bmatrix} & OH_2 \\ M & \\ & F \end{bmatrix}^0 + OH^-$$

与阴离子的静电吸附不同，专性吸附的阴离子不仅可以在带正电荷的表面发生吸附，也可以在负电荷或零电荷的表面被吸附，吸附的结果使表面正电荷减少，负电荷增加，体系的 pH 上升。例如，磷酸根可以在带不同电荷的氧化铁表面发生专性吸附：

体系 pH＝3，ph＜2pc

$$\begin{bmatrix} & OH_2 \\ Fe & \\ & OH_2 \end{bmatrix}^+ + H_2PO_4^- \longrightarrow \begin{bmatrix} & OPO_3H_2 \\ Fe & \\ & OH_2 \end{bmatrix}^0 + H_2O$$

体系 pH＝9，ph≈2pc

$$\begin{bmatrix} & OH \\ Fe & \\ & OH_2 \end{bmatrix} + HPO_4^{2-} \longrightarrow \begin{bmatrix} & OPO_3H \\ Fe & \\ & OH_2 \end{bmatrix}^{2-} + H_2O$$

体系 pH＝9，ph＞2pc

$$\begin{bmatrix} & OH \\ Fe & \\ & OH \end{bmatrix}^+ + HPO_4^{2-} \longrightarrow \begin{bmatrix} & OPO_3 \\ Fe & \\ & OH \end{bmatrix}^{3-} + H_2O$$

从上述的反应方程可以看出，在反应过程中，氧化物表面的正电荷逐渐减少，至出现中性表面，反应继续进行，出现负电荷表面。

由于专性吸附是发生在胶体双电层的内层，因此，被吸附的阴离子是非交换态的，在离子强度和 pH 固定的条件下，不能被静电吸附的离子如 Cl$^-$、NO$_3^-$ 离子置换，只能被专性吸附能力更强的阴离子置换或部分置换。

阴离子的专性吸附主要发生在铁、铝氧化物的表面，而这些氧化物多分布于可变电荷土壤中，因此，可变电荷土壤中阴离子的专性吸附现象相当普遍。专性吸附作用一方面对土壤的一系列化学性质如表面电荷、酸度等造成深刻的影响，另一方面决定着多种养分离子和污染元素在土壤中存在的形态、迁移和转化，进而制约着它们对植物的有效性及其环境效应。

四、土壤酸碱度

由于土壤是一个复杂的体系，其中存在着各种化学和生物化学反应，因而使土壤表现出不同的酸碱性。土壤酸碱性是土壤溶液的重要性质，也是土壤肥力的另一个重要因素，它对农作物微生物的活动、土壤中发生的各种反应、养分的有效性及其物理性质等方面都有很大的影响。土壤酸碱性分酸性、中性和碱性。我国土壤的 pH 大多在 4.5～8.5 范围内，并有由南向北 pH 递增的规律性，长江（北纬 33°）以南的土壤多为酸性和强酸性，如华南、西南地区广泛分布的红壤、黄壤，pH 大多数在 4.5～5.5 之间，有少数低至 3.6～3.8；华中、华东地区的红壤，pH 在 5.5～6.5 之间；长江以北的土壤多为中性或碱性，如华北、西北的土壤大多含 $CaCO_3$，pH 在 7.5～8.5 之间，少数强碱性的 pH 高达 10.5。土壤酸碱性的强弱，通常用酸碱度来衡量（表 3 - 3）。

表 3 - 3　土壤酸碱度强弱与 pH

pH	土壤酸碱度	pH	土壤酸碱度
小于 4.5	极强酸性	7.0～7.5	弱碱性
4.5～5.5	强酸性	7.5～8.5	碱性
5.5～6.0	酸性	8.5～9.5	强碱性
6.0～6.5	弱酸性	大于 9.5	极强碱性
6.5～7.0	中性		

（一）土壤酸度

根据土壤中 H^+ 离子的存在方式，土壤酸度可分为两大类：

（1）活性酸度　土壤的活性酸度是土壤溶液中氢离子浓度的直接反映，又称有效酸度，通常用 pH 表示。

土壤溶液中氢离子的来源，主要是土壤中 CO_2 溶于水形成的碳酸和有机物质分解产生的有机酸，以及土壤中矿物质氧化产生的无机酸，还有施用肥料中残留的无机酸，如硝酸、硫酸和磷酸等。此外，由于大气污染形成的大气酸沉降，也会使土壤酸化，所以它也是土壤活性酸度的一个重要来源。土壤酸化过程始于土壤溶液中活性 H^+，土壤溶液中 H^+ 和土壤胶体上被吸附的盐基离子交换，盐基离子进入溶液，然后遭雨水的淋失，使土壤胶体上交换性 H^+ 离子不断增加，并随之出现交换性铝，形成酸性土壤。

（2）潜性酸度　土壤潜性酸度的来源是土壤胶体吸附的可代换性 H^+ 和 Al^{3+}。当这些离子处于吸附状态时，是不显酸性的，但当它们通过离子交换作用进入土壤溶液之后，可增加土壤的 H^+ 浓度，使土壤 pH 降低。只有盐基不饱和土壤才有潜性酸度，其大小与土壤代换量和盐基饱和度有关。

土壤酸度是土壤酸碱性的简称。土壤酸度有不同的表示方法，土壤活性酸常用酸性强度指标表示，而潜性酸用数量指标表示。

1. 土壤酸度的强度指标

（1）土壤 pH　土壤 pH 的表示方法有 pH_{H_2O} 和 pH_{KCl} 两种，pH_{H_2O} 代表水浸提所得的 pH，而 pH_{KCl} 即用 1mol/L KCl 溶液浸提土壤所得的 pH，在一般情况下 $pH_{H_2O} > pH_{KCl}$。土壤水浸液的 pH 一般在 $4\sim9$ 的范围之内。土壤 pH 高低可分为若干级，《中国土壤》一书中将我国土壤的酸碱度分五级（表 3-4）。

表 3 - 4 我国土壤酸碱度的分级标准

pH <5.0	强酸性
pH 5.0~6.5	酸性
pH 6.5~7.5	中性
pH 7.5~8.5	碱性
pH >8.5	强碱性

（2）**石灰位** 传统上把土壤 pH 作为土壤酸度的强度指标，并获得广泛的应用。事实上土壤酸度不仅仅主要决定于土壤胶体上吸附的氢、铝两种离子，而是在很大程度取决于这两种致酸离子与盐基离子的相对比例。在土壤胶体表面吸附的盐基离子中总是以钙离子为主，因此，提出了表示土壤酸强度的另一指标——石灰位。它将氢离子数量与钙离子数量联系起来，以数学式 $pH-0.5pCa$ 表示之。在用化学位来衡量养分的有效度时，钙作为植物必要营养元素，也可以把 $pH-0.5pCa$ 作为这一体系的养分位。石灰位作为土壤酸度的强度指标，既能反映土壤氢离子状况，也能反映钙离子有效度，因而，能更全面地代表土壤的盐基饱和度和土壤酸度状况，在区分不同类型土壤的酸度时，石灰位的差别还较 pH 的差别更明显。值得指出的是，虽然石灰位（$pH-0.5pCa$），无论从理论或实际的角度看都有许多可取之处，但在土壤学上的应用并不广泛，pH 仍然是普遍应用的指标。

2. 土壤酸的数量指标 土壤胶体上吸附的氢、铝离子所反映的潜性酸量，可用交换性酸或水解性酸表示（表 3 - 5）。

（1）**交换性酸** 在非石灰性土壤及酸性土壤中，土壤胶体吸附了一部分 Al^{3+} 离子及 H^+ 离子。当用中性盐溶液如 1mol/LKCl 或 0.06mol/L $BaCl_2$ 溶液（pH＝7）浸提土壤时，土壤胶体表面吸附的铝离子与氢离子的大部分均被浸提剂的阳离子交换而进入溶液，此时不但交换性氢离子可使溶液变酸，而且交换性铝离子由于水解作用也增加了溶液酸性：

$$Al^{3+} + 3H_2O \longrightarrow Al(OH)_3\downarrow + 3H^+$$

浸出液中的氢离子及由铝离子水解产生的氢离子，用标准碱液滴定，根据消耗的碱量换算，为交换性氢与交换性铝的总量，即为交换性酸量（包括活性酸）。以厘摩尔（＋）/千克为单位，它是土壤酸度的数量指标。必须指出，用中性盐液浸提的交换反应是一个可逆的阳离子交换平衡，交换反应容易逆转，因此所测得的交换性酸量只是土壤潜性酸量的大部分，而不是全部。交换性酸量在进行调节土壤酸度，估算石灰用量时，有重要参考价值（表3-5）。

表3-5　几种土壤潜性酸的含量

土壤 \ 潜酸性	交换性酸	水溶性酸
	cmol（＋）/ kg 土	
黄壤（广西）	3.62	6.81
黄壤（四川）	2.06	2.94
黄棕壤（安徽）	0.20	1.97
黄棕壤（湖北）	0.01	0.44
红壤（广西）	1.48	9.14

（2）**水解性酸**　这是土壤潜性酸量的另一种表示方式。当土壤是用弱酸强碱的盐类溶液（常用的为pH8.2的1mol/LNaOAc溶液）浸提时，因弱酸强碱盐溶液的水解作用，结果使：①交换程度比之用中性盐类溶液更为完全，土壤吸附性氢、铝离子的绝大部分可被Na^+离子交换。②水化氧化物表面的羟基和腐殖质的某些功能团（如羟基、羧基）上部分H^+解离而进入浸提液被中和。这一反应的全过程可表示为：

$$CH_3COONa + H_2O \longleftrightarrow CH_3COOH + NaOH$$

（二）土壤碱度

土壤碱性反应及碱性土壤形成是自然成土条件和土壤内在因

素综合作用的结果。碱性土壤的碱性物质主要是钙、镁、钠的碳酸盐和重碳酸盐，以及交换性钠和其他交换性盐基。它们是由碳酸钙的水解、含钠矿物与含二氧化碳的水溶液反应生成碳酸钠，以及交换性钠的水解等作用产生的。碱化土壤中碳酸钠可直接毒害植物。高碱化度土壤可使土壤胶体呈分散状态而影响通气性、透水性和其他物理性质。

土壤溶液中 OH^- 离子浓度超过 H^+ 离子浓度时表现为碱性反应，土壤碱度通常以 pH 作为强度指标，但除常用 pH 表示以外，总碱度和碱化度是另外两个反映碱性强弱的指标。

1. 总碱度　总碱度是指土壤溶液或灌溉水中碳酸根、重碳酸根的总量。即：

$$总碱度 = CO_3^{2-} + HCO_3^-$$

土壤碱性反应是由于土壤中有弱酸强碱的水解性盐类存在，其中最主要的是碳酸根和重碳酸根的碱金属（Na、K）及碱土金属（Ca、Mg）的盐类存在。其中 $CaCO_3$ 及 $MgCO_3$ 的溶解度很小，在正常 CO_2 分压下，它们在土壤溶液中的浓度很低，所以含 $CaCO_3$ 和 $MgCO_3$ 的土壤，其 pH 不可能很高，最高在 8.5 左右（据实验室测定，在无 CO_2 影响时，$CaCO_3$ 的 pH 可高达 10.2）。这种因石灰性物质所引起的弱碱性反应（pH7.5～8.5）称为石灰性反应，土壤称之为石灰性土壤。石灰性土壤的耕层因受大气或土壤中 CO_2 分压的控制，pH 常在 8.0～8.5 范围内，而在其深层，因植物根系及土壤微生物活动都很弱，CO_2 分压很小，其pH 可升至 10.0 以上。

Na_2CO_3、$NaHCO_3$ 及 $Ca(HCO_3)_2$ 等是水溶性盐类，可以出现在土壤溶液中，使土壤溶液的总碱度很高。总碱度也可用 CO_3^{2-} 及 HCO_3^- 占阴离子的重量百分数来表示。它在一定程度上反映土壤和水质的碱性程度，故可用总碱度作为土壤碱化程度分级的指标之一。

2. 碱化度　碱化度是指土壤胶体吸附的交换性钠离子占阳

离子交换量的百分率。

当土壤碱化度达到一定程度，可溶性盐含量较低时，土壤就呈极强的碱性反应，pH 大于 8.5，甚至超过 10.0。这种土壤土粒高度分散，湿时泥泞，干时硬结，结构板结，耕性极差。土壤理化性质上发生的这些恶劣变化，称为土壤的"碱化作用"。

土壤碱化度常被用来作为碱土分类及碱化土壤改良利用的指标和依据。我国将碱化层的碱化度＞30％，表层含盐量＜0.5％且 pH ＞9.0 作为碱土的划分标准。土壤碱化度为 5％～10％定为轻度碱化土壤，10％～15％为中度碱化土壤，15％～20％为强碱化土壤。

（三）影响酸碱度的因素

1. 盐基饱和度　在一定范围内土壤 pH 随盐基饱和度增加而增高。

2. 土壤水分条件　土壤 pH 一般随土壤含水量增加有上升的趋势，酸性土尤为明显。

3. 土壤氧化还原条件　淹水或施有机肥促进土壤还原的发展，对土壤 pH 有明显影响。含有机质低的强酸性土壤，淹水后 pH 迅速上升；酸性土壤加绿肥，淹水后 3d 其 pH 上升很快，稍后略有下降。碱性和微碱性土壤经淹水及施有机肥后，其 pH 往往有所下降。

（四）土壤酸碱度对农作物生长的影响

土壤酸碱度对土壤肥力及农作物生长的影响，主要从几方面加以说明：

1. 各种农作物对土壤酸碱度适应能力不同　有的农作物喜酸，有的喜碱，有的耐酸，有的耐碱。如茶和杜鹃喜欢酸性土壤，而棉花抗碱能力较强，适应在中性至弱碱性土壤中生长。马铃薯在 pH 为 4.0～8.0 的范围内都可以生长，而以 pH 为 5.0 左右生长最好。但一般农作物要在弱碱的土壤里才能生长良好，即为 6.0～7.0。过酸过碱对农作物生长都不利（表 3 - 6）。

表3-6　土壤酸碱度和土壤肥力的关系

土壤酸碱度	极强酸性	强酸性	酸性	中性	碱性	强碱性	极强碱性
pH	3.0　4.0	4.5　5.0	5.5　6.0	6.5　7.0	7.5　8.0	8.5　9.0	9.5
主要分布地区或土壤	华南沿海的反酸田	华南黄壤pH4.0～5.5 华南红壤pH4.5～5.5	很多土壤呈微酸或中性，如长江中下游的水稻土，一般是中性		西北地区和华北的石灰性土壤，苏北盐土	含碳酸钠的碱土	
适宜生长的作物	茶、油菜、橡胶、咖啡等喜酸作物		一般作物（如水稻、小麦等）生长适宜		有些作物在钙质土壤上生长较好，或品质较佳（如甜菜）		
野生指示植物	酸性土：铁芒萁、映山红、石松等				钙质土：蜈蚣草、铁丝蕨、念珠等；盐土：虾须草、盐蒿、扁竹叶；碱土：剪刀股、碱蓬、牦草等		
石灰、石膏需要性	除喜酸和耐酸植物外，土壤越酸越需要施用石灰		pH6.5以上不需施用石灰		石膏可以改良碱土		
合理施用化肥	酸性土壤宜施用碱性肥料，如石灰、石灰氮、钙、镁、磷肥等		碱性土壤上宜施用酸性肥料，如硫酸铵、过磷酸钙等				

2. 土壤中有机态养分要经过微生物参与活动，才能使之转化为速效态养分供农作物直接吸收　由于参与有机质分解的微生物大多数在接近中性的环境下生长发育，因此，土壤养分的有效性一般以接近中性反应时为最大。如土壤中的氮素，绝大部分以有机态存在，因而在pH6～8的范围内有效性最高。一般以pH 6.5～7.5时磷的有效性最高。钾、钙、镁等植物营养元素在酸性土里，它们的盐可以溶解，呈有效态，但易随水流失，也可以从土壤胶体吸收态交换出来，受雨水淋洗，所以酸性土里常感到缺乏。钙、镁离子交换出来生成钙、镁的碳酸盐而沉淀。所以钙、镁的有效性以pH等于6～8时最好。总的来说，土壤酸性

越强，微生物活性下降，土壤有效养分（氮、磷、钾、钙、镁、硫）越缺乏，微酸性至中性时，有效养分较多。相反，微量元素如铁、锰、铜、锌、钴一般在酸性时可溶而有效度提高。而在石灰性土壤中，大部分微量元素容易产生沉淀而降低。

3. 化肥有酸性、碱性和中性之分 石灰氮、钙镁磷肥是碱性肥料，施用在酸性土壤上效果较好，盐碱土上不宜施用碱性肥料；硫酸铵和过磷酸钙是酸性肥料，施用在碱性土壤上效果比较好。如果在酸性土壤中长期施用酸性肥料，会使土壤酸度增大，而多施有机肥料结合施用石灰，可以避免。

五、土壤中的生物化学过程

1. 土壤生物简介 土壤生物是土壤具有生命力的主要成分，在土壤形成和发育过程中起主导作用，土壤生物的种类繁多，有多细胞的后生动物，单细胞的原生动物，真核细胞的真菌和藻类，原核细胞的细菌、放线菌和蓝细菌及没有细胞结构的分子生物（如病毒）等。其中最多的是微生物，如细菌、放线菌、真菌和蓝藻等，每公顷肥沃土壤表层有几吨到几十吨的微生物。它们生理习性各不相同，在不同的环境条件下，分别起着不同的作用。土壤中的植物主要是一些小型藻类、各种植物的根系以及枯枝落叶等。土壤动物小的要用显微镜才能看到，如原生动物、轮虫、小线虫等；大的肉眼就可看到，如蜗牛和蛞蝓、蜈蚣和马松、各种较大的昆虫和蚯蚓以及多种啮齿目（鼠类）和食虫目（鼹鼠）哺乳动物等；介乎二者之间的如各种小蜘蛛、螨类和小型昆虫等。它们以微生物、别的土壤动物或植物为食，或以土壤中的有机质为食。有的一生都在土壤中度过，有的仅在其生活史中的一段时间在土壤中度过；有的营穴居生活，在土壤中挖掘通道、打洞作窝；有的则生活于现成的土壤孔隙之中或生长于土表废渣之下。土壤动物的种类很多，数量也很大，每公顷土壤表层有几百千克到几吨。

　　土壤中生物是杂居的，种的组成和量的多寡要受土质、土层、食物、季节、耕作措施等因素所制约。表层土壤中有机质含量较高，空气较充足，食物较丰富，土壤动物和微生物也就比较多，生物学活性也比较旺盛；随着土层的加深，生物种类和数量就逐渐减少，这是垂直分布规律。土壤生物中绝大部分是异养的，以有机物为生，而有机物是愈近植物根部愈多，所以土壤生物也是愈近根部愈多。较大的土壤动物大多是好气性的，在通气良好、湿度较大、温度适中而近中性的肥沃土壤中数量很多、最活泼。藻类具有叶绿素，是自养的，在有机质缺乏而日光充足的地方数量较多。真菌喜酸，在森林土壤中较多；一般土壤系中性或微碱性，细菌占优势；干燥而贫瘠的土壤中则放线菌较多。

　　土壤生物之间的相互关系复杂而多样化，包括共生、捕食、寄生、偏害寄生、共栖和互惠共生等。合理地利用土壤生物之间的相互关系，可以很好地为农业生产服务。利用昆虫和地下小动物的病原菌，如病毒、细菌、真菌等生产微生物农药，可以防治地下害虫和田间害兽；利用能产生抗菌素的放线菌、真菌等生产农用抗菌素，能有效地防治作物的多种病害；利用硫化细菌可以氧化硫黄产生硫酸，降低土壤 pH，以抑制放线菌，防止马铃薯的疮痂病；利用根瘤菌、真菌等生产细菌肥料可以使一些树木和豆科作物的幼苗茁壮成长，提高产量；合理地安排轮作，利用前作作物根际微生物对后作作物根际微生物的拮抗关系，可以减低或防止后作作物的病害（如中国北方有的地区种大蒜之后种白菜，白菜腐烂病就大大减少）；将能分解秸秆的纤维素分解菌和固氮菌结合起来施用，前者不断为后者提供不含氮的有机物，后者能固定空气中的氮，又满足了前者的需要，这样既保证了土壤中碳素的转化，又提高了土壤的含氮量，还可以通过它们的代谢产物，促进土壤团粒结构形成，不断提高土壤肥力等等。

　　2. 土壤微生物的作用　　土壤中的微生物有些对农业有害，如反硝化细菌，能把硝酸盐还原成氨散失到大气中，降低土壤肥力。但多数是对农业有益的，其作用有：

（1）合成土壤腐殖质　腐殖质是一种黑色的胶状物质，它常与矿物质颗粒紧密结合在一起，成为土壤有机质的主要类型，对土壤肥力有重要的影响。腐殖质的形成，是由一些异养的微生物，如某些腐生细菌，把土壤中的动、植物残体和有机肥料分解，然后再重新合成的。当土壤温度较低，通气差时，嫌气性微生物活动旺盛，腐殖质合成速度加快，并得到积累。

（2）增加土壤有机物质　每当温暖多雨季节，在潮湿的土壤表层藻类大量繁殖。藻类具有光合色素，通过光合作用制造有机物，增加土壤中的有机物质。固氮菌能固定空气中的氮，成为自身的蛋白质，当这些细菌死亡和分解后，其氮素即可被植物吸收利用，并使土壤中积累很多氮素。

（3）促进营养物质的转化　在土壤温度高、水分适当、通气良好的条件下，土壤中的好气性微生物活动旺盛，腐殖质分解，释放出其中的养分供植物吸收利用。硝化细菌能把有机肥料分解产生的氨转变为对植物有效的硝酸盐类。磷细菌分解磷矿石和骨粉，钾细菌分解钾矿石，把植物不能直接利用的磷和钾转化为能被植物利用的形式。土壤中的原生动物吞食土壤中的细菌、单细胞藻类、真菌孢子和有机物残片等，对土壤中有机物的分解起着明显的作用，并促进了物质的转化。

（4）其他作用　土壤中的微生物除了上述的几个作用外，还有一些其他的有益之处。如土壤中的真菌有许多能分解纤维素、木质素和果胶等，对自然界物质循环起重要作用。真菌菌丝的积累，能使土壤的物理结构得到改善。放线菌能产生抗生素。如我国使用的五四〇六是由泾阳链霉菌制成的。总之，土壤中的微生物对增加土壤肥力、改善土壤结构、促进自然界的物质循环具有重要作用。

3. 土壤酶　土壤酶是土壤中产生的专一生物化学反应的生物催化剂。土壤酶一般吸附在土壤胶体表面或呈复合体存在，部分存在于土壤溶液中，而以测定各种酶的活性来表征。土壤酶参与土壤中各种生物化学过程，如腐殖质的分解与合成，动植残体和微生物残体的分解，及其合成有机化合物的水解与转化，某些无机化合物的氧化、还原反应。土壤酶的活性大致反映了某一种土壤生态状况下生物化学过程的相对强度，测定相应酶的活性，以间接了解某种物质在土壤中的转化情况。

已知的酶根据酶促反应的类型可分为六大类。

（1）氧化还原酶类　酶促氧化还原反应。主要包括脱氢酶、过氧化氢酶、过氧化物酶、硝酸还原酶、亚硝酸还原酶等。

（2）水解酶类　酶促各种化合物中分子键的水解和裂解反应。主要包括蔗糖酶、淀粉酶、脲酶、蛋白酶、磷酸酶等。

（3）转移酶类　酶促化学基团的分子间或分子内的转移同时产生化学键的能量传递反应。主要包括转氨酶、果聚糖蔗糖酶、转糖苷酶等。

（4）裂合酶类　酶促有机化合物的各种化学基在双键处的非水解裂解或加成反应。包括天门冬氨酸脱羧酶、谷氨酸脱羧酶、色氨酸脱羧酶。

（5）合成酶类　酶促伴随有 ATP 或其他类似三磷酸盐中的焦磷酸键断裂的两分子的化合反应。

（6）异构酶类　酶促有机化合物转化成它的异构体的反应。

影响土壤酶活性的因素主要有：

（1）土壤物理性质　土壤的质地和结构性是影响土壤酶活性的重要物理因素。同一土类的黏重土壤比轻质土壤具有较高的酶活性。良好结构的土壤因其适宜的水、热状况和较好的通气条件而使酶活性较高。

（2）土壤化学性质　土壤酶活性在很大程度上决定于土壤酶的主要生成者—土壤微生物和高等植物的营养状况。土壤中的某些化学物质可通过激活或抑制作用来影响胞外酶的功能。酶在土壤中的固定情况与活性强度还较多地取决于土壤的一系列化学性质，如 pH、阳离子交换量、盐基饱和度、腐殖物质的特性以及有机—矿质复合体的组成特征等。

（3）农业技术措施　施肥、耕作、灌溉、排水、轮作、连作等农业技术措施常能引起土壤理化性质的较大改变，从而使土壤—微生物—作物这一复杂的、相互联系的整体发生变化并建立起新的动态平衡。在这一过程中，土壤酶的活性必然会受到很大的影响。

（4）有害物质　许多重金属、农药、工业废渣和废水等有毒物质都是土壤酶的抑制剂，受其污染的土壤，其酶活性通常都较低。

4. 土壤中主要生化过程

（1）矿化作用　在土壤微生物作用下，土壤中有机态化合物转化为无机态化合物过程的总称。矿化作用在自然界的碳、氮、磷和硫等元素的生物循环中十分重要。有机氮、磷和硫的矿化作用对植物营养尤有重要意义。作用的强度与土壤的理化性质有关，还受被矿化的有机化合物中有关元素含量比例的影响，如有机氮化合物的矿化作用的强弱与碳氮比值的大小有关，通常碳氮比值低于 25 的有机氮化合物易于发生矿化作用，反之则作用较弱。

①有机氮的矿化作用：主要分两个阶段。

氨基化作用阶段：指由复杂的含氮有机物质逐步分解为简单有机态氨基化合物的过程。其反应式可简略地表述为：蛋白质→多肽→氨基酸、酰胺、胺等。参与该作用的微生物有多种类群的细菌和真菌，每一类群参与反应的一个或多个步骤，每一步骤的产物为下一步骤提供作用底物。

氨化作用阶段：即经氨基化作用产生的氨基酸等简单的氨基化合物，在另一些类群的异养型微生物参与下，进一步转化成氨和其他较简单的中间产物如有机酸、醇、醛等。

②有机态磷的矿化作用：土壤中部分有机态磷以核酸、植素和磷脂的形式存在。核酸可通过微生物泌出的核酸酶分解为无机

磷酸盐。植素在微生物泌出的植素酶的作用下，经由植酸等阶段分解成无机磷酸和肌醇。较简单的磷脂类化合物可分解成无机磷酸、甘油和脂肪酸；复杂的磷脂在微生物作用下除生成上述产物外，还有胆碱或胆胺等产物。在一定的酸度条件下，磷脂态磷也能通过纯化学反应转化成为无机态磷

③有机硫的矿化作用：土壤中的有机硫多以半胱氨酸、胱氨酸、甲硫氨酸等化合物的形式存在，也以硫酸酯（磺酸多糖、酚磺酸、胆碱硫酸酯、磺酸类脂等）的形式出现。半胱氨酸（或胱氨酸）在各种类群的微生物作用下，经由胱氨酸二亚砜、胱氨酸亚磺酸、磺基丙氨酸等途径转化成硫化物或硫酸盐。甲硫氨酸则被某些细菌分解成为硫酸盐或硫化氢。硫酸酯也可被酸或碱水解成为无机硫酸盐。

（2）腐殖化作用　是动植物残体在微生物的作用下转变为腐殖质的过程。广泛发生于土壤、水体底部的淤泥、堆肥、沤肥等环境。腐殖化作用的进行有助于土壤肥力的保持和提高。植物残体首先被微生物分解成为简单的物质；后者与微生物的再合成产物及代谢产物都是构成腐殖质分子结构单元的基础物质，包括氨基酸、多肽（蛋白质）、氨基糖以及由木质素、单宁等物质降解而成的各种芳香族化合物。多酚类化合物被微生物分泌的酚氧化酶氧化为醌类化合物后，在酶的参与下（可能还有化学反应），再与氨基酸、多肽等化合物一起合成为腐殖质分子的结构单元。影响土壤中腐殖化作用的因素有三：一是生物残体的化学组成；二是环境的水热条件；三是土壤性质，特别是 pH 和石灰反应。

第二节　土壤重要的物理性质

一、土壤质地

（一）概念

土壤中各级土粒的百分含量，称为土壤的机械组成，又称土

壤颗粒组成，可由此确定土壤质地。按土壤颗粒组成进行分类，将颗粒组成相近而土壤性质相似的土壤划分为一类并给予一定名称，称为土壤质地（Soil texture）。划分土壤质地的目的在于认识土壤的特性并合理利用土壤和改良土壤。土壤质地的类别和特点，主要继承了成土母质的类别和特点，又受人们耕作、施肥、平整土地等的影响。土壤中砂粒、粉粒和黏粒三组粒级含量的比例，是土壤较稳定的自然属性，也是影响土壤一系列物理与化学性质的重要因子。土壤质地不同对土壤结构、孔隙状况、保肥性、保水性、耕性等均有重要影响。根据土壤中砂粒、粉粒和黏粒三级含量，并参考砾石量，可划分为三大质地类型，即砂土类、壤土类和黏土类。它们基本性质不同，因而在农田种植、管理或工程施工上有很大区别。

（二）质地分类制

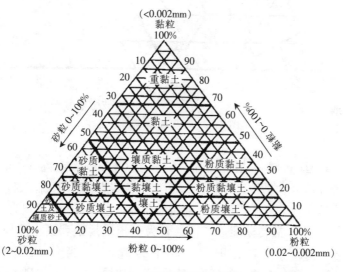

图 3-1　国际质地制三角图

目前有多种不同的土壤质地分类方法，应用较多的有国际

质地制、美国农业部质地制、卡钦斯基质地制和中国质地制（图
3-1、图3-2）。

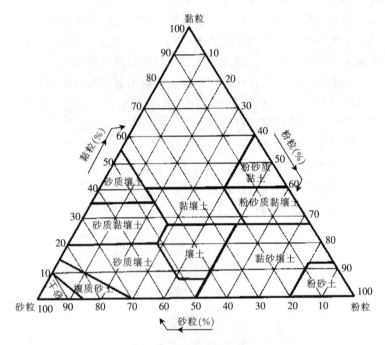

图3-2　美国质地制三角图

1. 国际制　根据砂粒（2～0.02mm）、粉粒（0.02～
0.002mm）和黏粒（<0.002mm）三粒级含量的比例，划定12
个质地名称，可从三角图上查质地名称。查三角图的要点为：以
黏粒含量为主要标准，<15%者为砂土质地组和壤土质地组；
15%～25%者为黏壤组；>25%者为黏土组。当土壤含粉粒>
45%时，在各组质地的名称前均冠以"粉质"字样；当砂粒含量
在55%～85%时，则冠以"砂质"字样，当砂粒含量>85%时，
则称壤砂土或砂土（表3-7）。

表 3-7　国际制与美国制的比较

土壤质地		粒组百分数范围					
类别	名称	砂粒		粉粒		黏粒	
砂土	砂土及壤砂土	国际制	美国制	国际制	美国制	国际制	美国制
		85~100	80~100	0~15	0~20	0~15	0~20
壤土	砂壤土	55~85	50~80	0~45	0~50	0~15	0~20
	壤土	40~55	30~50	35~45	30~50	0~15	0~20
	粉砂壤土	0~55	0~30	45~100	50~100	0~15	0~20
黏壤土	砂黏壤土	55~85	50~80	0~30	0~30	15~25	20~30
	黏壤土	30~50	20~50	20~45	20~50	15~25	20~30
	粉砂质黏壤土	0~40	0~30	45~85	45~80	15~25	20~30
黏土	砂黏土	55~75	50~70	0~20	0~20	25~45	30~50
	粉砂黏土	0~30	0~20	45~75	50~70	25~45	30~50
	壤黏土	10~55	0~50	0~45	0~50	25~45	30~50
	黏土	0~55	0~50	0~35	0~50	45~65	50~70
	重黏土	0~35	0~30	0~35	0~30	65~100	70~100

2. 美国制　根据砂粒（2～0.05mm）、粉粒（0.05～0.002mm）和黏粒（<0.002mm）3 个粒级的比例，划定 12 个质地名称。按 3 个粒级含量分别于三角形的 3 条底边划 3 根垂线，3 线相交点，即为所查质地区。

等边三角形的三个边分别表示砂粒、粉粒、黏粒的含量。根据土壤中砂粒、粉粒、黏粒的含量，在图中查出其点位再分别对应其底边作平行线，3 条平行线的交点即为该土壤质地。

3. 卡钦斯基制　1957 年由苏联土壤学家卡钦斯基修订而成，它先分为粗骨部分（1mm 的石砾）和细土部分（1mm 的土粒），然后再把后者以 0.01mm 为界分为"物理性砂粒"与"物理性黏粒"两大粒组，意即其物理性质分别类似于砂粒和黏粒。因为，前者不显塑性、胀缩性而吸湿性、黏结性极弱，后者则有明显的塑性、胀缩性、吸湿性和黏结性，尤以黏粒级（$<1\mu m$）为强。0.01mm 和 0.001mm 正是各粒级理化性质的两个转折点。自 20 世纪 50 年代以来，我国土壤机械分析多采用卡庆斯基制，曾通称"苏联制"。卡钦斯基制有土壤质地基本分类（简制）及详细分类（详制）两种。简制是按粒径小于 0.01mm 的物理性黏粒含量并根据不同土壤类型（灰化土、草原土、红黄壤、碱化土及碱土）划分；详制是在简制的基础上，再按照主要粒级进行细分，把含量最多和次多的粒级作为冠词，顺序放在简制名称前面，用于土壤基层分类及大比例尺制图（表 3-8）。

表 3-8　卡钦斯基土壤质地基本分类

质地名称		物理性粘粒（<0.01mm）含量（%）			物理性砂粒（>0.01mm）含量（%）		
		灰化土类	草原土及红黄壤类	柱状碱土及强碱化土类	灰化土类	草原土及红黄壤类	柱状碱土及强碱化土类
砂土	松砂土	0~5	0~5	0~5	100~95	100~95	100~90
	紧砂土	5~10	5~10	5~10	95~90	95~90	95~90
壤土	砂壤土	10~20	10~20	10~20	90~80	90~80	90~85
	轻壤土	20~30	20~30	20~30	80~70	80~70	85~80
	中壤土	30~40	30~40	30~40	70~60	70~55	80~70
	重壤土	40~50	40~50	40~50	60~50	55~40	70~60
黏土	轻黏土	50~65	60~75	40~50	50~35	40~25	60~50
	中黏土	65~80	75~85	50~65	35~20	25~15	50~35
	重黏土	>80	>85	>65	<20	<15	<35

4. 中国制　有以下几个特点：

①与其配套的粒级制是在卡钦斯基粒级制基础上稍加修改而

成的，主要是把黏粒上限从 $1\mu m$ 提高至公认的 $2\mu m$，但确定质地仍按照细黏粒（<$1\mu m$）含量。这样沿用了卡钦斯基制中以 0.01mm（$10\mu m$）和 0.001mm（$1\mu m$）两个粒级界线来划分质地。

②同国际制和美国制一样，采用三元（3 个粒级含量）定质地的原则，而不是用卡钦斯基制的二元原则。

③在三元原则中用粗粉粒含量代替国际制的粉粒含量。这是考虑到我国广泛分布着粗粉质土壤（如黄土母质发育的土壤），而农业土壤的耕性尤其是汀板性问题（以白土型和咸砂土型的水稻土更为突出），受粗粉粒级与细黏粒级含量比的影响大。不过，由于中国制的三元粒级互不衔接，不能构成三角质地图，故不便查用。中国制也难以反映黏质土受粗粉质影响的问题，而卡钦斯基详制用粉质、粗粉质的冠词，美国农业部制有粉黏壤、粉黏土的质地名称，均可反映此点（表 3 - 9）。

表 3 - 9　中国土壤质地分类

质地组	质地名称	颗粒组成（%）		
		砂粒 (1~0.05mm)	粗粉粒 (0.05~0.01mm)	细粉粒 (<0.001mm)
砂土	极重砂土	>80	≥40	<30
	重砂土	70~80		
	中砂土	60~70		
	轻砂土	50~60		
	砂粉土	≥20		
	粉土	<20		
壤土	砂壤	≥20	<40	
	壤土	<20		
黏土	轻黏土			30~35
	中黏土			35~40
	重黏土			40~60
	极重黏土			>60

各种质地土壤感官判别如下：

1. 砂土 干土块不用力即可用手指压碎，肉眼可看出是砂粒，在手指上摩擦时，可发出沙沙声。抓一把用手捏紧，砂粒即行下泻，愈紧握下泻愈快。湿时不能揉成球，或在水分较多时，能揉成球或粗条状，但都有裂缝。胶结力弱，用力即碎。

2. 砂壤土 干土块不用力即可用手指压碎，用小刀在其上刻划有条纹，痕迹不整，肉眼可见单粒，摩擦时也有沙沙声。湿土可揉成球，亦可搓成圆条。

3. 粉砂壤土 干土块压碎用力较大，用小刀刻划，痕迹较砂壤土明显，但边缘破碎不齐。干摩擦时仍有沙沙声。湿土可搓成球，稍用力也能散开，有一定可塑性，可揉成圆条，粗约3mm，手持一段，即破碎为数段。

4. 壤土 干土块压碎时必须用相当大的力量，用刀刻划，刀痕粗糙，唯边缘稍平整，湿土可揉成细圆条状，弯成直径2～3cm的小圆圈时，既出现裂缝折断。

5. 粉砂黏壤土—黏壤 干土块用手指不能压碎，用刀刻划痕迹较小，湿土用力较大也可搓成球，手揉时，不费力即可揉成粗为1.5～2mm细条，也可变成直径为2cm的圆环，压扁圆环时，其外圈部分发生裂缝，可塑性较大，可用两指搓成扁平的光面，光滑面较粗糙，不显光亮。很湿的土置于二手指间，再抬手指，黏着力不强，有棱角

6. 黏土 干土块坚硬，手指压不碎，湿土可揉成球或细条，但仍会有裂缝，手揉时较费力。干土加水不能很快浸润，黏性大，很湿的土置于二指间黏力较大，有黏胶的感觉。土壤压成扁片时，表面光滑有反光。

7. 重黏土 干土十分坚硬，以斧头打始碎，土块有白痕，并黏在斧上，湿土可塑性大，黏着力更强，搓成条或球均光滑，手指感觉细腻，塑性甚大，土壤压成片时表面光滑有亮光。

（三）不同质地土壤的肥力特征

1. 砂质土 以砂土为代表，也包括缺少黏粒的其他轻质土壤（粗骨土、砂壤），它们都有一个松散的土壤固相骨架，砂粒很多而黏粒很少，粒间孔隙大，降水和灌溉水容易渗入，内部排水快，但蓄水量少而蒸发失水强烈，水汽由大孔隙扩散至土表而丢失。

砂质土的毛管较粗，毛管水上升高度小，抗旱力弱。只有在河滩地上，地下水位接近土表，砂质土才不致受旱。因此，砂质土在利用管理上要注意选择种植耐旱品种，保证水源供应，及时进行小定额灌溉，要防止漏水漏肥，采用土表覆盖以减少土表水分蒸发。

砂质土的养分少，又因缺少黏粒和有机质而保肥性弱，人畜粪尿和硫酸铵等速效肥料易随雨水和灌溉水流失。砂质土上施用速效肥料往往肥效猛而不稳长，前劲大而后劲不足，所以，砂质土上要强调增施有机肥，适时施追肥，并掌握勤浇薄施的原则。

砂质土含水少，热容量比黏质土小，白天接受太阳辐射而增温快，夜间散热而降温也快，因而昼夜温差大，对块茎、块根作物的生长有利。早春时砂质土的温度上升较快，称为"暖土"，在晚秋和冬季，一遇寒潮则砂质土的温度迅速下降。

由于砂质土的通气好，好气微生物活动强烈，有机质迅速分解并释放出养分，使农作物早发，但有机质累积难而其含量常较低。

砂质土体虽松散，但有的（如细砂壤和粗粉质砂壤）在泡水耕耙后易结板闭结，农民称为"闭砂"。因为这些土壤中细砂粒和粗粉粒含量特别高，黏粒和有机质很少，不能黏结成微团聚体和大团聚体，大小均匀而较粗的单粒在水中迅速沉降并排列整齐紧密，呈现汀浆板结性。该质地的水田在插秧时要边耘边插，混水插秧，但因土粒沉实，稻苗发棵难、分蘖较少。

2. 黏质土 包括黏土和黏壤（重壤）等质地黏重的土壤，

而其中以重黏土和钠质黏土（碱化黏土、碱土）的黏韧性表现最为明显。此类土壤的细粒（尤其是黏粒）含量高而粗粒（砂粒、粗粉粒）含量极少，常呈紧实黏结的固相骨架。粒间孔隙数目比砂质土多但甚为狭小，有大量非活性孔（被束缚水占据的）阻止毛管水移动，雨水和灌溉水难以下渗而排水困难，易在犁底层或黏粒积聚层形成上层滞水，影响植物根系下伸。所以，采用深沟、密沟、高畦，或通过深耕和开深线沟破坏紧实的心土层以及采用暗管和暗沟排水等，以避免或减轻涝害。

黏质土含矿质养分（尤其是钾、钙等盐基离子）丰富，而且有机质含量较高。它们对带正电荷的离子态养分（如 NH_4^+、K^+、Ca^{2+}）有强大的吸附能力，使其不致被雨水和灌溉水淋洗损失。

黏质土的孔细往往为水占据，通气不畅，好气性微生物活动受到抑制，有机质分解缓慢，腐殖质与黏粒结合紧密而难以分解，因而容易积累。所以，黏质土的保肥能力强，氮素等养分含量比砂质土中要多得多，但"死水"（植物不能利用的束缚水）容积也多。

黏质土蓄水多，热容量大，昼夜温度变幅较小。在早春，水分饱和的黏质土（尤其是有机质含量高的黏质土），土温上升慢，农民称之为"冷土"；反之，在受短期寒潮侵袭时，黏质土降温也较慢，作物受冻害较轻。

缺少有机质的黏土，往往黏结成大土块，俗称大泥土，其中有机质特别缺乏者，称死泥土。这种土壤的耕性特别差，干时硬结，湿时泥泞，对肥料的反应呆滞，即所谓"少施不应，多施勿灵"。黏质土的犁耕阻力大，所以也叫"重土"，它干后龟裂，易损伤植物根系。对于这类土壤，要增施有机肥，注意排水，选择在适宜含水量条件下精耕细作，以改善结构性和耕性。此外，由于黏土的湿胀干缩剧烈，常造成土地裂缝和建筑物倒塌。

3. 壤质土 壤质土兼有砂质土和黏质土之优点，是较为理想的土壤，其耕性优良，适种的作物种类多。不过以粗粉粒占优势（60％～80％以上）而又缺乏有机质的壤质土，即粗粉壤，汀板性强，不利于幼苗扎根和发育。

（四）土壤质地改良

1. 客土法　土壤质地过砂或过黏均对作物生长不利，因此应采取相应的改良措施。客土是质地改良中通常采用的方法。黏质土掺砂改良，砂质土掺黏改良，由于黏或砂是搬运来的，故称"客土"。但是，由于客土的土方量和人工量很大，可逐年进行，果、桑、茶园等可先改良树墩或树行的土壤，在有条件的地方，如河流附近，可采用引水淤灌，把富于养分的黏土覆盖在砂土上，通过耕翻拌和之。质地改良一般是就地取材，因地制宜，逐年进行。

2. 改良土壤结构　改良土壤结构是改善土壤不良质地状况的有效方法。土壤中各级土粒如果不是分散存在而是形成团聚体，可从根本上改善分散砂粒形成的砂质土或分散黏粒形成的黏质土的特性，协调土壤中水气状况，使肥力提高。改良土壤结构的最好方法是大量施用有机肥，通过有机质胶结作用，促使土粒团聚。

3. 施用焦泥灰、厩肥和草皮泥等　均能改良质地，加厚耕层。

4. 深耕、深翻、人造垆　如果表土是砂土，而心土为黏土，或者相反，则可用深耕深翻的方法，把两层土壤混合，以改良质地。如离地表不深处有黏质紧实的硬盘层（如铁盘、砂姜层等），不利于植物根系（尤其是桑、果、茶树）下伸，应深耕深刨以破除之。反之砂砾底的土壤，开辟为水田时，可以移开表土，再铺上一层黄泥加石灰，打实后成为人造垆，以防止漏水漏肥，然后再将表土覆回。

5. 引洪漫淤、引洪漫砂　对沿江河的砂质土壤，利用洪水中携带的泥砂来改良砂土和黏土。但要注意引洪漫淤改良砂土时，要提高进水口，以减少砂粒的流入量，引洪漫砂时则要降低入水口，以使有更多的粗砂进入。

二、土壤结构

（一）基本概念

土壤是由无数土壤颗粒组成的，这许许多多的土壤颗粒并不是彼此孤立、毫不相关地堆积在一起，而往往是受各种作用（如有机质的胶结作用等）形成大小不等、形状不同的土团或称土壤团聚体，也有没有胶结在一起的单粒。这种不同大小和形状的土壤颗粒，包括土团和单粒在土壤中排列的方式，称为土壤结构。土壤结构是土粒（单粒和复粒）的排列、组合形式。这个定义，包含着两重含义：结构体和结构性。通常所说的土壤结构多指结构性。

土壤结构体或称结构单位，它是土粒（单粒和复粒）互相排列和团聚成为一定形状和大小的土块或土团。它们具有不同程度的稳定性，以抵抗机械破坏（力稳性）或泡水时不致分散（水稳性）。自然土壤的结构体种类对每一类型土壤或土层是特征性的，可以作为土壤鉴定的依据。

在农学上，通常以直径在 10～0.25mm 水稳性团聚体含量判别结构好坏，多的好，少的差，并据此鉴别某种改良措施的效果。土壤团聚体适宜的直径和含量与土壤肥力关系，因所处生物气候条件不同而异。在多雨和易渍水的地区，为了易于排除土壤过多的渍水，水稳团聚体适宜的直径可偏大些，数量可多些；而在少雨和易受干旱地区，为了增加土壤的保水性能，团聚体适宜的直径可偏小些，数量也可多些；在降雨量较少和雨强不大的地区，非水稳团聚体对提高土壤保水性亦能起到重要作用。

土壤颗粒排列的方式很多，为了便于说明问题，大致可分为两大类：一种是以单粒为单位的排列方式，另一种是以土团为单位的排列方式。以单粒为单位的排列就是指单个土壤颗粒一个挨着一个排列，这种排列方式所构成的土壤，土体很密实，土内孔隙小而少，透水不易，蓄水难，作物根系扎不进，耕锄也吃力，所以是一种结构不良的土壤。一些有机质含量很少的"砂土"、"结板田"、"刚土"就是这样。以土团为单位的排列是指一些土粒因受有机质或其他一些化学、物理因素的影响而胶结成的小土团彼此排列在一起，或再受有机质等的作用而形成较大的土团。由这种大大小小土团所构成的土壤，土体疏松，大小孔隙都有且多，透水易，能保水，作物根系容易扎下去，耕作时轻松爽犁，所以是一种结构良好的土壤，如北方的黑土以及各地培育的熟化土壤。

　　良好的土壤结构性，实质上是具有良好的孔隙性，即孔隙的数量（总孔隙度）大，而且大小孔隙的分配和分布适当，有利于土壤水、肥、气、热状况调节和植物根系活动。

　　农业上宝贵的土壤是团粒结构土壤，含有大量的团粒结构。团粒结构土壤具有良好的结构性和耕层构造，耕作管理省力而易获作物高产，但是，非团粒结构土壤也可通过适当的耕作、施肥和土壤改良而改善它们，使之适合植物生长，因而也可获得高产（图3-3）。

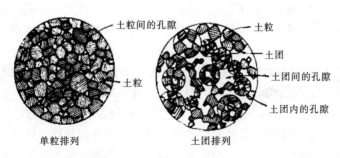

图3-3　土壤结构状况示意图

（二）常见的几种土壤结构类型

在田间正常湿度下，从表土向下挖取一大块土，然后可以按照土中的自然缝隙轻轻分成或大或小的碎块，这些碎块一般称作土壤结构体。由于各种土壤本身性质及其影响因素的不同，不同土壤中或同一土壤的不同土层中土壤结构体的形状也不一样。土壤结构体分类是依据它的形态、大小和特性等。美国农业部土壤调查局提出了一个较为完整的土壤结构形态分类制。先按结构体的形态分为三大类：①板状（片状）；②柱状和棱柱状；③块状和球状。然后再按结构体大小细分，最后，根据其稳定性分为几等。

1. 块状结构和核状结构　土粒互相黏结成为不规则的土块，内部紧实，轴长在 5cm 以上，而长、宽、高三者大致相似，称为块状结构，可按大小再分为大块状（>10cm）和小块状结构。比这小的土块，叫做碎块状结构（5～0.5cm），更小则为碎屑状结构。碎块小而且边角明显的则叫核状结构，也可分为大（>1cm）、中、小（0.7～0.5cm）几等。此类结构体多出现在有机质缺乏而耕性不良的黏质土壤中，一般表土中多大块状结构体和块状结构体，心土和底土中多块状结构体和碎块状结构体。

在黏重的心底土中，常见核状结构，系由石灰质或氢氧化铁胶结而成，内部十分紧实。如红壤下层由氢氧化铁胶结而成的核状结构，坚硬而泡水不散。在土壤团聚体分析（湿筛法）中，常误当它是水稳性团粒，但它不具备团粒的多孔性。

2. 棱柱状结构和柱状结构　土粒黏结成柱状体，纵轴大于横轴。土壤结构体呈柱状，但不同土壤中的柱状体大小不一，形状也不完全一样，一般称为"立土"。这种结构在碱土的柱状层以及古老风化壳上发育的侵蚀面上的土壤中常能见到。柱状结构具有不良的农业性状，必须通过破碎、深翻和分层施肥等措施加以改造。过于黏重的土壤还需逐年掺砂，以提高改土效益。这种结构体多出现于土壤下层，群众叫做直塇土。水分经常变化而质地较黏重的水田心土层（潴育层），在湿胀干缩交替的作用下，土体垂直裂开，形成边角明显的柱状体，叫做棱柱状结构，棱柱体外常有铁质胶膜包着。种植水稻的年限愈长，干湿变化愈频繁，棱柱体就愈小；反之，棱柱体就大。如果柱状体的边角不明显，则叫做柱状结构体。柱状结构体常出现于半干旱地带的心土和底土中，以柱状碱土的碱化层中的最为典型。这两种结构体按其横轴长度，可分为大（>5cm）、中和小（<3cm）三等。

3. 片状结构（板状结构）　土粒排列成片状，结构体的横轴大于纵轴，多出现于冲积性土壤中。老耕地的犁底层有片状结构，群众叫做"横塥土"。在表层发生结壳或板结的情况下，也会出现这类结构。在冷湿地带针叶林下形成的灰化土（漂灰土）的漂灰层中可见到典型的片状结构。按照片的厚度可分为板状（>5cm）、片状、页状、叶状（<1cm）结构，还有一种鳞片状结构。在片状结构的土层中，作物出苗困难，根系不易下扎，水不易下渗。碱土的表土，盐土表层的层状盐结皮以及某些砂性较重的灌溉地表层的结壳等均属片状结构。种植绿肥和秸秆还田是改良这种结构的有效措施。

4. 团粒（粒状和小团块）**结构**　土粒胶结成粒状和小团块状，大体成球形，有小米粒至蚕豆粒般大，称为团粒，群众称为"蚂蚁蛋"、"米身子"。这种结构体在表土中出现，具有良好的物理性能，多孔，在水中浸泡不易散碎，即水稳性较强，如东北的黑土以及各地熟化度很高的耕层土壤。一般腐殖质含量较高、土粒大小配比适宜的土壤，耕作适当时较易形成粒状结构。这种结构对土壤的通气、透水蓄水和养分的保存、释放等都有良好的作用，是肥沃土壤的结构形态。团粒具有水稳性（泡水后结构体不易分散）、力稳性（不易被机械力破坏）和多孔性。在黑钙土等的 A 层及肥沃的菜园土壤表层中，团粒结构数量多。此类土壤的有机质含量丰富而肥力高，团粒结构可占土重的 70% 以上，称为团粒结构土壤。

团粒的直径约为 10～0.25mm，而 <0.25mm 的则称为微团

粒。按照团粒的形状和大小，也可分为团粒和小团块两种。此外，在缺少有机质的砂质土中，砂粒单个地存在，并不黏结成结构体，也可称为单粒结构。

块状结构体和团粒主要是出现于表土。片状结构体在表土层和亚表土层中都会出现，核状、柱状和棱柱状结构体则出现在心土和底土中。

（三）土壤结构与肥力的关系

不同的土壤结构，具有不同的结构特性，因此也表现出不同的肥力。但这并不等于说相同结构的土壤一定会有相同的肥力，或者说不同肥力的土壤一定是由于它们间结构不一致的缘故。土壤结构并不等于土壤肥力，它只是影响肥力的主要因子之一。

土壤结构是怎样影响土壤肥力的呢？它主要是通过对土壤水分、空气和养分的影响来起作用。结构不良的土壤，水多时土壤孔隙全部被水占据，缺乏空气，有机质不能很好分解；天旱时，土壤内空气过多而缺乏水分，如果是黏土就会出现"湿时一团糟，干时一把刀"的现象。结构好的土壤中存在着两种孔隙：团粒（即粒状土团或粒状结构体）间的大孔隙为通气孔隙，在降水或灌溉时可以渗水，雨过天晴又可以贮存空气。团粒内的小孔隙又叫毛管孔隙，能蓄积水分。这样，大雨时既可避免土壤侵蚀，又解决了土体中水分和空气的矛盾；天晴时，尽管毛管水分蒸发力量很强，但由于表层土壤的团粒迅速干燥，切断了毛管联系，使水分不致因无限蒸发而造成损失。所以说，结构好的土壤有保墒的作用。结构的好坏对土壤中养分的保存和释放也有很大影响，结构好的土壤由于通气孔隙里经常充满着空气，团粒表面的有机质进行着强烈的好气分解，不断释放作物所需的养分，而团粒内部为嫌气状况，有利于养分的积累。所以团粒结构不仅是一个小水库，而且也是一个小的肥料库。

此外，结构性好的土壤疏松柔和，耕作时阻力小，宜耕期长。这些既利于耕作质量的提高，也利于作物种子发芽和根系伸展。

（四）土壤结构的改良措施

在农业生产的实践中，我们经常遇到土壤发僵、发刚、发板等现象，就是由于土壤结构不良造成的。这种土壤性状对作物生长很不利，必须加以改良。在改良土壤结构方面，农民在长期生产实践中积累了丰富的经验。根据群众经验和过去工作的结果，一般可将改良措施分为以下几个方面：

1. 增施有机物质　有机物料除能提供作物多种养分元素外，其分解产物多糖等及重新合成的腐殖物质是土壤颗粒的良好团聚剂，能明显改善土壤结构。有机物料改善土壤结构的作用取决于物料的施用量、施用方式以及土壤含水量。有机物料用量大的效果较好，秸秆直接回田（配施少量化学氮肥以调节土壤的碳氮化）比沤制后施入田内效果要好；水田在淹水条件下施用有机物料，由于土壤含水量过高，往往得不到良好的改土效果。在南方水田地区，种好苦萝卜、蚕豆、豌豆及紫云英等均能改善土壤结构，翻压紫云英的效果最为显著。在北方干旱和半干旱地区以及在盐碱土上种植田菁、芍子等一年生绿肥和多年生牧草，对改善土壤结构，提高作物产量均有显著作用。有的地区试验表明，豆科绿肥和禾本科牧草混种的改土和增产效果比单种的好。一定用量的胡敏酸盐肥料对某些土壤结构的改善也有积极的作用。

2. 采取适当的耕作措施　耕作措施可以在一定时期内改变土粒的排列状况。如北方地区为了抗旱保墒，根据不同墒情而采取镇压和松土的措施见效甚快。在南方多雨低湿地区，为了促进有机质分解，促使土块崩裂，采用深耕、晒垡，效果也很好。合宜的深耕并结合施用有机肥料，可使土壤变松，提高土壤孔隙度，改善土壤结构。在适耕含水量时进行耕作，避免烂耕烂耙破坏土壤结构，采用留茬覆盖和少（免）耕配套技术。在推行这项措施时必须根据当地的气候、土壤、作物种类以及农作制度的不同而异。合理的水分管理亦很重要，尤其在水田地区，采用水旱轮作，减少土壤的淹水时间，能明显改善水稻土结构状况，促进作物增产。在长江流域棉区，旱涝等灾害性天气时有发生，利用在适耕期及时中耕松土措施，既可除杂草，又能破坏表层土壤毛细管结构，减少水分蒸发，提高地温，利于土壤结构的改良，促进根系下扎。

3. 采用化学措施　如酸性土壤上施用石灰，碱性土壤上施用石膏等也能改善土壤结构。此外，也有人试用人工合成的高分子有机化合物来改良土壤结构。在黄土高原地区有施用黑矾（也称绿矾，$FeSO_4 \cdot nH_2O$）的习惯，施用过黑矾的土壤会发虚变松，可能与铁离子对结构性的改善有关。改变砂黏比例，土壤质地过砂或过黏对形成良好的土壤结构都很不利。因此，在采取上述一些必要措施的同时，客土改变土壤质地也是很重要的。

4. 土壤结构改良剂的应用　土壤结构改良剂是改善和稳定土壤结构的制剂。按其原料的来源，可分成人工合成高分子聚合物、自然有机制剂和无机制剂三类。但通常多指的是人工合成聚合物，因它的用量少，只须用土壤重量的千分之几到万分之几，即能快速形成稳定性好的土壤团聚体。它对改善土壤结构、固定砂丘、保护堤坡、防止水土流失、工矿废弃地复垦以及城市绿化地建设具有明显作用。

5. 盐碱土电流改良　电流改良盐碱土和促进盐渍性低洼地排水有明显效果。特别在重黏质盐土通直流电后，由于电极反应和电渗流，促使胶体吸附的钠离子被代换并淋洗掉，明显地产生碎块状结构，原来不透水的紧实土体变得疏松透水，土壤迅速脱盐。

三、土壤水分

（一）基本类型

土壤水（soil water）是指土粒表面靠分子引力从空气中吸附的气态水并保持在土粒表面的水分。土壤水是土壤的最重要组成部分之一，它在土壤形成过程中起着极其重要的作用，因为形成土壤剖面的土层内各种物质同液态土壤水一起运移，同时，土壤水在很大程度上参与了土壤内进行的许多物质转化过程，不仅如此，土壤水是作物吸水的最主要来源，它也是自然界水循环的一个重要环节，处于不断的变化和运动中，势必影响到作物的生长和土壤中许多化学、物理和生物学过程。

土壤水并非纯水，而是稀薄的溶液，不仅溶有各种溶质，而且还有胶体颗粒悬浮或分散于其中。在盐碱土中，土壤水所含盐分的浓度相当高。我们通常所说的土壤水实际上是指在105℃温度下从土壤中驱逐出来的水。

土壤是一个疏松多孔体，其中布满着大大小小蜂窝状的孔隙。直径0.001～0.1mm的土壤孔隙叫毛管孔隙。存在于土壤毛管孔隙中的水分能被作物直接吸收利用，同时，还能溶解和输送土壤养分。包气带土壤孔隙中存在的和土壤颗粒吸附的水分，通常有下列4种形式：

①吸附在土壤颗粒表面的吸着水，又称强结合水。土壤颗粒对它的吸力很大，离颗粒表面很近的水分子排列十分紧密，受到的吸引力相当于1.013×10^9Pa。这一层水溶解盐类能力弱，-78℃时仍不冻结，具有固态水性质，不能流动，但可转化为气态水而移动。

②在吸着水外表形成的薄膜水，又称弱结合水。土粒对它的吸引力减弱，受吸力为$6.331 \times 10^5 \sim 3.140 \times 10^6$Pa，与液态水性质相似，能从薄膜较厚处向较薄处移动。

③依靠毛细管的吸引力被保持在土壤孔隙中的毛细管水。所受的吸力为$8.104 \times 10^3 \sim 6.330 \times 10^5$Pa。毛细管水可传递静水压力，被植物根系全部吸收。

④受重力作用而移动的重力水，具一般液态水的性质。除上层滞水外不易保持在土壤上层。土壤水的增长、消退和动态变化与降水、蒸发、散发和径流有密切关系。

　　广义的土壤水是土壤中各种形态水分的总称，有固态水、气态水和液态水3种，主要来源于降雨、降雪、灌溉水及地下水。液态水根据其所受的力一般分为吸湿水、毛管水和重力水，分别代表吸附力、毛管力和重力作用下的土壤水。前苏联学者还把由土粒表面的吸着力所保持的水分为吸湿水和结合水，后者又分为紧结合水和松结合水；毛管水又分为毛管支持水、毛管悬着水以及毛管上升水；重力水分为渗透自由重力水和自由重力水等。上述各种水分类型，彼此密切交错联结，很难严格划分。土壤水是土壤的重要组成，是影响土壤肥力和自净能力的主要因素之一。

（二）土壤水的表示方法

　　土壤中水分的多少有两种表示方法，一种是以土壤含水量表示，分重量含水量和容积含水量两种，二者之间的关系由土壤容重来换算；另一种是以土壤水势表示，土壤水势的负值是土壤水吸力。

　　土壤含水量有3个重要指标。第一是土壤饱和含水量，表明该土壤最多能含多少水，此时土壤水势为0。第二是田间持水量，是土壤饱和含水量减去重力水后土壤所能保持的水分。重力水基本上不能被植物吸收利用，此时土壤水势为-0.3bar。第三是萎蔫系数，是植物萎蔫时土壤仍能保持的水分。这部分水也不能被植物吸收利用，此时土壤水势为-15bar。田间持水量与萎蔫系数之间的水称为土壤有效水，是植物可以吸收利用的部分。当然，一般在田间持水量的60%时，即土壤水势-1bar左右就应采取措施进行灌溉（表3-10）。

表3-10　土壤质地与有效水最大含量的关系

土壤质地	砂土	砂壤土	轻壤土	中壤土	重壤土	黏土
田间持水量（%）	12	18	22	24	26	30
萎蔫系数（%）	3	5	6	9	11	15
有效水最大含量（%）	9	13	16	15	15	15

土壤水的有效性是指土壤水能否被植物吸收利用及其难易程度。不能被植物吸收利用的水称为无效水，能被植物吸收利用的水称为有效水。其中因其吸收难易程度不同又可分为速效水（或易效水）和迟效水（或难效水）。土壤水的有效性实际上是用生物学的观点来划分土壤水的类型。

通常把土壤萎蔫系数看作土壤有效水的下限，当植物因根无法吸水而发生永久萎蔫时的土壤含水量，称为萎蔫系数或萎蔫点，它因土壤质地、作物和气候等不同而不同。一般土壤质地愈黏重，萎蔫系数愈大。低于萎蔫系数的水分，作物无法吸收利用，所以属于无效水。这时的土水势（或土壤水吸力）约相当于根的吸水力（平均为1.5MPa）或根水势（平均为-1.5MPa）。

一般把田间持水量视为土壤有效水的上限，所以田间持水量与萎蔫系数之间的差值即土壤有效水最大含量。土壤有效水最大含量，因不同土壤和不同作物而异。

一般情况下，土壤含水量往往低于田间持水量，所以有效水含量就不是最大值，而只是当时土壤含水量与该土壤萎蔫系数之差。在有效水范围内，其有效程度也不同。在田间持水量至毛管水断裂量之间，由于含水多，土水势高，土壤水吸力低，水分运动迅速，容易被植物吸收利用，所以称为"速效水"（易效水）。当土壤含水量低于毛管水断裂量，粗毛管中的水分已不连续，土壤水吸力逐渐加大，土水势进一步降低，毛管水移动变慢，呈"根就水"状态，根吸水困难增加，这一部分水属"迟效水"（难效水）。可见土壤水是否有效及其有效程度的高低，在很大程度上决定于土壤水吸力和根吸力的对比。一般土壤水吸力大于根吸力则为无效水，反之为有效水。但是土壤水有效性不仅决定于土壤含水量或土壤水吸力与根吸水力的大小，同时，还取决于由气象因素决定的大气蒸发力以及植物根系的密度、深度和根伸展的速度等。所以通过有关措施，加深耕层，培肥土壤，促进根系发育，也是提高土壤水有效性，增强抗旱能力的重要途径。

（三）土壤水势

在土壤水势（简称土水势）的研究和计算中，一般要选取一定的参考标准。土壤水在各种力如吸附力、毛管力、重力等的作用下，与同样温度、高度和大气压等条件的纯自由水相比（即以自由水作为参比标准，假定其势值为零），其自由能必然不同，这个自由能的差用势能来表示即为土水势（符号为 ψ）。由于引起土水势变化的原因或动力不同，所以土水势包括若干分势，如基质势、压力势、溶质势、重力势等。

1. 基质势（ψ_m） 在不饱和的情况下，土壤水受土壤吸附力和毛管力的制约，其水势自然低于纯自由水参比标准的水势。假定纯水的势能为零，则土水势是负值。这种由吸附力和毛管力所制约的土水势称为基质势。土壤含水量愈低，基质势也就愈低；反之，土壤含水量愈高，则基质势愈高。至土壤水完全饱和，基质势达最大值，与参比标准相等，即等于零。

2. 压力势（ψ_p） 压力势是指在土壤水饱和的情况下，由于受压力而产生土水势变化。在不饱和土壤中的土壤水压力势一般与参比标准相同，等于零。但在饱和的土壤中孔隙都充满水，并连续成水柱。在土表的土壤水与大气接触，仅受大气压力，压力势为零。而在土体内部的土壤水除承受大气压外，还要承受其上部水柱的静水压力，其压力势大于参比标准为正值。在饱和土壤愈深层的土壤水，所受的压力愈高，正值愈大。

对于水分饱和的土壤，在水面以下深度为 h 处，体积为 V 的土壤水的压力势为：

$$\psi_p = \rho_w g h V$$

式中：ρ_w 为水的密度，g 为重力加速度。

3. 溶质势（ψ_s） 溶质势（ψ_s）是指由土壤水中溶解的溶质而引起土水势的变化，也称渗透势，一般为负值。土壤水中溶解的溶质愈多，溶质势愈低。溶质势只有在土壤水运动或传输过程中存在半透膜时才起作用，在一般土壤中不存在半透膜，所以溶质势对土壤水运动影响不大，但对植物吸水却有重要影响，因为根系表皮细胞可视作半透膜。溶质势的大小等于土壤溶液的渗透压，但符号相反。

4. 重力势（ψ_g）　重力势（ψ_g）是指由重力作用而引起的土水势变化。所有土壤水都受重力作用，与参比标准的高度相比，高于参比标准的土壤水，其所受重力作用大于参比标准，故重力势为正值。高度愈高则重力势的正值愈大，反之亦然。

参比标准高度一般根据研究需要而定，可设在地表或地下水面。在参考平面上取原点，选定垂直坐标 z，土壤中坐标为 z，质量为 M 的土壤水分所具有的重力势（ψ_g）为：

$$\psi_g = \pm Mgz$$

当 z 坐标向上为正时，上式取正号；当 z 坐标向下为正时，上式取负号。也就是说，位于参考平面以上的各点的重力势为正值，而位于参考平面以下的各点的重力势为负值。

5. 总水势（ψ_t）　土壤水势是以上各分势之和，又称总水势（ψ_t），用数学表达为：

$$\psi_t = \psi_m + \psi_p + \psi_s + \psi_g$$

在不同的土壤含水状况下，决定土水势大小的分势不同：在土壤水饱和状态下，若不考虑半透膜的存在，则 ψ_t 等于 ψ_p 与 ψ_g 之和；若在不饱和情况下，则 ψ_t 等于 ψ_m 与 ψ_g 之和。在考察根系吸水时，一般可忽略 ψ_g，因而根吸水表皮细胞存在半透膜性质，ψ_t 等于 ψ_m 与 ψ_s 之和，若土壤含水量达饱和状态，则 ψ_t 等于 ψ_s。在根据各分势计算 ψ_t 时，必须分析土壤含水状况，且应注意参比标准及各分势的正负符号。

（四）土壤水分特征曲线

土壤水分特征曲线是指土壤含水量和土壤吸力之间的关系曲线。通常土壤含水量 Q 以体积百分数表示，土壤吸力 S 以帕斯卡表示。由于在土壤吸水和释水过程中受土壤空气作用等的影响，实测土壤水分特征曲线不是一个单值函数曲线。

相同吸力下的土壤水分含量，释水状态要比吸水状态大，即为水分特征曲线的滞后现象。土壤水分特征曲线可反映不同土壤的持水和释水特性，也可从中了解给定土类的一些土壤水分常数和特征指标。曲线的斜率称为比水容量，是用扩散理论求解水分运动时的重要参数。曲线的拐点可反映相应含水量下的土壤水分状态，如当吸力趋于 0 时，土壤接近饱和，水分状态以毛管重力水为主；吸力稍有增加，含水量急剧减少时，用负压水势表示的吸力值约相当于支持毛管水的上升高度；吸力增加而含水量减少微弱时，以土壤中的毛管悬着水为主，含水量接近于田间持水量；饱和含水量和田间持水量间的差值，可反映土壤给水度等。故土壤水分特征曲线是研究土壤水分运动、调节利用土壤水、进行土壤改良等方面的最重要和最基本的工具。但土壤水分特征曲线的拐点只有级配较好的砂性土比较明显，说明土壤水分状态的变化不存在严格界限和明确标志，用土壤水分特征曲线确定其特征值，带有一定主观性。

土壤水分特征曲线受多种因素影响：

①不同质地的土壤，其水分特征曲线各不相同，差别很明显。一般说，土壤的黏粒含量愈高，同一吸力条件下土壤的含水率愈大，或同一含水率下其吸力值愈高。这是因为土壤中黏粒含量增多会使土壤中的细小孔隙发育的缘故。由于黏质土壤孔径分布较为均匀，故随着吸力的提高含水率缓慢减少，如水分特征曲线所示。对于砂质土壤来说，绝大部分孔隙都比较大，当吸力达到一定值后，这些大孔隙中的水首先排空，土壤中仅有少量的水存留，故水分特征曲线呈现出一定吸力以下缓平，而较大吸力时陡直的特点。

②水分特征曲线还受土壤结构的影响，在低吸力范围内尤为明显。土壤愈密实，则大孔隙数量愈少，而中小孔径的孔隙愈多。因此，在同一吸力值下，干容重愈大的土壤，相应的含水率一般也要大些。

③温度对土壤水分特征曲线亦有影响。温度升高时，水的黏滞性和表面张力下降，基质势相应增大，或说土壤水吸力减少。在低含水率时，这种影响表现得更加明显。

④土壤水分特征曲线还和土壤中水分变化的过程有关。对于同一土壤，即使在恒温条件下，由土壤脱湿（由湿变干）过程和土壤吸湿（由干变湿）过程测得的水分特征曲线也滞后的现象在砂土中比在黏土中明显，这是因为在一定吸力下，砂土由湿变干时要比由干变湿时含有更多的水分。产生滞后现象的原因可能是土壤颗粒的胀缩性以及土壤孔隙的分布特点（如封闭孔隙、大小孔隙的分布等）。

土壤水分特征曲线表示了土壤的一个基本特征，有重要的实用价值。首先，可利用它进行土壤水吸力 S 和含水率 θ 之间的换算。第二，土壤水分特征曲线可以间接地反映出土壤孔隙大小的分布。第三，水分特征曲线可用来分析不同质地土壤的持水性和土壤水分的有效性。第四，应用数学物理方法对土中的水运动进行定量分析时，水分特征曲线是必不可少的重要参数（图 3-4、图 3-5）。

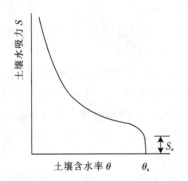

图 3-4　土壤水分特征曲线
　　　　示意图

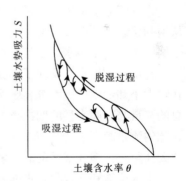

图 3-5　土壤水分特征曲线的
　　　　滞后现象

（五）土壤水的运动

大部分植物养分都是溶于水后随水移动运输到植物根系被吸收的。无论根系以质流、扩散、截获哪种方式吸收植物养分都是在土壤溶液中进行。

土壤中存在 3 种类型的水分运动：饱和水流、非饱和水流和水汽移动，前两者指土壤中液态水的流动，后者指土壤中气态水的运动。液态水的流动是由于从一个土层到另一个土层中土壤水势的梯度发生的，流动方向是从较高水势到较低的水势。土壤中液态水的运动有两种情况，一是饱和流，即土壤孔隙全部充满水时的水流，主要是重力水的运动；另一种是非饱和流或不饱和流，即只有部分空隙中有水时的水流，主要是毛管水和膜状水的运动。

1. 饱和土壤中的水流　在土壤中，有些情况下会出现饱和流，如大量持续降水和稻田淹灌时会出现垂直向下的饱和流；地下泉水涌出属于垂直向上的饱和流；平原水库库底周围则可以出现水平方向的饱和流。当然以上各种饱和流方向也不一定完全是单向的，大多数是多向的复合流。

饱和流的推动力主要是重力势梯度和压力势梯度，基本上服从饱和状态下多孔介质的达西定律，即单位时间内通过单位面积土壤的水量，土壤水通量与土水势梯度成正比。

土壤饱和导水率反映了土壤的饱和渗透性能，任何影响土壤孔隙大小和形状的因素都会影响饱和导水率，因为在土壤孔隙中总的流量与孔隙半径的四次方成正比，所以通过半径为 1mm 的孔隙的流量相当于通过 10 000 个半径 0.1mm 的孔隙的流量，显然大孔隙将占饱和水运动的大多数。

土壤质地和结构与导水率有直接关系，砂质土壤通常比细质土壤具有更高的饱和导水率，同样，具有稳定团粒结构的土壤，比具有不稳定团粒结构的土壤，传导水分要快得多，后者在潮湿时结构就被破坏了，细的黏粒和粉砂粒能够阻塞较大孔隙的连接通道。天气干燥时龟裂的细质土壤起初能让水分迅速移动，但过后，因这些裂缝膨胀而闭塞起来，因而把水的移动减少到最低限度。土壤中的饱和水流受有机质含量和无机胶体性质的影响，有机质有助于维持大孔隙高的比例。而有些类型的黏粒特别有助于小孔隙的增加，这就会降低土壤导水率，例如，含蒙脱石多的土壤和 1∶1 型的黏粒多的土壤相比较通常具有低的导水率。

2. 非饱和土壤中的水流　土壤非饱和流的推动力主要是基质势梯度和重力势梯度，它也可用达西定律来描述，其表达式为：

$$q = -K\ (\psi_m)\ \frac{d\psi}{dx}$$

式中，$K\ (\psi_m)$ 为非饱和导水率，$d\psi/dx$ 为总水势梯度。

非饱和条件下土壤水流的数学表达式与饱和条件下的类似，二者的区别在于：饱和条件下的总水势梯度可用差分形式，而非饱和条件下则用微分形式；饱和条件下的土壤导水率 Ks 对特定土壤为一常数，而非饱和导水率是土壤含水量或基质势（ψ_m）的函数。

在低吸力水平时，砂质土中的导水率要比黏土中的导水率高些；在高吸力水平时，则与此相反。这种关系是可能发生的，因为在质地粗的土壤里促进饱和水流的大孔隙占优势；相反，黏土中很细的孔隙（毛管）比砂土中的突出，因而助长更多的非饱和水流。

3. 土壤中的水汽运动　土壤气态水的运动表现为水汽扩散和水汽凝结两种现象。

水汽扩散运动的推动力是水汽压梯度，这是由土壤水势梯度或土壤水吸力梯度和温度梯度所引起的。其中温度梯度的作用远远大于土壤水吸力梯度，温度梯度是水汽运动的主要推动力。所以水汽运动总是由水汽压高处向水汽压低处，由温度高处向温度低处扩散。

　　土壤水不断以水汽的形态由表土向大气扩散而逸失的现象称为土面蒸发。土壤蒸发的强度由大气蒸发力（通常用单位时间，单位自由水面所蒸发的水量表示）和土壤的导水性质共同决定。土壤中的水汽总是由温度高、水汽压高处向温度低、水汽压低处运动，当水汽由暖处向冷处扩散遇冷时便可凝结成液态水，这就是水汽凝结。水汽凝结有两种现象值得注意，一是"夜潮"现象，二是"冻后聚墒"现象。

　　"夜潮"现象多出现于地下水埋深度较浅的"夜潮地"。白天土壤表层被晒干，夜间降温，底土土温高于表土，所以水汽由底土向表土移动，遇冷便凝结，使白天晒干的表土又恢复潮湿，这对作物需水有一定补给作用。

　　"冻后聚墒"现象，是我国北方冬季土壤冻结后的聚水作用。由于冬季表土冻结，水汽压降低，而冻层以下土层的水汽压较高，于是下层水汽不断向冻层集聚、冻结，使冻层不断加厚，其含水量有所增加，这就是"冻后聚墒"现象。虽然它对土壤上层增水作用有限（2%～4%左右），但对缓解土壤旱情有一定意义。"冻后聚墒"的多少，主要决定于该土壤的含水量和冻结的强度。含水量高冻结强度大，"冻后聚墒"就比较明显。在土壤含水量较高时，土壤内部的水汽移动对于土壤给作物供水的作用小，一般可以不加考虑，但在干燥土壤给耐旱的漠境植物供应水分时，土壤内部的水汽移动可能具有重要意义，有许多漠境植物能在极低的水分条件下生存。

　　水进入土壤包括两个过程，即入渗（也称渗吸、渗透）和再分布。入渗是指地面供水期间，水进入土壤的运动和分布过程；再分布是指地面水层消失后，已进入土内的水分进一步运动和分布的过程。入渗过程一般是指水自土表垂直向下进入土壤的过程，但也不排斥如沟灌中水分沿侧向甚至向上进入土壤的过程。它决定着降水或灌溉水进入土壤的数量，不仅关系到对当季作物供水的数量，而且还关系到供水以后或来年作物利用深层水的贮量。在山区、丘陵和坡地，入渗过程还决定着地表径流和渗入土内水分两者的数量分配。

在地面水层消失后，入渗过程终止。土内的水分在重力、吸力梯度和温度梯度的作用下继续运动。这个过程，在土壤剖面深厚，没有地下水出现的情况下，称为土壤水的再分布。土壤水的再分布是土壤水的不饱和流。在田间，入渗终了之后，上部土层接近饱和，下部土层仍是原来的状况，它必然要从上层吸取水分，于是开始了土壤水分的再分布过程。这时土壤水的流动速率决定于再分布开始时上层土壤的湿润程度和下层土壤的干燥程度以及它们的导水性质。当开始时湿润深度浅而下层土壤又相当干燥，吸力梯度必然大，土壤水的再分布就快；反之，若开始时湿润深度大而下层又较湿润，吸力梯度小，再分布主要受重力的影响，进行的就慢。不管在哪种情况下，再分布的速度也和入渗速率的变化一样，通常是随时间而减慢。这是因为湿土层不断失水后导水率也必然相应减低，湿润峰向下移动的速度也跟着降低，湿润峰在渗吸水过程中原来可能是较为明显的，但在再分布中就逐渐消失了。

（六）棉田土壤水分的人为调节技术

1. 开好厢沟 棉田厢沟是棉花一生水分管理的关键，它能做到干旱能管，受渍能排。

2. 中耕松土 雨后天晴，在适耕期抢晴松土，一是破坏土壤表面板结，二是除去杂草，三是增加表土覆盖，可减少水分蒸发，四是能提高地温，促进根系生长。

3. 适时抗旱排渍 排渍是指降水后使土壤含水量达到饱和含水量以上，田间有渍水时要及时排出。长江流域棉田蕾期至花铃期大多数年份有不同程度的渍害发生。抗旱，花铃期是棉花一生需水最多的时期，常因天气干旱土壤水分蒸发加快造成棉花水分需求的失衡，吸收的水分不能满足其开花结铃的需要，田间土壤水分含量接近萎蔫系数，生产上就应浇水抗旱。棉花抗旱不能漫灌，采用沟灌措施能明显提高抗旱效果，达到省水节能增效的目的。

第三节　土壤养分的有效性及其评价方法

一、土壤养分有效性的定义

"有效养分"（available nutrient）概念的提出，最早来自于土壤化学家。在对土壤进行了大量的化学分析之后，发现土壤中各种营养元素的含量是很丰富的。但是，其中绝大部分对植物却是无效的。由于当时这一概念尚处于笼统与模糊状态，许多人回避这一术语。经过大半个世纪以后，随着农业增产对科学施肥的要求不断提高，随着土壤学、植物学、植物营养学等多学科的共同关注与交叉研究的发展，关于"土壤养分有效性"或"土壤养分生物有效性"，无论是在概念的确立与延伸方面，还是在测定方法与定量化的研究方面都有了长足的进展（图3-6）。

1.生物有效养分　2.化学有效养分

图3-6　土壤有效养分示意图

"土壤有效养分"（soil available nutrient），原初的定义是指土壤中能为当季作物吸收利用的那一部分养分。定量化地研究土壤的有效养分及其影响因素，对于发展合理施肥与推荐施肥技术，进而推动农业增产有着重要意义。美国土壤学家

S. A. Barber 教授在他的《土壤养分生物有效性》专著中指出：
生物有效养分是指存在于土壤的离子库中，在作物生长期内能够
移动到位置紧挨植物根的一些矿质养分。也可以说，土壤的生物
有效养分具有两个基本要素：

　　①在养分形态上，是以离子态为主的矿质养分。

　　②在养分的空间位置上，是处于植物根际或生长期内能迁移
到根际的养分。

　　化学有效养分是指土壤中存在的矿质态养分，可以采用不同
的化学方法从土壤样品中提取出来。化学有效养分主要包括可溶
性的离子态与简单分子态养分；易分解态和交换吸附态养分以及
某些气态养分（图 3 - 7）。

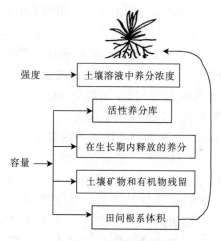

图 3 - 7　土壤养分的供应过程

二、养分有效性的评估

　　1. 土壤养分的强度因素　它是指土壤溶液中养分的浓度。
土壤溶液中养分的浓度越高，根直接接触到的养分越多，养分就
越容易被吸收。所以，强度因素是土壤养分供应的主要因子。它

因植物吸收、肥料施用等因素而有变化。

2. 土壤养分的容量因素　它是指土壤中有效养分的数量，也就是不断补充强度因子的库容量。当土壤溶液中的养分浓度随根的吸收而下降时，固相储存态的养分可以不断地向溶液中补充。这种储存量便是土壤养分供应的容量因子。

在植物整个生长期间，要保持土壤养分的不断供应，不仅取决于土壤溶液中养分的浓度，也取决于保持土壤溶液中有一定养分浓度的缓冲能力。由此可见，养分的强度因素与容量因素之间是相互关联的。容量因素对强度因素的补充不仅取决于养分库容量的大小，还决定于储存养分释放的难易程度。它们不仅受到土壤 pH、水分、温度、通气等土壤条件的影响，而且还受到植物根生长的影响，例如根所占据的土壤容积的大小对储存养分的释放有重要作用。因而，根系容量等参数也应归入容量因素。

3. 土壤养分的缓冲因素　土壤养分的缓冲因素是表示土壤保持一定养分强度的能力，也叫缓冲力或缓冲容量。它关系着养分供应的速度，反映强度（I）随数量（Q）变化的关系，可以用 $\Delta Q/\Delta I$ 比率来表示。此项比率越大，土壤养分的缓冲力就越强。图 3-8 表示 A、B 两种土壤其钾的容量与强度之间动态变化的关系。随土壤溶液中 K^+ 浓度的增加，土壤 A 和 B 中钾的容量也随着增加，但是，土壤 A 增加的速度比土壤 B 快。当植物分别从两种土壤取走等量的钾后，土壤钾的容量就有所减少（ΔQ），同时，相应地两种土壤钾的强度也随之减少（ΔQ_A 和 ΔQ_B）。图中 ΔQ_B 明显大于 ΔQ_A，这就表明土壤 A 保持溶液中 K^+ 浓度的能力强于土壤 B，即土壤 A 的缓冲力大于土壤 B。

在植物生长期间，由于根系对 K^+ 吸收导致根表 K^+ 的浓度下降，而下降的程度取决于土壤的缓冲容量。土壤钾的缓冲容量大，就意味着土壤溶液中 K^+ 的补充快，浓度下降减缓。相反，K^+ 的缓冲容量小的土壤，在作物生长期间，随着根的吸收，根表 K^+ 的浓度会下降得很快。从理论上讲，为了满足植物适宜的

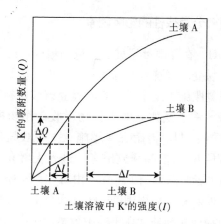

图 3-8　两种容重的土壤 K⁺ 缓冲力的比较

生长，需要使土壤溶液中的养分浓度维持在一定的水平上，这个浓度可称为临界浓度。当土壤溶液中养分浓度低于临界值时，作物生长量减少。可以想象由于不同植物对土壤养分浓度的要求不同，因此临界浓度也有差异。以钾为例，土壤溶液中钾的临界水平与其缓冲容量有关，缓冲容量越小，其临界浓度就越高。

　　缓冲力概念也可用来说明土壤磷的有效性。一般来讲，吸附态磷与溶液中磷的浓度之比可代表土壤磷的缓冲容量，它对植物的磷供应有很大的影响。在缓冲容量小的土壤上，只有保持土壤溶液中较高的磷浓度，植物根才能得到适量的磷；反之，在磷缓冲容量大的土壤上，即使土壤溶液中磷浓度较低，植物也有可能从土壤中获得适量的磷。

　　总之，应用强度/容量关系描述土壤养分的有效性，可以从养分转化的动态过程来考虑养分的有效性。但由于土壤中养分存在状态与转化过程的多样性与复杂性，很多过程还不能定量测定。目前仅限于借助化学动力学方法测定土壤溶液与固相吸附态养分之间的动态关系，以描述土壤的有效养分，因此在实际应用中是很有限的。

三、土壤养分有效性的影响因素

1. 土壤 pH 在降雨量超过蒸发量的地区，由于盐基成分的淋失，土壤容易变酸，这是矿物风化的结果。施肥也能使土壤变酸，例如铵态氮肥施入土中后，如不能立即被作物吸收，经硝化作用产生硝酸。铵态氮如立即为作物吸收，作物根也能释放出 H^+，降低介质的 pH。当硝态氮肥施入土中被植物吸收后，则由等当量的 HCO_3^- 从根部释放出来，进入土壤介质，提高土壤的 pH。过磷酸钙施入土中后，由于溶解释放出较多的 H_3PO_4，可以使肥料颗粒周围的 pH 下降至 1.5 左右。

另外，植物残茬和枯叶在土壤中分解产生有机酸，这些有机酸能溶解土壤中 Fe、Al、Mn 等元素，这是森林土壤容易酸化的重要原因。在酸性土壤中，铝以不同形式出现，当 pH<4 时，铝以活性铝为主，pH>4 则以 $Al (OH)^{2+}$ 为主。活性铝对植物有毒害，因此，黏性土壤要求保持土壤 pH 在 6.5 左右。

pH 不仅影响土壤中各种影响元素的有效性，也影响植物对不同离子的吸收。一般来说，酸性条件有利于植物对阴离子的吸收，碱性条件有利于植物对阳离子的吸收，这与植物对阴阳离子吸收的机理有关。另外，对磷酸盐、硼酸盐等来讲，pH 还影响土壤溶液中 H_2PO^-/HPO_3^-、H_3BO_3/HBO_3^- 的比例。pH 降低，增加 H_2PO^- 和 H_3BO_3 的比例，增加植物对它们的吸收。

2. 氧化还原反应 土壤氧化还原反应，影响土壤中许多化学的和生物的过程，从而影响土壤中养分的有效性和植物的生长，氧化作用获得电子，还原作用失去电子。电子和质子是化学反应中普遍存在的最多的两种作用物，土壤中所有含 C、N、S 的有机物，其生化反应都与氧化还原反应有关。所有这些反应均有电子和质子参加，含 C、N、S 的有机物是电子的主要来源，氧分子和含氧化合物是电子的受体。

3. 土壤水分含量　磷和钾主要通过扩散作用被根吸收，而土壤含水量对离子的扩散迁移影响很大。土壤水分含量高，磷、钾的有效性增加，水分是养分迁移的介质；充满水分的土壤毛管，是养分迁移的通道；水分不足，这些通道就相应少了。同时，水分减少，毛管的弯曲度也增加，扩散作用减弱。由此可知，在土壤水分含量高的情况下，较大土体范围内的养分可被根系吸收利用。换句话说，湿润土壤有着更大的潜在有效养分，而土壤水分不足时，常常导致土壤中磷、钾有效性的降低。这对土壤养分有效性处于临界状态时尤其重要。

4. 土壤通气条件　良好的通气条件对根的生长和养分的吸收有利，植物总的吸收量不仅与单位面积有关，也与根的总长度有关。据研究表明，低氧条件下植物对磷、钾的吸收大大降低。一些研究结果表明，增加土壤钾的供应，能够部分地弥补土壤中低氧或高二氧化碳所带来的影响。

通气对于钾的有效性和吸收比其他养分更为显著，生长在含水量为 50% 的砂壤土上的玉米，通气与不通气耕作相比较，不通气耕作作物吸钾量仅为通气耕作的 30%。

大型农机具的使用带来一个突出的问题是土壤压实。土壤压实，影响养分在土壤中扩散迁移，影响根系生长，从而影响养分的吸收。据加拿大的试验结果表明，在黏土上连续种植玉米，其叶片含钾量降低，约为 1.56%，而轮作制度下，玉米叶片含钾量高达 2.50%，叶片含钾量与土壤孔隙总量呈显著的正相关。早春低温，作物常常发生磷、锌、锰等的缺乏症，随着温度上升，这些缺乏症逐渐得到恢复，很明显，这是温度对土壤养分有效性的影响。这种影响可从两个方面分析：一方面温度影响植物对养分的吸收能力；另一方面，温度直接影响养分的有效性，或影响养分扩散的速率，或影响养分的释放，特别是影响微生物的活动，而微生物活动对土壤中养分的转化具有重要意义。

5. 有机质含量　有机质含量高的土壤，保水保肥能力强，土壤养分的有效性高，营养的供应时期越长。

6. 施肥　不合理的施肥技术，如不合理的施肥量、肥料元素的比例和施肥时期不当，均会影响土壤养分的有效性。如土壤中铵态氮、钾、镁、铝等养分含量过高时，与钙发生拮抗作用，抑制根系对钙的吸收。此外，土壤氮素过量，易导致作物旺长，根冠比下降，影响根系吸收钙的能力，叶片和果实钙含量下降，加重生理性缺钙症状的发生。而土壤中的磷含量过高，会与钙形成难溶化合物，影响钙的有效性。因此，过量地使用氮、磷、钾肥，都会加重土壤钙的有效性下降。土壤中锰过量，也会加重钙等养分的缺乏，而微量元素中的硼、锌、铜等有时会影响果实中钙的状况，硼可促进钙的吸收与运输，减少生理病害。

第四节　优质棉花生长所需的土壤条件

一、土壤质地和水分

棉花生长发育需要水分和养料，主要通过根系从土壤中获得，所需的温度和空气部分取自土壤，同时需要土壤的机械支撑才能生长。棉田土壤的理化、生物属性的好坏，很大程度上制约着棉花的产量和品质。土壤水分、养分、温度、空气、盐碱含量、质地等均对棉花生长有很大的影响。

棉花要获得高产稳产，一般要求棉田土层深厚，团粒结构多、土质疏松、通透性好，保水保肥性能强。一般黏土在 $30\%\sim60\%$，容重在 $1.10\sim1.25g/cm^3$，孔隙度在 55% 以上，高肥中壤土为佳。土壤的通透性是土壤质地的直接表现，它直接影响棉株根系的生长和分布，从而影响到整个植株的生长发育。通常以土壤容重来进行评价和衡量土壤通透性，当土壤容重超过 $1.3\ g/cm^3$ 时，棉花扎根开始受到影响，达到 $1.5\ g/cm^3$ 时，不利于根系生长，当达到 $1.7\sim1.8\ g/cm^3$ 时，根系不能伸入土中。最适于根系生长发育的土壤容重是 $1.0 \sim 1.2 \ g/cm^3$。

棉花是直根，有较发达的根系，具有一定抗旱能力，但对水分要求十分敏感。棉花不同生育期对水分的要求不同，当种子吸收相当自身重量近一倍水分时即可膨胀发芽，播种要求田间持水量为 $65\% \sim 80\%$ 时对出苗有利。干旱时影响出苗，大雨则使棉田板结，潮湿缺氧，呼吸作用差，出苗受阻；阴雨连绵根系发育不良，且易感染炭疽、立枯等苗期病害。幼苗期土壤湿度适宜可提前现蕾。幼苗期需水不多，现蕾期地上部分生长加快，需水量逐渐增加，始花至裂铃初期达最大值，这时的需水量是其一生中的一半以上。干旱或气温$>35℃$时会阻碍棉株发育，引起蕾铃大量脱落。但水分过多，棵间空气湿度增大，也易引起蕾铃脱落。进入吐絮成熟期后，需水逐渐减少，这时土壤水分以 $55\% \sim 70\%$ 为宜，此时阴雨多，湿度大易发生病虫害，出现僵烂铃，缓吐絮，土壤干旱又会使棉铃提前开裂，提前停止生长，降低其产量和品质。

土壤水分较适宜，棉株对硝态氮吸收的多少取决于土壤水分状况是否适宜，土壤水分既影响养分的吸收及生物转化，也影响土壤中一系列化学性质的变化，肥沃的土壤保墒蓄水能力强，从而提高了水分利用率，能较好地满足棉株对水分的要求。水分是棉花体内的重要组成成分，棉花生长需要从土壤中吸收水分。棉花各生育阶段生理需水要求为：播种至出苗，$0 \sim 20cm$ 土层含水量占田间持水量的 $70\% \sim 80\%$ 为宜；苗期，$0 \sim 40cm$ 土层含水量占田间持水量的 $60\% \sim 70\%$ 为宜；初蕾期，$0 \sim 60cm$ 土层含水量占田间持水量的 $65\% \sim 75\%$ 为宜；盛蕾期后，$0 \sim 80cm$ 土层含水量占田间持水量的 $70\% \sim 80\%$ 为宜，不能低于 $60\% \sim 65\%$；吐絮期，土壤相对含水量保持在 $55\% \sim 70\%$ 为宜。根据有关研究，棉田在整个生育期约有 $2/3$ 的水分消耗于蒸腾，$1/3$ 消耗于土地蒸发。

鉴于棉花适应性能较强，在一些轻碱地、瘠薄旱地、南方丘陵红壤地上也可生长。如果逐步进行土壤改良，加强栽培管理也可获得较好收成。

二、土壤酸度和碳酸钙含量

土壤酸碱度主要是通过影响棉花根系，从而影响棉株的生长发育。棉花根系正常生长发育，对土壤的酸碱度有一定的要求，棉花根系生长对土壤酸碱度的适应范围为 pH5.2～8.0，在这个范围内，棉花能良好生长，但以 pH6～7 最为适应。如果土壤 pH 低于 5 时，对植株根系生长不利；pH 低于 4 时，5～15cm表土层内，许多棉根都会显著肿胀，甚至破裂。在 pH 高于 5.3的地方，根系扎得深，产量也比较正常；而低于 5.2 的地方，随着 pH 的降低，根系变浅，产量降低。

据有关数据显示，南方棉区土壤明显偏酸，只有 1/3 的棉田酸碱度比较有利于棉花根系生长，而有接近 1/3 的土壤由于 pH偏低（5 以下）而不利于棉花根系生长。对于土壤 pH 偏低的棉田，应在翻耕整地时撒施 50～75kg/亩石灰，以达到中和土壤酸性的目的。

土壤中的碳酸钙对土壤的物理、化学、生物性状起着重要的作用，含有碳酸钙的土壤，其交换性复合体几乎全为 Ca^{2+} 所饱和，这对土壤的物理性质，如结构稳定性、导水性等有良好作用。同时，土壤中的钙可与许多有机物形成络合物（螯合物），对土壤腐殖质的稳定性也有一定的影响。

土壤中碳酸钙是引起碱性（pH＞7）的主要原因之一，在石灰性土壤中，其 pH 主要取决于碳酸钙的水解反应。统计分析表明，土壤 pH（Y）与 $CaCO_3$ 含量（X）呈非线性正相关，并符合非线性回归方程 $Y（pH）=（a+bX）/X$，式中 a＜0，表示随着土壤 $CaCO_3$ 含量的增加，其 pH 由低而高向 b 值趋近，但 $CaCO_3$ 含量变化对 pH 的影响则由大变小以至消失（表 3-11）。

表3-11　四川中江县土壤的 pH 和碳酸钙含量

(1999)

土壤类型	土样编号	CaCO₃ (g/kg)	pH (2.5∶1)	土壤类型	土样编号	CaCO₃ (g/kg)	pH (2.5∶1)
	01	5.5	6.60		15	42.8	8.76
	02	6.5	6.30		16	53.4	8.82
	03	9.2	6.50		17	69.2	8.80
	04	10.6	7.58	紫色土	18	96.0	8.84
	05	11.2	8.25		19	98.0	8.70
	06	11.4	7.94		20	98.3	8.40
紫色土	07	11.7	6.68		21	109.4	8.72
	08	12.6	8.40		22	118.8	8.72
	09	18.9	7.92		23	9.4	6.78
	10	21.3	8.44	水稻土	24	32.4	8.38
	11	26.7	8.42		25	46.2	8.36
	12	35.5	8.64	黄褐土	26	27.2	8.66
	13	40.2	8.80	(姜石黄泥)	27	64.0	8.80
	14	42.3	8.68				

三、土壤有机质含量

土壤有机质含量是指单位体积中含有的各种动植物残体与微生物及其分解合成的有机物质的数量。一般以有机质占干土重的百分数表示。

在农业土壤中，土壤有机质的来源较广，主要有：①作物的根茬、还田的秸秆和翻压绿肥；②人畜粪尿、工农副产品的下脚料（如酒糟、亚铵造纸废液等）；③城市生活垃圾、污水；④土壤微生物、动物的遗体及分泌物（如蚯蚓、昆虫等）；⑤人为施用的各种有机肥料（厩肥、堆沤肥、腐殖酸肥料、污泥以及土杂肥等）。

棉花的适应性和抗逆性都很强，在比较贫瘠的土壤上都能够生长。但由于棉花的生育期长、生长量大、生物学产量高，需肥量比较大，高产棉花对土壤肥力还具有较高的要求。有机质是土壤肥力的主要物质基础之一，它既是各种养分的供应者，又是这些养分的可靠贮存者。有机质含量 1.5% 以上为高肥力水平，1.0%～1.5% 为中等肥力水平，0.5%～1.0% 为一般肥力水平，0.5% 以下为低肥力水平。高产棉田一般要求有机质含量在 1.5% 以上，全氮含量在 0.1% 以上，不仅土壤的潜在肥力高，而且有机质的矿化条件要好，能源源不断的供给棉株所需的速效氮素养分。

对于低产棉田来说，通过下列途径可以增加有机质含量，以培肥地力。对高产田来说，由于有机质不断分解，也需要不断补充有机质。

①增施有机粪肥。堆肥、沤肥、饼肥、人畜粪肥、河湖泥等都是良好的有机肥。

②提倡秸秆还田。研究表明，秸秆直接还田比施用等量的沤肥效果更好。秸秆还田简单易行，省力省工，但在还田时，就应加施化学氮肥，避免微生物与作物争氮。

③用地养地相结合。随着农业生产的发展，复种指数越来越高，致使许多土壤有机质含量降低，肥力下降。实行粮肥轮作、间作制度，不仅可以保持和提高有机质含量，还可以改善土壤有机质的品质，活化已经老化了的腐殖质。

④栽培绿肥。栽培绿肥可为土壤提供丰富的有机质和氮素，改善农业生态环境及土壤的理化性状。主要品种有苜蓿、绿豆、田菁等。苜蓿可在春、夏、秋三季播种，一般每亩用种 1～1.5kg，在盛花期压青。绿豆、田菁 3～6 月均可播种，一般每亩用种 3～5kg，在初花期压青。

四、土壤矿质养分状况

棉花对氮、磷、钾的需求量和比例，随着棉区自然条件、地力水平、施肥量和品种的不同而存在一定差异，但大致趋势基本一致：随着棉花产量的提高，棉株对氮、磷、钾的需求量随之增加，但高产棉比低产棉每生产 100kg 皮棉所消耗的氮、磷、钾的数量有递减趋势；获得同样多的棉花产量，南方棉区比北方棉区氮素消耗量有增加的趋势，磷、钾的需求量互有上下。一般情况下，生产 100kg 皮棉需从土壤中吸收氮素（N）14kg 左右、磷素（P_2O_5）5.5kg 左右、钾素（K_2O）13.5kg 左右，N：P_2O_5：K_2O ＝1：0.4：0.96。

棉花对钙的需求量比较大，一般每生产 100kg 皮棉需要摄取的钙素为 10kg 左右，通常棉花根系可以直接吸收钙素的形态主要是土壤溶液中的钙离子和交换性络合物上的钙离子两种。棉花对镁的需求比较明显，一般每生产 100kg 皮棉需要摄取镁素为 4.5kg 左右。南方棉区一般情况下都不缺镁，再加上钙镁磷肥施用较多，所以不用单独施用镁肥。棉花对硫需求量比钙、镁小，一般每生产 100kg 皮棉需要摄取硫素为 3kg 左右。土壤中的硫多以有机态存在，当土壤有效硫含量低于 10～15mg/kg 或全量低于 50～100mg/kg 时，棉花将出现缺硫症。

棉花对铁的需求量在微量元素中算最大的一个，一般每生产 100kg 皮棉需要摄取铁素为 0.45kg 左右。棉花吸收铁素的形态为 Fe^{2+}，南方土壤铁含量较高，通常无需施用铁肥。一般每生产 100kg 皮棉大约需要摄取锰素为 0.075kg 左右，正常生长棉花所需水溶性锰的水平为 8～12mg/kg。一般每生产 100kg 皮棉大约需要摄取硼素为 0.045kg 左右，棉花蕾而不花的土壤，速效硼含量临界指标为 0.2mg/kg；潜在性缺硼的土壤，速效硼含量临界指标为 0.8mg/kg。长江流域棉区普遍缺硼，施硼的增产效果十分明显。土壤缺锌的临界水平为 0.5mg/kg，长江流域棉区虽然缺锌不严重（一般在 0.5～1mg/kg 左右），但在部分地区施用锌肥增产效果比较明显。棉花对钼的需求量在微量元素中是最小的一个，一般每生产 100kg 皮棉大约需要摄取钼素为

0.004 5kg 左右，叶片中含钼的临界水平为 1.9mg/kg，正常棉株叶片中钼含量大约在 3mg/kg 左右。

五、土壤氯含量

氯是自然界中广泛分布的一种元素，在地壳中存在着各式各样的氯化物，一个较强的氧化剂就能够把氯从氯的化合物中分离出来。因此在 18 世纪末，在科学家们发现氧、氮和氢等气体的同时，制得了氯的单质。直到 20 世纪 50 年代，氯元素才被证实对植物生长所必需。一般认为，植物需氯几乎与需硫一样多。植物由根和地上部吸收 Cl^- 形态的氯。

虽然植物中积累的正常氯浓度约为干物质的 0.2%～2.0%，但达到 10%水平的也并非罕见。所有这些数值远高于植物生理所需。敏感作物组织中 0.5%～2.0%浓度的氯能降低产量和品质。甜菜、大麦、玉米、菠菜和番茄等耐氯作物中氯水平达到 4%时，会降低产量和品质。

在植物体内，氯有多种生理功能。氯作为锰的辅助因子参与水的光解反应，调节气孔运动，激活 H^+-泵 ATP 酶，抑制病害发生；在许多阴离子中，Cl^- 是生物化学性质最稳定的离子，它能与阳离子保持电荷平衡，维持细胞内的渗透压；氯化物能激活天冬酰胺合成酶，在氮素代谢中有中要作用；适量的氯有利于碳水化合物的合成和转化。氯以 Cl^- 的形式被吸收，在光合作用中 Cl^- 参与水的光解，叶和根细胞的分裂也需要 Cl^- 的参与，Cl^- 还与 K^+ 等离子一起参与渗透势的调节。

在美国俄勒冈和华盛顿两州已发现含氯肥料可大大降低冬小麦全蚀根腐病。氯抑制病原的作用显然与下列事实有关：氯能限制硝态氮的吸收，使作物吸收 NH_4^+ 以获得所需大部分氮，并使根际 pH 变得不利于病原体活动。氯对植株中水势的影响也可能是防治全蚀病的一个因素，因为造成此病的原真菌在高水势或潮湿条件下长得最好。提高细胞液渗透势造成较低的水分能量状态似乎与抗全蚀病有关。

在美国俄勒冈州还进一步观察到氯处理的抗病效果。施氯化铵比施硫酸铵的冬小麦较少受条锈病侵染。俄勒冈州立大学的 Jackson 和 Christensen 及其合作者也发现壳针孢（一种侵染小麦穗的病原）通过施用含氯肥料受到抑制。

美国蒙大拿州立大学的 V Haby 在 Huntley 实验站发现，施用氯化钾比施用含钾量相等的硫酸钾时大麦更能降低镰刀菌旱地根腐病的侵染。

施氯化钾减轻玉米茎腐病的严重程度，起抑制作用的是氯而不是钾，因施硫酸钾对该病无效。钾磷肥研究所的 Von Uexkull 认为，氯能抑制油棕和椰子的某些叶腐病和根腐病。

大多数植物均可从雨水或灌溉水中获得所需要的氯，因此，作物缺氯症难于出现。幼叶失绿和全株萎蔫是缺氯的两个最常见症状，缺氯植株上也能见到一些植株部分坏死和叶片青铜症，还能观察到根系生长明显减少。一般组织中氯浓度低于 $70\sim700mg/kg$ 即为缺氯。

氯是高等植物必需的营养元素，氯能促进叶片气孔开放，植物体含水量高的器官氯含量也高，因为氯是一种重要的渗透剂。棉株体含氯高达 $1\%\sim3\%$，远远超过生理需要。缺氯会影响棉花生长，但实际上由于来自土壤、灌溉水和肥料中的含氯背景值远远超过植物需要量，人工很难诱发缺氯，而经常出现的是氯中毒现象。不同供氯水平对棉株含量有影响，影响较大的是叶片。当供氯水平达到 $400mg/kg$ 时，棉苗生长受到严重影响，有时子叶不能出土，出苗率下降到 87%。

棉花是一种抗氯作物，但以称作强耐氯作物较为准确。在湖北年降水量 $1\,000mm$ 的条件下，据现有棉花施氮和钾水平，使用含氯化肥，土壤含氯量一般不超过 $400mg/kg$。因此，在降水量大的地区棉花适于使用含氯化肥，但不宜做种肥，也不宜在苗期使用，以避开幼苗敏感期。

第四章
棉花氮素营养

内 容 提 要

　　氮素是一切有机体不可缺少的元素，被称为生命元素。在所有必需营养元素中，氮是限制植物生长和形成产量的首要因素，对改善作物品质也有明显作用。棉花各时期各器官含氮量不同，本章先从氮素含量分布及其形态、氮的吸收、同化和运输、氮在棉花个体发育中的作用、不同氮源对棉花生长发育的影响以及棉花缺氮和氮过量时的症状几方面详细介绍了氮在棉花体内的动态变化及其功能，之后讲述了土壤中氮的含量与形态，以及氮在土壤中的转化过程，也让我们了解到氮素含量和形态对棉花品质的影响，最后介绍了几种常用的化学氮肥，必须熟知它们各自的性质与施用要点，掌握正确的施氮技术，依据棉苗各生长阶段对氮素的需求量与需求规律施用氮肥，保证棉花高产稳产。

Brief

　　Nitrogen is an essential element of an organism which is called the element of life. In all of the necessary nutrients, nitrogen is the primary factor to limite plant growth and yield formation, and there a significant role to improve crop quality. Nitrogen content of different cotton organ is different whether at the same time or not, this chapter first described in detail in several aspects of nitrogen in cotton body dynamics and function from the nitrogen content distribution and morphology, nitrogen absorption, assimilation and transport, nitrogen in cotton in the role of different nitrogen sources on growth and development of cotton and cotton excess nitrogen and nitrogen deficiency symptoms. Then described nitrogen content and form in the soil, as well as transformation process in the soil, and let's know the effect of nitrogen content and forms on the cotton quality, and finally described several common chemical fertilizer, we must be familiar with their individual character and applying points, master the correct means to apply nitrogen, applying nitrogen fertilizer depending on the demand amount and the discipline varied with the growth stage of cotton, to ensure high and steady yield.

第一节　棉花中的氮

一、棉花体内氮素含量分布及其形态

氮对植物来说是一种生死攸关的养分，其供应可受人为控制。氮是植物蛋白质的主要组成物质，是生命的基础，氮又是叶绿素不可缺少的组成成分，植株通常含有其干物质 $1\%\sim5\%$ 的氮素，常以硝酸盐和铵离子或尿素形态被植物吸收。棉花种子含氮 $2.8\%\sim3.5\%$，纤维含 $0.28\%\sim0.33\%$，茎秆含 $1.2\%\sim1.8\%$，是含氮较高的作物。据试验，皮棉 $62.7\sim94.7kg/$ 亩，棉花出苗至现蕾期氮占一生总积累量的 4.5% 左右，现蕾至开花期占一生总积累量的 $27.8\%\sim30.4\%$，开花至吐絮期占 $59.8\%\sim62.4\%$，吐絮至收获占 $2.7\%\sim7.8\%$，可见，棉花积累氮最多的时期为开花至吐絮期。成熟棉花植物体各器官氮的分布是生殖器官高于营养器官。生殖器官中以种子含氮量最高，纤维含氮量最低。营养器官以叶片含氮量最高，其次是果枝和叶柄，茎和根的含氮量较低。

现蕾前后叶片含氮量最高，约占全株含量的 70%，开花以后叶片氮不断向生殖器官转移，逐渐下降，到开花结铃盛期只占全株含量的 40%。与此相反，生殖器官的含氮量则逐渐增加，到棉铃成熟期，种子含氮量达到最高值。棉花植株含氮量还受品种、施肥水平、土壤肥力和采样时间的影响。

棉株体全氮量从下向上递增，然后再运往不同节位叶片。无论开花和成熟期，下层叶片全氮量比上层少，说明氮可再利用，缺氮先从下部叶片表现出症状。

二、氮的吸收

棉花主要吸收无机态氮如 $NO_3^- - N$ 和 $NH_4^+ - N$，也吸收有机态氮如酰胺和氨基酸。棉花吸收的 $NH_4^+ - N$ 可直接参与氨基酸的合成，而吸收的 $NO_3^- - N$ 必须进过代谢还原才能同化。植株对 $NO_3^- - N$ 的吸收是逆电化学势进行的主动吸收过程，受载体作用的控制，需要"载体"和能量以克服离子的跨膜电势。$NO_3^- - N$ 进入细胞之后，不仅诱导硝酸还原酶的合成，而且对硝酸还原酶起着稳定作用。关于植株对 $NH_4^+ - N$ 的吸收机理研究较少，通常认为与 K^+ 的吸收机理相似，可能有共同的"载体"引起。

就棉花一生来讲，从出苗到现蕾之间约 39～50d 的时间里，虽然以营养生长为中心，但由于气温低，所吸收氮素是较少的。棉花进入蕾期之后，营养生长和生殖生长并进，但以营养生长为主。随着生长加快，氮素吸收量逐渐增加，北方棉区的吸收量高于南方。花龄期是棉花吸收氮素的高峰期，以生殖生长为主，增加氮肥吸收，能加强光合作用，延长叶片功能期，有利于长蕾、开花和结铃。吐絮期棉花氮素吸收开始下降，这一时期约占一生总吸收量的 12.8%～21.0%。总之，棉花全生育期氮素相对吸收率前期慢，随着生育进程而加快，到花龄期达到高峰，以后又下降。

三、氮的同化

空气中含有近 79％的氮气（N_2），然而植物无法直接利用这些分子态氮。只有某些微生物（包括与高等植物共生的固氮微生物）才能利用大气中的氮气，而植物所利用的氮源，主要来自土壤。土壤中的有机含氮化合物主要来源于动物、植物和微生物躯体的腐烂分解，然而这些含氮化合物大多是不溶性的，通常不能直接为植物所利用，植物只可以吸收其中的氨基酸、酰胺和尿素等水溶性的有机氮化物。尿素虽是植物良好的氮源，但由于它易被分解为 NH_3 和 CO_2，所以施入田间的尿素，也只有一部分是以尿素分子的形式被植物吸收的。植物的氮源主要是无机氮化物，而无机氮化物中又以铵盐和硝酸盐为主，它们约占土壤含氮量的 1％～2％。植物从土壤中吸收铵盐后，可直接利用它去合成氨基酸。如果吸收硝酸盐，则必须经过代谢还原才能被利用，因为蛋白质的氮呈高度还原态，而硝酸盐的氮则呈高度氧化态。

整个氮代谢过程包括硝酸盐还原和氨的同化两个步骤。硝酸盐还原需要硝酸还原酶和亚硝酸还原酶，氨的同化需要谷氨酸合成酶、谷氨酰胺合成酶和转氨基酶。

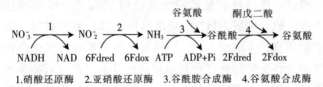

1.硝酸还原酶　2.亚硝酸还原酶　3.谷酰胺合成酶　4.谷氨酸合成酶

1. 硝酸盐的还原（nitrate reduction）　大多数植物虽能吸收 NH_4^+，但在一般田间条件下，NO_3^- 是植物吸收的主要形式。植物吸收的硝酸盐在植物根或叶细胞中利用光合作用提供的能量或利用糖酵解和三羧酸循环过程提供的能量还原为亚硝态氮，继而还原为铵，这一过程称为硝酸盐还原作用。在此还原过程中，

每形成一个分子 NH_4^+，要求供给 8 个电子。硝酸盐还原的过程如下：

$$\overset{(+5)}{N}O_3^- \xrightarrow[\text{硝酸还原酶}]{+2e^-} \overset{(+3)}{N}O_2^- \xrightarrow[\text{硝酸还原酶}]{+6e^-} \overset{(-3)}{N}H_4^+$$

硝酸盐的还原可在根和叶内进行，通常绿色组织中硝酸盐的还原比非绿色组织中更为活跃。硝酸盐在根部及叶内还原所占的比例受多种因素影响，包括硝酸盐供应水平、植物种类、植物年龄等。一般说来，外部供应硝酸盐水平低时，则根中硝酸盐的还原比例大。根中硝酸盐的还原比例还随温度和植物年龄的增加而增大。通常白天硝酸还原速度显著比夜间的快，这是因为白天光合作用产生的还原力能促进硝酸盐的还原。

2. 氨的同化　植物从土壤中吸收铵，或由硝酸盐还原形成铵后会立即被同化为氨基酸。氨的同化在根、根瘤和叶部进行，已确定在所有的植物组织中，氨同化是通过谷氨酸合成酶循环进行的。在这个循环中有两种重要的酶参与催化作用，它们分别是谷氨酰胺合酶（GS）和谷氨酸合成酶（GOGAT）。

在湿润、温暖、通气良好的土壤中以 $NO_3^- - N$ 为主，$NO_3^- - N$ 一旦进入植株，就利用光合作用提供的能量还原为 $NH_4^+ - N$。在暗代谢条件下，当所供氮为 NO_3^- 而不是 NH_4^+ 时，合成蛋白质所耗的葡萄糖要高出约 50%。一些硝酸盐在植物根中被还原，生成 NH_4^+ 的量因品种而异，也有相当一部分在枝叶中被还原，生成的 NH_4^+ 与谷氨酸盐等各种有机化合物相结合，产物为谷氨酰胺，这种初级反应的其他产物（可能为天冬酰胺、天冬氨酸和谷氨酸等氨基酸）也因作物品种而异。这些初级同化产物中的氮可以以 NH_2 形态转入其他底物，以此合成植株中 100 余种氨基酸中的任何一种，但只有其中一部分（约 20 种）用来合成蛋白质，氨基酸在蛋白质中的排列顺序由基因控制。氮除合成蛋白质的作用外，也是构成光合作用中光能主要吸收体——叶绿素的必需组分（图 4-1）。

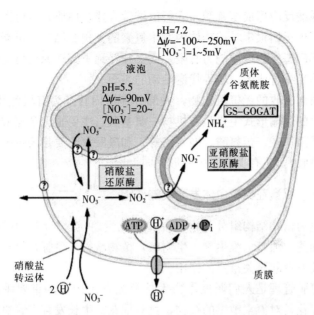

图 4-1 硝酸盐在植物细胞内的还原示意图

四、氮的运输

根系吸收的氮通过蒸腾作用由木质部输送到地上部器官。植物吸收的铵态氮绝大部分在根系中同化为氨基酸,并以氨基酸、酰胺形式向上运输。植物吸收的硝态氮以硝酸根或在根系中同化为氨基酸再向上运输。韧皮部运输的含氮化合物主要是氨基酸。

当植物根吸收的氮源为硝态氮时,运输到地上部的硝态氮经还原后其中大部分又经韧皮部返回到根中。经木质部运输到茎叶的氮素,其中绝大部分以还原态的形式再由韧皮部运回根中,少部分被根系所利用,其余部分再由木质部运向地上部。植物从土壤中吸收的硝态氮,一部分在根中还原成氨,进一步形成氨基酸并合成蛋白质;另一部分 NO_3^- 和氨基酸等有机态氮,进入木质部向地上部运输,在地上部尤其是叶片中,NO_3^- 进行还原,进而与酮酸反应形成氨基酸，它可以继续合成蛋白质，也可以通过韧皮部再运回根中。植物体内发生氮素的大规模循环，可能是由于根部硝态氮的还原能力有限，而必须经地上部还原后再运回根系，满足其合成蛋白质等代谢活动的需要。

根部吸收的无机氮化物，大部分在根内转变为有机氮化物，所以氮的运输形式主要是有机物—氨基酸（主要是天冬氨酸，还有少量丙氨酸、蛋氨酸、缬氨酸等）和酰胺（主要是天冬酰胺和谷氨酰胺），还有少量以硝酸形式向上运输。

五、氮素在棉花个体发育中的作用

氮为植物结构组分元素，主要构成蛋白质、核酸、叶绿素、酶、辅酶、辅基、维生素、生物碱、植物激素、酰脲，氮对棉株的生长发育起至关重要的作用。

氮肥管理是人们调控作物生长及光合生产率的重要手段之一，棉花是对氮素敏感的植物，氮对棉花的生长发育有着决定性的影响，在一定范围内，棉花叶面积的增大与氮素供给量成正比，并且氮素对叶片光合速率、碳水化合物含量也有一定的调控作用，因此，氮素营养对棉花的生理及生长发育的效应首先表现在对合成光合产物"源"的影响上。另外，棉花的产量高低主要受到两方面的影响，一方面是源的养分供应的持续期及强度，另一方面则受到库强和库容的影响。前者主要与叶片的光合能力及根系活力有关，后者则与生殖器官花、蕾、铃的发育及光合产物的运输分配有关。适宜的氮素水平可以对这两个方面进行合理的调节，使"叶—蕾—铃系统"关系协调。不合理的施氮则是导致棉花生长发育失调，形成早衰或徒长的主要原因，严重影响着棉花的产量和品质。

棉花第二至第四片真叶形成时，是氮素营养临界期，这时需氮虽不多，但很重要，从开始出现真叶就供应适量氮素，有利于早发。蕾花期是氮素营养的最大效率期，氮素的增产效果最大，如果这时氮素供应不足，蕾铃就不能正常发育，造成缺肥脱落。

六、棉花的氮素缺乏与过量

缺氮时，蛋白质、核酸、磷脂等物质的合成受阻，植物生长矮小，分枝、分蘖很少，叶片小而薄，花果少且易脱落；缺氮还会影响叶绿素的合成，使枝叶变黄，叶片早衰甚至干枯，从而导致产量降低。因为植物体内氮的移动性大，老叶中的氮化物分解后可运到幼嫩组织中去重复利用，所以缺氮时叶片发黄，由下部叶片开始逐渐向上，这是该症状的显著特点。

棉花缺氮时先是下部老叶变黄绿色，严重缺氮则全株叶片变黄色，再转红色至棕色干枯，顶端生长停止，植株矮小，枝条稀少细弱，花铃也很少，下部老叶早落。而氮素过多则旺长，枝叶繁茂，棉田郁闭，生殖生长延迟，贪青晚熟。幼龄叶片呈苍白的淡黄绿色，随着植株的生长而变为黄色，往后常呈不同色度的红色，而最终更呈褐色，叶片干枯，过早地脱落。植株上的叶片数目、叶片及叶柄的大小，以及色度的深度都遭到了减低。由于主茎（初生茎）的生长在早期便受到抑制，植株矮小，发育迟缓，很少或根本不具有叶枝。由于通常在形成初生棉铃后顶端生长的停止，果枝少而短，花的数目减少，因而在最下部果枝的初生节上，仅形成极少的棉铃。

使用氮肥过多也有许多坏处：第一，施用过量氮肥一方面造成徒长，蕾铃脱落，给管理增加难度，并且防治病虫害困难；第二，加重病虫害发生。主要是苗期过量使用氮肥，易造成根系细胞水分向外渗透而棉苗萎靡不长；蕾期使用氮肥过多，由于荫蔽有利于盲椿象对花蕾的危害，造成花铃的脱落；花铃期是棉花一生中氮肥需要最多的时期，应结合水肥一体化的抗旱措施提高氮肥的利用率，若施用不当，氮肥损失过多会造成环境的污染。根据国家或农业科学院研究结果，棉铃虫的大发生与大量施用氮肥成正比；棉花对枯黄萎病的抵抗力与施氮肥量成反比，这是因为枯黄萎病是由真菌侵染引起的，在环境条件优良的情况下（如晴天）光合作用强，吸收的氮及时被合成为蛋白质，棉花植被在低氮高碳状态下抵抗力较强不易被感染，即使被感染，也因病菌繁殖慢不易表现出病症；但在恶劣条件下光合作用弱，根系吸收大量的氮不能立即转化成蛋白质使植物体处于高氮低碳的弱体质状态，此时的氮便被病菌利用而快速繁殖，破坏了棉花的传导组织，天气转晴，因体内水分供应不上，其他有关营养也供应不及时而立即表现出病态。如果氮肥施用不过量，上述症状将明显减轻。这一结论可以从不施氮肥的地块很少发现枯黄萎病得以验证。因此，建议种棉花一定要合理施氮肥，切勿过量，如果不慎施入较多，应及时追施一定量的氯化钾并喷施含铁微肥进行调节，这样可以减轻枯黄萎病的发生。

第二节　土壤中的氮

一、土壤中氮的含量与形态

土壤中的氮素属于非矿物质养分，主要来源于外源添加的有机物和无机物，少量的是由豆科作物的根瘤从空气中固定的氮，这种氮在土壤中占的比例很小。大多数外源氮是通过施用有机肥和无机肥得来的，少量的氮是通过下雨将空气中的氮带入土壤中。土壤中氮存在的形态分为无机态氮、有机态氮和有机无机氮3种。

1. 无机态氮　土壤全氮中无机态氮含量不到5%，主要是铵和硝酸盐，亚硝酸盐、氨、氮气和氮氧化物等很少。大部分铵态氮和硝态氮容易被作物直接吸收利用，属于速效氮。无机态氮包括存在于土壤溶液中的硝酸根和吸附在土壤颗粒上的铵离子，作物都能直接吸收。土壤对硝酸根的吸附很弱，所以硝酸根非常容易随水流失。在还原条件下，硝酸根在微生物的作用下可以还原为气态氮而逸出土壤，即反硝化脱氮。部分铵离子可以被黏土矿物固定而难以被作物吸收，而在碱性土壤中非常容易以氨的形式挥发掉。土壤腐殖质的合成过程中，也会利用大量无机氮素，由于腐殖质分解很慢，这些氮素的有效性很低。

土壤中的无机态氮都是作物的速效养分，都可以直接被作物所吸收，在一定条件下土壤中速效氮的浓度与施肥和作物的生长具有一定的相关性，如果土壤中速效氮的含量降低就会引起作物的缺素现象。施用氮肥就是向土壤中补充速效的氮来满足作物生长的需要，无机态氮是直接施入土壤中的化学肥料，或者是各种有机肥料在土壤中微生物的作用下经过矿化作用转变成的，主要包括游离氮、铵态氮、硝态氮、亚硝酸态氮等。

游离氮是指土壤中的氮气和施入土壤中的各种有机肥无机肥经过物理化学反应释放并存储在土壤水溶液中游离的氨气，它们是以分子形态存在的。

铵态氮是指在土壤中以铵离子（NH_4^+）形式存在的氮，这种离子一般在好气条件下含量较高，铵离子在土壤溶液中可分为游离态的离子和铵的氢氧化物两种。游离态的铵离子是指在黏土矿物表面的交换性铵离子和土壤溶液中的铵离子，铵的氢氧化物是指土壤溶液中的 NH_4OH，有时以分子态形式存在。

硝态氮离子是指以硝酸根（NO_3^-）形式存在的氮，它们一般都不会被土壤固定，硝态氮离子的含量与溶液的浓度、pH、土壤温度、土壤空气占的比例都有密切的相关性。

亚硝态氮离子是指以亚硝酸根（NO_2^-）形式存在的氮，亚硝态氮离子的含量与土壤的淹水条件有密切的相关性，在厌气条件下硝态氮经过还原可转化为亚硝态氮的离子或形成亚硝态氮的化合物。

2. 有机态氮　土壤有机态氮占土壤中全氮含量的 90% 左右，有机氮主要是指土壤中动、植物残体中所含的氮素，它们一般通过施用有机肥料，如秸秆还田的秸秆肥、动物残体、人工施用的牲畜和人的排泄物等，土壤中有机态氮的含量与有机肥的施用量和土壤有机质的含量有密切的相关性。它们在土壤中以有机物形式装载着氮素，这些氮素主要以各种氨基酸、氨基糖、嘌呤、嘧啶、维生素等形式存在。它们绝大部分以固体形式存于土壤中，有机态氮的释放取决于土壤中有机物的分解，经过有机物的分解而释放出氮的离子而转变为无机态氮。有机氮具有长效的作用，有机态氮主要存在于动、植物的残体中。生物态氮是近年来才提出的带有生物活性部分的氮。生物态氮主要是指土壤中的一些动物、微动物、微生物中所含的氮，这些氮主要以活体的形式存在，它们主要是蚯蚓、鞭毛虫、线虫、各种活性酶、细菌、真菌、放线菌等以活体形式存在的氮素，土壤中的生物态氮随着菌类、微动物、动物的活与死起着转化作用。在不同的土壤条件下生物态氮和有机态氮之间起着互相促进和互相转化的作用。根据它们在土壤中的可溶解性能可分为：

易水解的有机氮：是指在土壤中的低分子有机物如氨基酸、肽、酰胺等，这类有机物容易被土壤中的水或弱酸溶液溶解。

难水解的有机氮：是指土壤中的部分高分子化合物如腐殖质、核蛋白、纤维素、脂肪等，它们在土壤中的溶解速度很慢，有的需要几十年甚至几百年，还需要多种酶的作用才能分解。

3. 有机无机氮 有机无机氮是指被黏土矿物固定的氮，固定态的铵存在于 2∶1 型的黏土矿物晶格层间，它们的含量主要取决于黏土矿物的类型、土壤质地等土壤因素。这种离子随着土壤溶液和黏土矿物晶格中离子的浓度梯度而成为动荡的离子。

我国棉田土壤全氮含量范围为 $0.039\%\sim0.198\%$，变幅很大，平均值 $0.093\%\pm0.029\%$，长江流域棉区土壤有机质和全氮含量显著高于黄河流域棉区，西北内陆棉区和北部特早熟棉区也有较高的含量。

二、土壤中氮的转化

在土壤中氮素的来源很复杂，少量的氮来自于土壤中固氮菌的固氮作用和降水所带来的氮素（每年由降水给土壤带来的氮素约 $6\sim9kg/hm^2$），绝大部分来源于施肥。这些氮在土壤中总是处于不断地转化中，不同条件下氮素在土壤中转化的形式不同：

1. 矿化作用　矿化作用是指在土壤中的有机物经过矿化作用分解成无机氮素的过程，有机物的矿化过程需要在一定温度、水分、空气及各种酶的作用下才能进行。矿化作用主要分为两步：水解作用和氨化作用。水解作用是指在蛋白质水解酶、纤维素水解酶、木酵素菌等各种水解酶的作用下将高分子的蛋白质、纤维素、脂肪、糖类分解成为各种氨基酸，这些氨基酸的分子量比较低，结构也比较简单。氨化作用是指土壤中的有机氮化物在微生物—氨化细菌的作用下进一步分解成为氨离子（NH_4^+）或氨气（NH_3）。氨化过程与土壤条件有密切的相关性，在土壤湿润、土壤温度为 $30\sim45℃$、中性至微碱性条件下氨化作用进行的较快。氨化作用的结果是产生大量的氨，氨溶于水形成铵离子（$NH_3+H_2O\rightarrow NH_4^++OH^-$）。铵离子在土壤水溶液中可以被作物吸收、被土壤胶体吸附固定或是经过硝化作用转化为硝态氮。

2. 硝化作用　土壤中的氨（NH_3）或铵离了（NH_4^+）在硝化细菌的作用下转化为硝酸的过程叫硝化作用，氨在亚硝化细菌的作用下被氧化成亚硝酸。亚硝酸的存在是在淹水厌气条件下比较适宜，如果通气条件较好又有适宜的温度，亚硝酸则不容易在土壤中存在或积累，很容易在硝化细菌的作用下进一步氧化成为硝酸。

$$2NH_3+3O_2\xrightarrow{\text{亚硝酸细菌}}2HNO_2+2H_2O$$

$$2HNO_2+O_2\xrightarrow{\text{硝化细菌}}2HNO_3$$

硝化作用是受多方面因素影响的，与土壤水分、土壤温度、pH、施肥种类、有机质含量等有着密切的相关性，亚硝化细菌和硝化细菌都是好气性微生物。在温度为 $25\sim30℃$，土壤的田间持水量为 $50\%\sim60\%$ 时土壤中的硝化作用最为强烈。土壤 pH

是影响硝化作用最重要的因素，pH 低硝化作用就低，在 pH 为 6.5～7.5 的中性环境中硝化作用最为活跃。硝化作用产生的硝态氮是作物最容易吸收的氮素，特别是白菜、甘蓝、芹菜、生菜等叶菜类蔬菜极喜吸收硝态氮。

3. 反硝化作用 反硝化作用是硝酸盐或亚硝酸盐还原为气体分子态氮氧化物的过程。当土壤处于通气不良的条件下，土壤中的硝态氮或亚硝态氮在反硝化细菌的作用下发生分解作用，其反应过程为：

$$NO_3^- \longrightarrow NO_2^- \longrightarrow NO \longrightarrow N_2\uparrow$$

氮的反硝化作用和硝化作用一样与土壤温度、通气条件、土壤含水量、土壤中有机碳含量、植物根系、施用肥料的种类和数量有关。反硝化过程是一个在厌气条件下的微生物分解过程，足够的氧气可以抑制硝酸还原酶的活性，长期的渍水会促进反硝化作用的进行，降雨也可以促进反硝化作用的进行。温度是影响反硝化作用的重要因素，温度过高或过低对反硝化作用都不利，在较低温度下反硝化作用受到抑制，而在 60～70℃ 以上反硝化作用也受到抑制。土壤有机碳的含量与反硝化损失量呈现显著的相关性。耕作也可以引起土壤物理性质和生物性质的变化，进而影响反硝化作用，植物根系分泌物和根系脱落物进入土壤中能够提高土壤中氮的反硝化作用，土壤中硝态氮（$NO_3^- - N$）的含量和施氮量也直接影响反硝化作用的程度，这是因为不同类型和不同数量的施肥直接影响土壤中铵态氮的浓度和铵离子的硝化作用，对反硝化作用有一定的影响作用。

4. 土壤中的生物固氮作用 土壤中的生物固氮作用是指通过一些生物所有的固氮菌将空气（土壤空气）中气态的氮被植物根系所固定而存在于土壤中，这种氮在初期是以氮气分子的形式被固氮菌所捕获，然后在固氮菌的作用下转化成铵态氮，生物固氮作用一般发生在豆科作物的根系，生物固氮作用的强弱与根际的旺盛、作物种类、根际通气条件、氮肥施用量有关，一般在幼苗期固氮作用较弱，需要适量施用氮肥以促进根系的发育，当根系强壮以后，随着植株的生长固氮能力不断增强。

5. 土壤对氮素固定与释放　土壤中的氮素在处于铵离子状态时可以从土壤溶液中被颗粒表面所吸附，另一方面被土壤吸附的铵离子还可以被释放出返回土壤溶液中。在一定条件下铵离子在固相和液相之间处于一种动态平衡状态。

铵离子在固相和液相之间的动态变化取决于很多因子，首先起决定作用的是液相中铵离子的浓度，某种意义上来说铵离子从液相到固相是被动吸收，当施肥后溶液中铵离子浓度较高时，铵离子即从液相中分离出来转移到固相，形成固相—液相铵离子的平衡状态，而当作物生长到一定程度，由于作物对土壤溶液中铵离子的吸收，使得液相中铵离子浓度低于固相，再加上作物根的吸附作用使得铵离子从固相释放出来，返回到液相以满足作物生长的需要。铵离子在固相和液相之间的移动还取决于土壤固相吸附能力，一般砂土的吸附能力低于黏土的吸附能力，土壤黏粒对铵离子的吸附能力很强，黏粒含量高的、黏粒大的土壤对铵离子的吸附能力强。土壤有机质是膨松的团粒，它对铵离子的吸附能力很强，有机质含量高的土壤对铵离子固定能力强；灌溉同样影响铵离子的固定、吸附和释放；由于浇水使土壤溶液量加大，土壤溶液浓度下降，土壤晶格也吸水膨胀，原来在土壤上固定的铵离子可能转化为吸附态的离子，甚至被解释下来进入土壤溶液中。土壤晶格固定吸附铵离子的量与植物生长、植物根的量、根的吸收动力有很大关系，当根量多时对铵离子的吸附力很强，很容易将铵离子从土壤晶格中吸附出来，减少铵离子在土壤中的固定。

6. 氮素在土壤中的淋溶作用　土壤中以硝酸或亚硝酸形态存在的氮素在灌溉条件下很容易被淋溶，随着灌溉水的下渗作用，溶液中的硝酸根和亚硝酸根同样下渗，下渗后被深层土壤所固定，当灌溉水多时，下渗水中的硝酸根离子也会渗漏到地下水中，一方面造成肥料的浪费，另一方面造成对地下水的污染。

7. 氨的挥发作用 铵和氨之间总是在互相转化，发生着土壤溶液中的动态平衡：

$$NH_4^+ OH^- \longrightarrow NH_3 + H^+ + OH^-$$

氨的挥发主要决定于土壤表层的铵离子浓度、土壤的阳离子代换量、土壤表层的温度、土壤表层的 pH 以及光照、风速等。土壤 pH 升高，土壤中氨态氮所占的比例就大，挥发损失就容易。温度升高、光照强、风速大也容易造成氨的挥发。土壤的阳离子代换量大，氨的挥发损失小，土壤处于潮湿和湿润状态下氨的挥发损失就小，因此施用肥料后应进行覆土或灌溉，施肥时间应放在早、晚气温低的时候。

8. 作物对氮素的吸收作用 氮素是作物需要量最多的元素，所有的作物在全生育期对氮素的需求量都比较大，不同的作物吸收量不同，同种作物不同生育期的吸收量也不同。一般说来在作物的幼苗期，作物的吸收动力小，对氮素浓度的承受力也小，在作物的生长盛期对氮素的需求量最大，生长后期的吸收量减少。在不同生育期的吸收量占总吸收量比例不同。

第三节　氮素与棉花品质的关系

一、氮素含量与棉花品质

氮对棉花光合作用产生明显影响，氮素供应充足时，在幼嫩的叶子里产生了较多的蛋白质，使叶子长得大些，以便有较大的叶面积进行光合作用。在一定范围内，供给棉花氮素的数量与叶面积的增长大体上成正比。供氮充足时，叶片保持较高的光合势，棉株生理活力旺盛，叶片衰老缓慢，群体结构合理，有利于营养生长和生殖生长，现蕾多，结铃多，产量高。

当给棉花施以较高的氮素，叶细胞里合成的碳水化合物很快和氮素合成为蛋白质，细胞里的原生质增加，只留下较少的碳水化合物制造细胞壁。这样细胞里的原生质比细胞壁增加得多，于是细胞的体积增大、含水量升高、细胞壁变薄，结果叶子变得软而多"汁"。在氮素供应过多时，上述情况变得更显著，这种细胞体积大而细胞壁薄的叶子的叶色深绿，并且很容易受到害虫和病菌的侵袭，以及受到干旱的危害。氮素过多时，尽管光合势和净同化率继续增加，但幅度相对较小，相对生长率加快，易引起较长的叶柄，肥大的叶片，郁蔽的群体，果节数少，成铃少。当营养生长向生殖生长转化时，光合产物不能顺利地向生殖器官转运，易引起营养生长和生殖生长失调，中下部蕾铃脱落增多，还会贪青晚熟，增加霜后花，降低纤维和种子品质。

氮素不足时，光合势和净同化率都很低，光合产物少，相对生长率很慢，营养生长和生殖生长等受到抑制，植株矮小，叶片瘦弱并且黄化，总果节数少，成铃少，铃重轻，产量低。棉花在2~4叶期缺氮，纤维品质指标显著下降，以后施氮也无法弥补这一损失。

二、氮素形态与棉花品质

NH_4^+ 和 NO_3^- 是氮素吸收利用的两种主要形态，对于许多旱地作物而言，植株以 NO_3^- 营养为主，当生长介质中同时保持 NH_4^+ 和 NO_3^- 的混合态氮素营养时，许多旱地作物表现为比单一的 NH_4^+ 或 NO_3^- 具有更好的生长状态和更高的干物质积累。

根据有关实验证明：一定比例的 NH_4^+ 对棉花苗期地下部生长具有促进作用，这种作用在 NH_4^+ 浓度较低的情况下较为明显。然而，尽管在根际溶液中 NH_4^+/NO_3^- 比例超过 25/75 之后主根的伸长和一级侧根条数增加有所削弱，仍然表现为增铵营养处理高于单硝处理，而地上部器官的生长，单铵处理低于单硝处理，表明不同的 NH_4^+/NO_3^- 比例对棉花地上部和地下部器官分化、生长的作用机制不同。

不同形态氮素比例对棉花地上部不同器官影响强度不同，与单硝营养相比，在 NH_4^+ 比例较低的情况下，NH_4^+ 和 NO_3^- 的并存对棉花苗期地上部生长具有明显促进作用；在株高、茎粗、叶龄和叶面积的性状中，以茎粗和叶面积对 NH_4^+/NO_3^- 比例的反应较为敏感，株高和叶龄相对钝感。另外，棉花苗期在营养液中 NH_4^+/NO_3^- 比例为 25/75 时地下部地上部生长量最大，NH_4^+/NO_3^- 比例为 25/75～50/50 之间棉株均可保持良好的生长状态。从而进一步说明，一定的 NH_4^+/NO_3^- 比例范围内的增铵营养对多种作物的生长和物质积累具有促进作用。由于不同作物对 NH_4^+ 或 NO_3^- 的嗜好性、敏感性不同，其保持最佳生长状态所需的 NH_4^+/NO_3^- 比例可能会有所不同。

三、有机氮肥与品质

含氮的肥料一般分有机氮肥和无机氮肥两种，尿素、碳酸氢铵、硫酸铵就属于无机氮肥，黄豆（或豆饼）、菜子饼、芝麻渣、人粪尿、菜叶下脚等就属于含氮有机氮肥。家庭制作有机氮肥的方法有两种：①水泡发酵：将黄豆、花生、瓜子中的一种或多种压碎后炒熟，或用水煮熟后装在容器里，并按 1kg 肥 10kg 水的比例加水，然后将容器密封，夏季半个月左右，冬季 3 个月以上就腐烂发酵成了可以使用的有机氮肥。汁液加上水可以浇花，沉在底下的渣子可以继续泡，也可拌在土里或垫在盆底作基肥使用。②堆积发酵：在木箱或花盆里先铺一层两指厚的土，然后放一层有机氮肥，再洒一层水（以不流为度），如此一层土一层肥一层水，最后用塑料布封口，等肥料完全腐烂后即可使用。这种肥可以用在春天换盆时拌肥土或垫在盆底作基肥。

生态有机氮肥即黑尿素是替代尿素的新产品。该产品是利用富含腐殖酸的有机物和增效剂、尿素、中微量元素螯合而成。本产品实现了氮肥由单一表层控释到内外同时控释的有机结合，完成了由天然物质替代化学物质改变肥料原有特性的转变。生态有机氮肥具有改良培育土壤、增加土壤有机质含量、促进植物生根分蘖、增进叶片生长速度、提高作物品质及产量等特点，具有防病、抗旱、保水、保肥性能，既可减少氮素的挥发和流失，又可以被作物充分吸收利用，具有缓释长效性。该产品施入土壤后，即以颗粒为单位形成若干个养分库，它可根据作物需要随机供给养分，多用多供，少用少供，不用储存，还能使土壤中残留的各种养分得到激活，被作物继续吸收利用。目前市场上供应的有机氮肥是以精制腐殖酸、高氮素、硫酸铵为主料，缓释剂为辅料，添加适量的铵离子复合稳定剂，采用无烘干造粒工艺精制而成。既能迅速提高养分和养分利用率，又有缓释长效功能，同时又能给土壤补充大量有机质、硫及其他中微量元素，起到改善品质、改良土壤、增产增效作用。施用后"上不跑、下不漏"，具有速效兼长效的优点，综合利用率在95％以上。有机氮肥广泛适用于旱地与水田的水稻、小麦、玉米、大蒜、棉花、果树、中药材等大田作物、绿色作物及经济作物。一般用量为50～60kg/亩，可用做底肥，耕地前撒匀，犁地翻入土壤中；也可以做追肥，以沟施或穴施，5～8cm为宜，施后注意浇水。

第四节　氮肥与有效施用

一、常用化学氮肥品种对棉花产量和质量的影响

棉花是直根系深根作物，喜温喜光及喜偏旱一些的气候条件，喜地下水位较低，旱能灌、涝能排的旱作土壤及管理条件。棉田中氮素化合物的来源主要是施入的化肥氮，秸秆、绿肥、厩肥、人粪尿、城市垃圾等有机肥料，及棉花根系、残体的自然还田。

长江中、下游两熟棉区，植棉最广泛的土类是潮土、黄褐土、黄棕壤、盐化潮土；黄淮平原一熟棉区植棉面积分布较大的土类是潮土、褐土、盐化潮土。这些棉田土类不同，地力也不相同，但是，80％以上的棉田，施用氮肥有明显的增产效果，增产

幅度为 6%～20%左右，低产棉田，氮素增产效果较大。氮肥的增产作用主要是促进棉株生长发育，不仅能有效地促进棉花根、茎、叶、枝等营养器官的生长，而且对增蕾、增铃、减少脱落有明显效果。

化学氮肥有多种分类方法：其一是按含氮基团进行分类，将化学氮肥分为铵态氮肥、硝态氮肥、酰胺态氮肥和氰氨态氮肥四类，这种方法较为常用，凡是氮素以胺离子或气态氨形态存在的，就属于铵态氮肥，如液体氨、氨水、碳酸氢铵、硫酸铵、氯化铵。凡是含硝酸根的氮肥就属于硝态氮肥，如硝酸钠、硝酸钾、硝酸钙、硝酸铵等。而尿素以分子态形式存在，属于酰胺态氮肥。

另外，根据肥料中氮素的释放速率，可将氮肥分为速效氮肥和缓释/控释氮肥。根据化学氮肥施入土壤后残留酸根与否，可将其分为"有酸根氮肥"和"无酸根氮肥"，有酸根氮肥如硫酸铵、氯化铵，这类肥料长期、大量施用会破坏土壤性质；无酸根氮肥主要有尿素、硝酸铵、碳酸氢铵和液体氮肥，这类肥料对土壤性质无不良影响和负作用，可广泛用于多种土壤和作物。

硝态氮肥适宜于气候较冷凉的地区和季节，在旱地分次施用，肥效快而明显，但不宜在高温、多雨的水田地区使用；铵态氮肥适宜于水田，也适宜于旱地使用，但适用于土壤表面或撒施于水田，氨挥发的损失较大。我国最主要的氮肥品种是碳酸氢铵和尿素（图 4-2）。

1. 铵态氮肥 凡氮肥中的氮素以 NH_4^+ 或 NH_3 形态存在的均属铵态氮肥，根据肥料中铵（氨）的稳定程度不同，又可分为挥发性氮肥与稳定性氮肥。前者有液氨、氨水和碳酸氢铵，后者有硫酸铵和氯化铵等。一般具有下列共性：①易溶于水，肥效快，作物能直接吸收利用；②肥料中 NH_4^+ 易被土壤胶体吸附，部分进入黏土矿物的晶层被固定，不易造成氮素流失；③在碱性环境中氨易挥发损失，尤其是挥发性氮肥本身就易挥发，若与碱

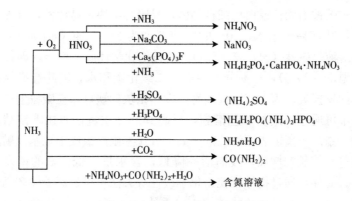

图 4-2 各种含氮化肥的生产工艺

性物质接触会加剧氨的挥发损失；④在通气良好的土壤中，铵态氮可经硝化作用转化为硝态氮，易造成氮素的淋失和流失。其中，硫酸铵的物理性质最稳定，不易吸湿，不仅宜作基肥、追肥，还可作种肥施用。值得注意的是，水田不适宜施用硫酸铵，易毒害水稻根系。硫酸铵中含 24% 的硫，也是一种硫肥，可供给喜硫作物。氯化铵适用于水稻田、酸性和石灰性土壤，而不宜用于盐碱地。就作物而言，在水稻、小麦、玉米等作物上施用，肥效与等氮量的硫酸铵相当，但不宜在烟草、甜菜、甘蔗、马铃薯、葡萄、柑橘等忌氯作物上大量连年施用，以免降低这些作物的品质。氯化铵可作基肥和追肥，但不宜用作种肥。

碳酸氢铵（ammonium bicarbonate）简称碳铵，它是用 CO_2 通入浓氨水，经碳化并离心干燥后的产物。碳铵是我国小型氮肥厂的主要氮肥品种，具有投资少、生产工艺简单、能量消耗低等特点。碳酸氢铵的最大优点是其 3 个组分（NH_3、H_2O、CO_2）都是作物的必需养分，属生理中性肥料，长期施用不影响土质，且肥效最快，在我国碳铵产量约占氮肥总产量的 45% 以上，居氮肥品种之首。但由于碳铵的化学性质不稳定，氮肥利用率不高，今后必将逐步为含氮量高、稳定性好的氮肥品种所取代。

碳铵为无色或白色细粒晶体，易吸湿结块，易挥发，有强烈的氨味，易溶于水，20℃时的溶解度为21%，40℃时为35%，水溶液呈碱性（pH8.2～8.4）。碳铵的化学性质不稳定，即使在常温下（20℃），也易分解为氨、二氧化碳和水，因此造成氮素的挥发损失。为了克服碳铵易挥发、结块的缺点，在碳铵生产过程中可通过一定的工艺措施，提高其产品质量，如在碳铵结晶时，添加阴离子表面活性剂（如十五烷基磺酰氯或十烷基苯磺酸铵等）使晶粒增加，表面活性降低，含水量降低，氨的挥发减少。此外，通过机械压粒、化学改性等方法也可提高碳铵产品质量。机械压粒是将粉状碳铵压成重约1g的颗粒状，使产品粒度增大，表面积减少，结块、挥发程度降低。化学改性是指在碳铵中加入一定量的磷酸铵和氧化镁以吸收碳中的吸湿水，形成磷酸镁铵，使碳铵的含水量降低，稳定性增加。此外，在碳铵的贮存、运输中保持低温、干燥，严密包装和有计划的开包等，都有利于防止碳铵潮解、结块，减少氮素损失。

碳铵可做基肥和追肥，但不能做种肥。坚持深施并立即覆土是碳铵的合理施用原则，施用深度以6～10cm，离棉株根系30cm以上为宜。做基肥时，无论水田或旱地均应施用后立即耕翻。做追肥也应注意深施，以防止氨挥发和熏伤作物；水田追肥，撒施后即耘耙，灌水并保持一定水层，研究表明，施肥结合灌水可减少氨的挥发。碳铵应选择在低温季节（低于20℃）或一天中气温较低的早晚施用，以减少挥发，提高肥效。在安排施肥计划时，可将碳铵与其他氮肥品种配合使用，这样可降低肥料投资，提高肥效。

硫酸铵［$(NH_4)_2SO_4$］简称硫铵，含氮20%～21%，是我国使用最早的化学肥料。硫铵为白色晶体，含杂质时呈灰白色、黄棕色或浅绿色，有极少量的游离硫酸。硫铵吸湿性小，物理性状良好，便于储存和施用。游离酸含量较多或空气湿度较大时，长期储存也会吸湿结块。硫铵易溶于水，施后很快在土壤水中溶解，并离解成 SO_4^{2-} 和 NH_4^+，均可被作物吸收利用。硫铵属生理酸性肥料，又含一定量的游离酸，所以施用硫酸铵能增加土壤酸性。酸性土壤若单施硫铵时间较长，应施用适量石灰以中和土壤的酸性。在中性土壤和石灰性土壤中，硫酸根易与钙离子结合生成溶解度低的硫酸钙使土壤板结，故应增施有机肥，以保持土壤疏松。棉田施用硫酸铵要深施，可作基肥、追肥和种肥，储存时应注意通风干燥。

氯化铵（NH_4Cl）简称氯铵，含氮 $24\% \sim 25\%$，是联合制碱法生产纯碱的副产品。氯铵为白色或淡黄色结晶，物理性质良好，吸湿性比硫铵稍大，不易结块，便于储存和施用，溶解度比硫铵稍低。氯铵不宜作种肥和秧田用肥，氯铵可作基肥，也可作追肥。

2. 硝态氮肥　凡是含有硝酸根的氮肥均属于硝态氮肥一类，如硝酸钠、硝酸钾、硝酸钙和硝酸铵等。硝态氮肥的特性是：①易溶于水。硝态氮肥易溶于水，并产生硝酸根阴离子和相应的阳离子，是速效性氮肥。各种硝态氮肥的溶解度都很大，吸湿性强，在雨季吸湿后能化为液体，给施用带来许多不便。②不能被土粒吸附。由于硝酸根是带有负电荷的阴离子，不能被带负电荷的土壤胶粒吸附，所以，硝态氮肥施入土壤后只能存在于土壤溶液中，并随土壤水分运动而移动。在农田进行灌溉或降雨的条件下，它易被淋洗到土壤深层；反之，当气候干燥，土壤蒸发量大时，它又可随土壤毛管水向上移动，甚至集聚在土壤表层。③易脱氮损失。在土壤淹水或嫌气的条件下，硝酸根离子由于反硝化作用，而形成各种作物不能利用的氧化氮气体或氮气而脱氮损失。反硝化作用经常发生于水田中。④易燃易爆。硝态氮肥受热时能分解产生氧气，因此在有限的空间内有易燃易爆的危险。在贮存过程中应注意安全。硝态氮肥一般用于旱作追肥较为理想，增产效果很好。但硝态氮用于水稻田的效果就不如铵态氮肥好。其主要原因是硝态氮移动性大，氮素易随水进入水稻田的还原层，在还原层中，由于反硝化作用，把硝态氮还原成氮气或氧化氮气逸出水面而挥发损失。应该指出，水田施用铵态氮肥时，必须施到还原层中，才能有良好的效果。

硝态氮肥易随水渗漏或淋失，南方降水多，硝态氮的淋失较严重。所以，我国南方很少施用硝态氮肥，北方降雨量相对南方少，淋失也较少，故北方棉田施用硝态氮肥与铵态氮肥的肥效基本一致。

硝酸铵（NH_4NO_3），简称硝铵，含氮 $34\% \sim 35\%$，兼有硝态氮和铵态氮，各占一半。硝铵为白色晶体，易溶于水，吸湿性强，易结块，湿度大或存放过久能吸湿溶解为液体。因此，硝铵应储存在阴凉干燥处。粒状硝铵吸湿性小，不结块，施用方便。储运过程中要轻装轻卸，防止破裂、受潮，防止日晒、雨淋。堆放高度不宜超过 3m，以防下层受压结块。临用时开袋，未用完的袋口要立即扎紧。高温下硝铵易分解产生气体，其中有氧气能助燃。气体膨胀会引起爆炸。硝铵在储运过程中不可与油类、棉花等易燃物品混存。结块后不可用铁锤猛烈锤击，应用木棍打碎或用水溶解后施用。硝铵旱地施用宜作追肥，一般不作基肥，也不作种肥。

3. 酰胺态氮肥 以酰胺基形态存在的氮素，是一种有机氮，尿素属于酰胺态氮肥。土壤中有机氮占全氮的 90% 以上，其中就有酰胺态氮。酰胺态氮是土壤中不溶性有机氮（蛋白氮）、腐殖质中的氮转化成无机氮（铵态氮及进一步转化成硝态氮）矿化过程中的中间产物。凡含有酰胺基（$-CONH_2$）或在分解中产生酰胺基者均属此列，尿素 $[CO(NH_2)_2]$ 是其代表。尿素是中性有机化合物，施入土壤后以分子态存在于土壤中，并与土壤胶粒发生氢键吸附，其吸附力略小于电荷吸附。尿素在土壤中受脲酶作用而转化成碳酸铵，形成 $NH_4^+ - N$，其归宿同 $NH_4^+ - N$ 肥，尿素吸潮性强，易做基肥和追肥，不易作种肥。尿素可以直接被植物吸收，但在土壤中大部分是在脲酶作用下转化为铵态氮后被植物吸收的。商品尿素肥料中还含有少量另一种酰胺态氮的物质—缩二脲，对作物生育有抑制作用。缩二脲大于1%的尿素不可以用作种肥和叶面肥。

尿素 $[CO(NH_2)_2]$ 是主要品种，占氮肥总产量的43.4%，中国、日本最多。尿素（碳酰胺）含氮量为46%，白色针状结晶，无臭无味，易溶于水，水溶液中性反应，易吸湿。

尿素为中性肥料，不含副成分，铵离子和碳酸根离子均能被棉花吸收利用，连年施用，也不致破坏土壤结构。尿素用于根外追肥时，其分子能直接被棉花吸收。尿素在造粒过程中温度 $>50℃$，会产生少量副成分—缩二脲，其含量高时对种子发芽和植株生长有害。国家标准缩二脲含量不可大于1%，否则不可做种肥，叶面肥应 $<0.5\%$。尿素是一种简单有机态分子，大部分需转化成铵态氮才能被植物吸收利用，故肥效比其他氮肥要迟缓些。

尿素适用于各种作物和土壤，可用作基肥、追肥，高浓度的尿素会破坏种子或幼苗根系生长，严重时能使种子失去活力，所以尿素作种肥时一定要慎重，要适时、适量、深施覆土，以防止烧苗及缩二脲危害。尿素转化前不易被土壤吸附，易流失；高温季节对苗床、大棚、温室中的蔬菜尿素施用过多时，使氨挥发烧苗及造成氮损失。尿素具有下列优点：

①中性反应，分子态，溶于水，电离度小，不烧茎叶。

②分子体积小，易透过细胞膜，有利于吸收运输。

③有吸湿性叶片易吸收，吸收量高。

④参与物质代谢快，肥效快。

在中性或石灰性棉田上，大量施用尿素，以及在一些土壤pH偏高的棉田中，施用铵态氮肥时，都容易导致土壤中亚硝酸盐的形成，尤其在温度较低的早春，就有亚硝酸盐的积累，亚硝酸盐的积累对棉花有毒害作用。一般壤质或黏质棉田土壤，具有适当的盐基交换量，可吸收氨和铵离子，在这种土壤中，当施用尿素肥料时，它能减少亚硝酸积累的危险。因此，棉花春播前，尿素等氮肥做基肥时应深施。如果土壤中施用大量未腐熟的有机肥，微生物将消耗土壤中的速效氮，影响棉花对氮的吸收，所以有机肥必须腐熟后施用。

二、氮肥与有效施用

（一）氮素化肥适宜施用时期

1. 中熟品种棉花氮素化肥适宜施用时期　施氮肥的时期及用量分配掌握的原则是：要注意因地制宜，中、上等壤质土壤，保肥、供肥能力较强，一般情况下氮肥分两次施用，一次做基肥，占总量的 45％左右，另一次做铃期追施，用量占总量的 55％左右为宜。地力较高、保肥能力强的棉田，适宜的氮量一次做基肥施用，也是可以的。

对于土壤肥力较差、质地偏砂的棉田，氮肥宜分 3 次施用，即播前基施总氮量的 30％，蕾期追施总氮量的 20％和花铃期追施总氮量的 50％。分期追肥的适宜时期，蕾肥宜在现蕾期以后施用，花铃肥宜在开花期前后施用，长江中、下游棉区，无霜期较长，施花铃肥可适当推迟些，提倡 8 月初施用盖顶肥（补桃肥）。

2. 棉花早熟品种氮肥最佳施用时期　以全部做基肥，或者以总量的一半做基肥，另一半在蕾期追施效果最佳。

（二）氮素化肥最佳用量

长江中、下游两熟棉区和黄淮平原一熟棉区，在现有生产条件下，高产（皮棉 75kg/亩以上）、中产（皮棉 60～75kg/亩）、低产（皮棉 60kg/亩以下）3 种类型棉田，纯氮的施用量有高有低，各不相同，但施用量高的，也不宜超过 12.5kg/亩纯氮，若超过这个数量，氮肥经济效益则明显下降。施用量低的，也要保持在 5kg/亩左右纯氮，以维持地力。李俊义等总结了不同棉区、不同产量类型棉田，氮肥最佳用量分述如下：

1. 长江中、下游两熟棉区

①湖北、江苏中等地力、中产水平两熟棉田：获得皮棉75kg/亩左右的产量时，适宜的用氮量大体为 7.14～8.38kg/亩纯氮。

② 江苏沿海地区中等地力、中产水平两熟棉田：江苏沿海地区，盐化潮土两熟棉田氮肥最佳效益施氮量为纯氮 7.51kg/亩，最大利润产量为皮棉 76.72kg/亩，每千克纯氮增产皮棉 1.87kg。当皮棉 76kg/亩左右时，适宜的纯氮用量为 5.93～7.51kg/亩。

③ 黄棕壤低产两熟棉田：长江中、下游湖北等省产量偏低的两熟棉田，氮肥最佳效益施氮量为纯氮 9.98kg/亩，最大利润产量为皮棉 65.22kg/亩，每千克纯氮增产皮棉 2.86kg。当皮棉 65kg/亩左右时，适宜的纯氮用量为 9.03～9.98kg/亩。

④湖北超高产棉区皮棉 110kg/亩，总施用氮量 19.0kg/亩，其中基肥（苗肥）纯氮 7.5kg，花铃期施用纯氮 7.0kg，盖顶肥（补桃肥）纯氮 4.5kg。

2. 黄淮平原一熟棉区

① 潮土类中上等地力、高产水平棉田：最佳效益时的纯氮量为 6.06kg/亩，其最佳利润产量为皮棉 97.81kg/亩。每千克纯氮可增产皮棉 1.26kg。获得皮棉 97kg/亩左右的产量时，适宜的用氮量大体为 4.48～6.06kg/亩纯氮。

② 中等地力、中产水平潮土及褐土类一熟棉田：在山东、河南、山西等省中等地力潮土及褐土类一熟棉田，最佳效益施氮量为纯氮 7.89kg/亩，其最大利润产量为皮棉 71.12kg/亩。每千克纯氮增产皮棉 1.56kg。亩产皮棉 71kg 左右时，适宜的纯氮用量为 6.85～7.89kg/亩。

③低产水平的褐土化潮土及褐土类一熟棉田：在山东、河南等省的低等地力、低产水平的褐土化潮土及最佳效益施氮量为纯氮 8.94kg/亩，其最大利润产量为皮棉 59.7kg/亩。每千克纯氮增产皮棉 1.76kg。皮棉 60kg/亩左右时，适宜的纯氮用量为

7.43～8.94kg/亩。

（三）氮肥施用适宜次数

我国主要棉区氮肥以施 2～3 次为宜，不宜超过 4 次，无论覆盖栽培还是露地栽培都要求如此。肥力中上等，保肥供肥能力强的壤质土，播种前或播时基肥占总量的 40%，花铃期追肥占 60%；土壤肥力差，质地偏砂土壤分 3 次使用，播前或播时基肥占 30%，蕾期追肥占 20%，花铃期追肥占 50%。蕾期宜在盛蕾前后，花铃期宜在开花结铃盛期施用，长江中下游棉区可适当推迟，但不应晚于立秋，黄河流域棉区宜在 8 月 1 日前施用。湖北棉田在 8 月 1～10 日根系分布较广，根据天气情况安排在雨前或雨后撒施于土层表面或深施于根际附近均有较好的效果。

（四）氮肥施用方法

1. 氮肥深施　氮肥表施挥发损失太大，不仅浪费氮素，还会造成烧苗。铵态氮肥深施可增强土壤对铵离子的吸附作用，减弱硝化作用，从而减少氮的挥发、硝酸的流失和反硝化作用造成的氮素损失。氮肥深施是提高肥效的有效措施，可有效地提高氮的利用率。表施氮肥氮的利用率为 15% 左右，深施可达 45% 左右。

氮肥深施的具体方法如下：一是在翻耕整地前或翻耕后耙地前将肥料撒入田面或犁沟；二是打洞穴施覆土；三是起沟条施覆土。施肥深度 5～15cm，深根作物应施深点，浅根作物宜施浅点，用量大（300kg/hm² 以上）的施深点，用量少（150kg/hm² 以下）的施浅点。基肥和追肥施用，均应采用相应的深施方法。人工穴施或条施较费工，有相关的深施器具或机械更好。翻耕深施适合翻耕整地田块基肥的施用，节省深施用工。无茬口免耕连作的田块，宜采用穴施或条施方法施用基肥和追肥。沟施适合于条播作物，穴施适合于撒播、点播、点栽作物。长江流域棉花种植多为二熟制，施肥多采用穴施和条施的方法，直播棉点播或移栽棉载营养钵苗时采用穴施基肥，中耕时条施追肥。

2. 对水施用　氮肥旱地追肥，如果缺少机具或劳力，田间水分也较缺乏，可结合灌溉施用或对水 200～300 倍或兑稀粪水浇灌，也可达到深施的目的，效果较好。特别是在棉田面积较大，人工费用高时利用雨季棉花大量根系形成时撒施也能获得较好的效益。

3. 分次施用　化学氮肥肥效迅速，易挥发，易流失，所以生育期较长的作物要分次施用氮肥，可显著提高氮肥养分利用率。

附录 湖北省棉花氮肥效应研究

李银水[1,2] 鲁剑巍[1] 李小坤[1] 鲁明星[3]

徐维明[4] 李 彬[5] 张耀学[6] 刘光文[7]

([1] 华中农业大学资源与环境学院，武汉 430070；[2] 中国农业科学院油料作物研究所，武汉 430062；[3] 湖北省土壤肥料工作站，武汉 430070；[4] 湖北省沙洋县土壤肥料工作站，沙洋 448200；[5] 湖北省荆州区土壤肥料工作站，荆州 434000；[6] 湖北省黄梅县土壤肥料工作站，黄梅 436500；[7] 湖北省武穴市土壤肥料工作站，武穴 436300)

摘要：通过17个大田试验，研究了湖北省棉花氮肥施用效果及氮肥最佳用量。结果表明：适量施用氮肥棉花增产增收效果显著，施氮比对照增产籽棉 $131 \sim 1\ 244 kg/hm^2$，平均增产 $752 kg/hm^2$，平均增产率为 31.1%。施氮纯利润平均为 3 422 元/hm^2，产投比平均为4.07。氮肥偏生产力和农学利用率平均分别为 13.20kg/kg N 和 2.90kg/kg N。根据线性加平台模型，求得湖北省棉花氮肥最佳用量平均为 N 114.0kg/hm^2。

关键词：棉花；氮肥；产量；经济效益；氮肥最佳用量

中图分类号：S562.01 **文献标识码**：A

Study on Effect of Nitrogen Fertilizer of Cotton in Hubei Province

Abstract：A study was undertaken to evaluate the effect of

注：本文刊登于《湖南农业科学》（2010 年）。

nitrogen (N) fertilization on yield, economic benefit, N use efficiency and optimum N recommendation rate of cotton through field trials at 17 sites in Hubei province. The results showed that the yield and profit of cotton significantly increased when N supplied adequately. Compared with the treatment without N fertilizer, the increment of seed-cotton ranged from 131kg/hm^2 to 1244kg/hm^2, the average increment was 752kg/hm^2 and increased by 31. 1 percent compared with the control. The average net profit of the N application was 3422 Yuan/hm^2 and the value cost ratio (VCR) was 4. 07. The average partial factor productivity of applied N (PFPN) and agronomic N use efficiency (ANUE) were 13. 20kg/kg N and 2. 90kg/kg N, respectively. According to linear plus platform model, the average optimum N application rate was 114. 0 kg N/hm^2 in Hubei province.

Key words: Cotton; Nitrogen fertilizer; Seed-cotton yield; Profit; Optimum N recommended rate

棉花生育期长，不仅对养分需求较多，而且随生育进程的推进要求复杂，合理施肥特别是合理施用氮肥，能促进棉花早发、稳长、不早衰，获取棉花高产、优质[1]；氮肥不足，棉花早衰；氮素供应过量或者施肥不当，碳氮营养比例失调，棉株旺长，造成过早封行，田间荫蔽，蕾铃严重脱落，贪青迟熟，不仅棉花产量难以提高，而且棉纤维品质下降[2]；同时大量氮肥的施用不仅降低肥料利用率，徒增肥料成本，还会对环境产生不利的影响[3]。近年来，优良品质棉新品种相继育成，并逐步在生产上应用。宋志伟等研究指出，与常规棉相比，杂交棉由于杂种优势，干物质生产速度快，养分吸收积累强度大，对杂交棉应适当增大施肥量，并指出，要"注意 N、P、K 的配合施用，同时增加花期施肥量尤为必要"，提出了杂交棉施肥需要进一步研究的问题[4]。为此，笔者在湖北省产棉县（市、区）进行了棉花氮肥用量田间试验，以期了解在当前生产条件下施氮对棉花产量、经济效益及肥料利用率等的影响，并提出湖北省棉花生产的氮肥适宜用量。

1 材料与方法

1.1 试验概况

2007 年春分别在湖北省的沙洋、荆州、公安、黄梅、武穴、襄阳、南漳 7 个县（市、区）布置了 17 个棉花大田氮肥肥效试验，试验田的基本理化性质及供试棉花品种见表 1。各试验点 0~20cm 耕层土壤碱解氮含量变幅在 48~160mg/kg 之间（其中有 11 个试验的土壤碱解氮含量分布在 70~110mg/kg），平均为 89.5mg/kg。供试棉花品种均为目前推广品种，沙洋、黄梅为油菜—棉花轮作，荆州、公安、武穴、襄阳、南漳为小麦—棉花套作。

表 1 试验田土壤基本理化性质及供试棉花品种

试验号	试验地点	品种	土壤类型	pH	有机质 (g/kg)	碱解氮 (mg/kg)	有效磷 (mg/kg)	速效钾 (mg/kg)
1	沙洋李市镇	鄂杂 5 号	潮土	8.0	14.2	79.0	10.4	65.0
2	黄梅分路镇	南抗 9 号	潮土	7.5	24.7	100.9	6.1	45.0
3	黄梅独山镇	楚杂 180 号	红壤	4.7	22.5	82.0	7.6	98.0
4	武穴刊江镇	SGK791	潮土	8.0	17.1	48.0	15.1	78.0
5	武穴龙坪镇	鄂杂 3 号	潮土	8.1	18.3	160.0	18.0	83.0
6	襄阳双沟镇	鄂杂 3 号	潮土	7.2	16.2	85.0	7.2	89.9
7	襄阳东津镇	鄂杂 5 号	潮土	7.5	14.2	105.0	8.4	118.0
8	沙洋沙洋镇	国抗杂 9 号	潮土	7.9	14.7	72.0	10.9	68.0
9	荆州菱湖镇	鄂杂棉 13 号	潮土	6.7	14.3	98.0	6.5	164.9

（续）

试验号	试验地点	品种	土壤类型	pH	有机质 (g/kg)	碱解氮 (mg/kg)	有效磷 (mg/kg)	速效钾 (mg/kg)
10	黄梅蔡山镇	华抗1号	潮土	7.6	16.9	65.8	4.5	132.0
11	黄梅新开镇	楚杂180号	潮土	7.5	14.6	83.2	6.6	42.0
12	黄梅小池镇	鄂杂11号	潮土	7.5	15.1	59.7	7.4	112.0
13	南漳李庙镇	国抗杂9号	潮土	7.6	20.1	72.0	9.7	102.0
14	沙洋李市镇	鄂杂5号	潮土	8.0	14.2	75.0	10.4	85.0
15	沙洋沙洋镇	国抗9号	潮土	7.9	14.7	112.0	10.9	68.0
16	公安弥市镇	鄂杂棉17号	潮土	7.7	6.0	123.2	17.7	55.3
17	黄梅分路镇	南抗9号	潮土	7.5	15.3	100.9	9.1	75.0
平均	—	—	—	7.5	16.1	89.5	9.3	87.1

1.2　试验设计

氮肥用量设 4 个水平，具体用量分 3 组，"设计 I"（1～7号试验），氮肥用量分别为 N_0、N_{135}、N_{270}、N_{405}（下标表示纯N 用量，单位为 kg/hm^2，下同）；"设计 II"（8～13 号试验），氮肥用量分别为 N_0、N_{165}、N_{330}、N_{495}；"设计 III"（14～17 号试验），氮肥用量分别为 N_0、N_{225}、N_{270}、N_{315}。根据各地土壤养分含量差异及当地技术人员的生产经验，各处理的其他养分施用量分别为纯磷（P_2O_5）72～150kg/hm²（其中有 13 个试验纯磷用量为 72～75kg/hm²），纯钾（K_2O）150～300kg/hm²（其中有 13 个试验纯钾用量为 150kg/hm²）。氮、磷、钾肥品种分别为尿素（含 N 46%）、过磷酸钙（含 P_2O_5 12%）和氯化钾（含 K_2O 60%）。氮肥 45%作基肥（移栽前施用），10%作提苗肥（6月 15 日左右施用），30%作花铃肥（8 月 15 日左右施用），15%作补桃肥（9 月 15 日左右施用）；钾肥 60%作基肥，40%作花铃肥；磷肥作基肥一次性施用。小区面积 20m²，重复 2 次，随机区组排列，其他栽培管理方式同当地大田。

1.3 试验实施

2007 年 3 月 30 日至 4 月 20 日播种，油菜茬棉花采用营养钵育苗，4 月 27 日至 5 月 28 日收获油菜后移栽，密度 1.95～2.58 万株/hm²，小麦茬棉花采用麦行套播，一般 2m 宽厢，每厢种植 2 行棉花，密度 1.25～1.80 万株/hm²，2007 年 8 月 20日至 9 月 1 日第一次收籽棉，11 月 1～15 日最后一次收获，共收获 6～8 次。

1.4 测定项目与方法

①籽棉产量。为实收产量，从吐絮期开始分小区收获，到霜前结束。

②土壤养分。土壤养分含量采用常规分析方法测定[5]。土壤 pH 按水土比 2.5:1，pH 计测定；有机质采用重铬酸钾容量法；碱解氮用碱解扩散法；有效磷用 0.5mol/L NaHCO₃ 浸提—钼锑抗比色法；速效钾用 1mol/L NH₄OAc 浸提—火焰光度法。

③有关参数的计算方法。氮肥偏生产力（PFPN）=施氮区产量/施氮量[6]；氮肥农学利用率（ANUE）=（施氮区产量－空白区产量）/施氮量[6]。

④推荐施肥量[7]。运用直线加平台模型函数式（L＋P）拟合氮肥用量与籽棉产量间的关系：$y=b_0+b_1x$ （$x<c$），$y=y_p$ （$x \geqslant c$）。式中 y 为籽棉产量（kg/hm²），x 为氮肥用量（kg/hm²），b_0 为基础产量（不施氮肥时产量），b_1 为线性系数，c 为氮肥用量临界值（由直线和平台的交点求得），y_p 为平台产量。

1.5 数据统计分析

试验数据用 DPSv-3.01 软件的 Duncan 新复极差法进行统计分析，用 SASv8 软件进行线性加平台模型的拟合和最佳施氮量的确定，用 Excel 2003 进行其他数据的处理和图形的绘制。

2　结果与分析

2.1　氮肥用量对籽棉产量的影响

"设计Ⅰ"试验产量结果（表 2）表明，不施氮肥的 N_0 处理籽棉产量最低，施用氮肥能显著提高籽棉产量，各处理籽棉产量的高低顺序是，$N_{270} > N_{135} > N_{405} > N_0$，但 N_{270} 和 N_{135} 处理之间的产量差异不显著。说明籽棉产量受氮素供给量的影响很大，在施纯氮（N）0～270kg/hm² 范围内，随着氮肥用量的增加而提高，其中 N_{135} 比 N_0 平均增产 675kg/hm²，达显著标准；N_{270} 比 N_{135} 平均增产 204kg/hm²，差异不显著；当氮肥用量高达 405kg/hm² 时，7 个试验比 N_{270} 处理全部显著减产，N_{405} 比 N_{270} 平均显著减产 260 kg/hm²。表明适量施用氮肥，棉花增产增收；盲目过量地施用氮肥，也事与愿违，导致棉花产量和施肥效益双下降。

表 2　"设计 Ⅰ"氮肥用量对籽棉产量的影响（kg/hm²）

氮肥用量	产量							平均
	1	2	3	4	5	6	7	
N_0	2 521c	2 230c	2 589c	1 943c	3 293b	2 884c	2 556c	2 574c
N_{135}	2 996b	2 789b	3 618a	2 172b	4 211a	3 930b	3 025b	3 249ab
N_{270}	3 270a	3 139a	3 710a	2 635a	4 039a	4 128a	3 250a	3 453a
N_{405}	2 971b	2 964b	3 337b	2 593a	3 335b	3 954ab	3 200ab	3 193b

注：同一行中不同的小写字母表示 5% 水平的显著性，以下同。

"设计Ⅱ"试验产量结果列于表 3。结果表明，施用氮肥能显著提高籽棉产量，各施氮处理与对照间产量差异显著。3 个施氮处理的籽棉产量以 N_{330} 最高，依次为 N_{165}、N_{495}，而 N_{495} 的产量甚至低于 N_{165}。故本组的籽棉产量趋势与"设计Ⅰ"相似。

表3 "设计 II" 氮肥用量对籽棉产量的影响（kg/hm²）

氮肥用量	产量						平均
	8	9	10	11	12	13	
N_0	2 347c	3 510b	2 510c	3 073b	2 138c	2 150c	2 621c
N_{165}	2 633b	3 641ab	2 802b	3 227a	3 210b	2 675b	3 031b
N_{330}	2 996a	3 738a	3 081a	3 339a	3 381a	3 125a	3 277a
N_{495}	2 908a	3 647ab	2 898ab	3 239a	3 256ab	3 100a	3 175ab

"设计 III" 试验产量结果列于表4。结果表明，施用氮肥能显著提高籽棉产量，各施氮处理与对照间产量差异显著。总体而言，3个施氮处理的产量以 N_{270} 最高，依次为 N_{225}、N_{315}，以 N_{315} 处理的产量最低，比 N_{270} 显著减产，故本组籽棉产量趋势与"设计 I"相似。

表4 "设计 III" 氮肥用量对籽棉产量的影响（kg/hm²）

氮肥用量	产量				平均
	14	15	16	17	
N_0	2 309c	2 059c	2 404c	2 510b	2 321c
N_{225}	2 721b	2 746b	2 946ab	2 973a	2 846b
N_{270}	2 921a	2 946a	3 058a	2 985a	2 977a
N_{315}	2 771ab	2 596b	2 904b	3 014a	2 821b

2.2 氮肥施用效果

试验结果（表5）表明，棉花施用适量氮肥增产增收效果显著。17个试验施氮增产 131～1244kg/hm²，平均增产 752 kg/hm²；增产量在 500～1 000kg/hm² 的试验占 64.7%，高于 1 000kg/hm² 的试验占 17.6%。施氮增产幅度 3.7%～58.1%，平均增产率为 31.1%；增产率在 20%～40% 的试验占 47.1%，高于40%的试验占29.4%。

根据2007年的氮肥价格和籽棉价格计算，棉花施氮纯利润在80～6 415元/hm² 之间，平均为3 422元/hm²；施氮纯利润在2 500～5 000元/hm² 的试验占52.9%，高于5 000元/hm² 的试验占23.5%，低于1 000元/hm² 的试验占11.8%。棉花施氮产投比在1.11～9.53之间，平均为4.07；产投比在2～5的试验占64.7%，大于5的试验占23.5%，小于2的仅占11.8%。

2.3　氮素利用效率分析

氮肥偏生产力反映了棉花吸收肥料氮和土壤氮后所产生的边际效应[6]。由表5可知，在不同氮肥用量下氮素利用效率存在明显的差别。17个试验的氮肥偏生产力在9.33～31.19kg/kg N之间，平均为13.20kg/kg N。氮肥偏生产力主要分布在10.00.～20.00kg/kg N之间，所占比例达70.6%，大于20.00kg/kg N的只占11.8%。

氮肥农学利用率表示的是施用每千克纯氮增收籽棉的能力[6]。17个试验的氮肥农学利用率在0.79～6.80kg/kg N之间，平均为2.90kg/kg N。氮肥农学利用率主要分布在2.00～4.00kg/kg N之间，所占比例达64.7%，大于4.00的占17.6%，小于1.00kg/kg N的仅占11.8%。以上结果表明，不同试验点的氮肥偏生产力和氮肥农学利用率存在有较大差异。

表5　棉花施用氮肥的经济效益和氮肥利用效率

试验号	氮肥用量 N (kg/hm²)	增产量 (kg/hm²)	增产幅度 (%)	纯利润 (元/hm²)	产投比	氮肥偏生产力 (kg/kg N)	氮肥农学利用率 (kg/kg N)
1	270	749	29.7	3 395	3.89	12.11	2.78
2	270	909	40.7	4 371	4.72	11.63	3.37
3	270	1 122	43.3	5 668	5.83	13.74	4.15
4	270	693	35.6	3 050	3.60	9.76	2.57

（续）

试验号	氮肥用量 N (kg/hm²)	增产量 (kg/hm²)	增产幅度 (%)	纯利润 (元/hm²)	产投比	氮肥偏生产力 (kg/kg N)	氮肥农学利用率 (kg/kg N)
5	135	918	27.9	5 010	9.53	31.19	6.80
6	270	1 244	43.1	6 415	6.46	15.30	4.60
7	270	694	27.2	3 062	3.61	12.00	2.60
8	270	649	27.7	2 785	3.38	11.09	2.41
9	165	131	3.7	80	1.11	22.07	0.79
10	330	571	22.7	2 047	2.43	9.33	1.73
11	330	267	8.7	191	1.13	10.12	0.81
12	330	1 243	58.1	6 144	5.28	10.24	3.77
13	330	975	45.3	4 512	4.14	9.50	3.00
14	270	612	26.5	2 557	3.18	10.82	2.27
15	270	886	43.0	4 229	4.60	10.91	3.28
16	270	653	27.2	2 811	3.39	11.33	2.42
17	225	463	18.4	1 843	2.88	13.21	2.06
平均	—	752	31.1	3 422	4.07	13.20	2.90

注：①价格 N=4.35 元/kg，籽棉＝6.10 元/kg。②增产量＝施氮区产量－不施氮区（N_0）产量。

2.4 氮肥适宜用量

综合分析 17 个试验的氮肥用量与籽棉产量间关系后发现，可以用线性加平台施肥模型来拟合两者间的关系（图 1）。根据模型拟合结果，籽棉基础产量为 2 531kg/hm²，平台产量为 3 109kg/hm²，氮肥临界用量为 114.0kg/hm²；当氮肥用量小于 114.0kg/hm² 时，籽棉产量可以用方程 $y=2 531+4.6370x$ 来描述，方程决定系数达极显著水平（$R^2=0.546 9**$）。

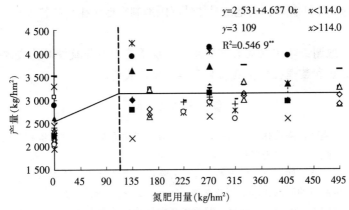

图 1　氮肥用量与籽棉产量间的关系

3　小结与讨论

充足的水肥管理能促进棉花早发、早熟，显著降低幼铃脱落率，提高棉株生物学产量和单株产量[8]；适时适量追施氮肥，可以改善叶片光合性能，提高棉花经济产量[9]。但是偏施或过量施用氮肥会因为营养失调而加重棉株的发病率[10]。我们的研究结果表明，适量施用氮肥能显著提高籽棉产量，但当氮肥用量超过最高产量用量后，如果再继续增施氮肥反而会引起籽棉产量的下降（如 1 号和 3 号试验，N_{405} 处理与 N_{270} 处理相比产量分别下降了9.1％和 10.1％）。本研究通过综合分析 17 个大田试验的氮肥用量与籽棉产量后求得，目前栽培制度和生产力水平（籽棉产量约为3 000kg/hm² 条件下，湖北省棉花生产的氮肥最佳用量平均为114.0kg N/hm²，其用量可以为该省棉花生产的氮肥经济供应提供参考。然而，由于棉花生长发育所吸收的氮素主要由土壤有效氮和肥料氮来提供，而种植前耕层土壤硝态氮含量与棉花需氮量极显著相关[11]，且土壤供氮能力也是确定氮肥用量和效果的重要指标[12]；另外，由于棉株对养分的需求还受气候、施肥技术、栽培管理措施（种植密度等）以及产量潜力水平等的影响，因此，实际应用中还应根据各地的具体情况因地制宜地作相应调整。

　　致谢： 华中农业大学资源与环境学院王运华教授对论文的数据分析和整理提供宝贵指导意见，谨此致谢。

参 考 文 献

[1] 薛晓萍，陈兵林，周治国，等. 栽培方式对棉花生长、产量和品质的影响 [J]. 棉花学报，2007，19（6）：440-445.

[2] 张培通，徐立华，杨长琴，等. 主要栽培措施对高品质棉科棉 3 号纤维品质的影响 [J]. 棉花学报，2008，20（1）：45-50.

[3] 羿国香，巴四合，闻敏. 湖北省杂交棉栽培技术存在的主要问题与优化措施 [J]. 中国棉花，2006，33（2）：2-3.

[4] 宋志伟，刘松涛，曹雯梅，等. 杂交棉氮磷钾吸收分配特点的研究 [J]. 棉花学报，2006，18（2）：89-93.

[5] 鲍士旦. 土壤农化分析 [M]. 中国农业出版社，2000：25-110.

[6] 彭少兵，黄见良，钟旭华，等. 提高中国稻田氮肥利用率的研究策略 [J]. 中国农业科学，2002，35（9）：1095-1103.

[7] 陈新平，周金池，王兴仁，等. 小麦—玉米轮作制中氮肥效应模型的选择——经济和环境效益分析 [J]. 土壤学报，2000，37（3）：346-354.

[8] 南建福，刘恩科，王计平，等. 苗期干旱和施肥对棉花生长发育的影响 [J]. 棉花学报，2005，17（6）：339-342.

[9] 张旺锋，勾玲，王振林，等. 氮肥对新疆高产棉花叶片叶绿素荧光动力学参数的影响 [J]. 中国农业科学，2003，36（8）：893-898.

[10] 吴征彬，孟艳艳. 棉花品种区域试验中的抗病鉴定技术 [J]. 华中农业大学学报，2004，23（5）：500-503.

[11] Rochester I J, Peoples M B, Constable G A. Estimation of the N fertilizer requirement of cotton grown after legume crops [J]. Field Crops Research，2001，70：43-53.

[12] 侯秀玲，张炎，王晓静，等. 新疆超高密度棉田氮肥运筹对产量和氮肥利用的影响 [J]. 棉花学报，2006，18（5）：273-278.

第五章

棉花磷素营养

内 容 提 要

磷是植物生长发育不可缺少的营养元素之一，它是植物体内多种重要有机化合物的组分，对作物高产和保持品种优良性状有明显作用。磷对棉花生长发育有重要作用，缺磷对棉花叶片生长有明显的抑制作用，蕾铃易脱落，开花吐絮推迟，产量低，品质差。要了解磷与棉花的关系，首先要认识棉花体内磷的含量、形态和分布，磷的生理功能、棉花对磷的吸收、磷的同化与输送，以及磷与其他养分的相互作用，还要掌握棉花磷素丰缺诊断的方法，以便于指导施肥。土壤是棉花磷素营养的主要来源，土壤中磷的含量与形态、转化与迁移过程是本章的基本知识体系。过磷酸钙、重过磷酸钙、钙镁磷肥和磷矿粉是最常用的几种磷肥，它们性质各异，施用方法与技巧也各不相同，在棉花上施用，必须控制正确的施肥时期和施用量，以使肥效达到最大化，另外，还要关注磷肥的残效问题，避免浪费和污染。

Brief

Phosphorus is an essential element for plant growth and development and it is also a component in many important organic compounds, it has the obvious function for crops high production and maintains the variety fine character. Phosphorus plays an important role to the cotton, phosphorus deficiency on cotton leaf growth inhibition significantly, boll easy peeling, flowering wadding postponed, low yield and poor quality. To understand the relationship between phosphorus and cotton, it is first necessary to understand the phosphorus content, form and distribution in the cotton body, its physiological function, absorption, assimilation and conveying of phosphorus in the cotton, the interaction among phosphorus and other nutrients, and master the diagnostic methods whether phosphorus abundent or deficit, to guide applying fertilizer. The soil is the important phosphorus element nutrition source for cotton, phosphorus content, shape, transformation and transition process in soil is the elementary knowledge system in this chapter. Superphosphate, TSP and phosphate is the most common phosphate fertilizer, they vary in nature, applying methods and techniques may effect on cotton, it is necessary to control the correct timing and quantity, to maximize the efficiency, also expressed concern about the problem of phosphate residues in order to avoid waste and pollution.

第一节　棉花中的磷

一、棉花体内磷的含量、形态和分布

植物体内磷的含量（P_2O_5）一般为植株干重的 0.2%～1.1%，其中大部分以有机态磷形式存在，如核酸、核蛋白、磷脂、植素，约占全磷的 85%，其余是以钙、镁、钾的磷酸盐存在。不同作物，同一作物不同器官，不同生育期，含磷量是有变化的。一般是生殖器官＞营养器官，种子＞叶片，叶＞根系＞茎秆，幼嫩部位＞衰老部位。新芽、根尖等分生组织中，磷显著增高，表现出顶端优势。磷在作物体内分配、再利用的能力强，因而植株缺磷症状首先是从最老的器官（一般为底层老叶）组织开始表现出来。

棉花苗期磷明显分布在新生器官尤其是根中，对生长初期的根系发育和新器官形成起重要作用。2～4 真叶期缺磷造成的损失后期无法弥补，故此时为棉花磷素反应敏感期。进入花铃期，磷分布以生长点最多，生殖器官也比较多，说明磷优先分配在顶端（包括根），应保证顶端优势和现蕾开花结铃所必需。结铃期磷分布呈现明显的规律性，主茎叶和果枝叶由上向下和由内向外依次递减，老叶少，新叶多，下部少，中部多，上部更多。这表明磷可再利用，由老叶向嫩叶和生殖器官运转，缺磷先从下部叶出现症状。成熟阶段磷从营养器官运转到生殖器官，运输走向为：铃柄→铃壳→种子→纤维，不同层次果枝棉铃的磷分布有自下而上增多的趋势。

二、棉花体内磷的生理功能

(一) 磷是植物体内重要化合物的组成元素

1. 核酸与核蛋白　核酸是作物生长发育、繁殖和遗传变异中极为重要的物质，磷的正常供应，有利于细胞分裂、增殖，促进根系的伸展和地上部的生长发育。

2. 磷脂　磷脂在种子内含量较高，说明在其繁殖方面有重要作用，磷脂分子中既有酸性基因，又有碱性基因，对细胞原生质的缓冲性具有重要作用，因此磷脂可提高作物对环境变化的抗逆能力。

3. 植素　植素是磷的特殊贮藏形态，主要集中在种子中，种子中磷 80% 以植素存在，植素的形成有利于淀粉合成，但在后期磷供应过多，导致淀粉的合成逆向发展。

4. 含磷的生物活性物质　腺苷三磷酸（ATP）、乌苷三磷酸（GTP）、脲苷三磷酸（UTP）、胞苷三磷酸（CTP），它们在物质新陈代谢过程中起着重要的作用，尤其是 ATP。磷还存在于许多酶中，如辅酶 I（NAD）、辅酶 II（NAPT）、辅酶 A

（HS－CoA）、黄素酶（FAD）等。

（二）磷能加强光合作用和碳水化合物的合成与运转

虽然碳水化合物本身不含磷，但它的合成及运输却需要磷参加，光合作用一开始就需要磷参加，另一重要作用是光合磷酸化（变成ATP），磷还能促进碳水化合物在体内的运输。棉花施用磷肥能显著增加 CO_2 同化率，促进光合作用。

（三）促进氮素代谢

磷是作物体内氮素代谢过程中一些重要酶的组分，如氨基转移酶、硝酸还原酶。硝酸还原酶含有磷，磷能促进植物更多地利用硝态氮，磷也是生物固氮所必需的。氮素代谢过程中，无论是能源还是氨的受体都与磷有关，能量来自ATP，氨的受体来自与磷有关的呼吸作用，因此，缺磷将使氮素代谢明显受阻。磷还能提高豆科作物根瘤的固氮活性（以磷增氮），有关资料显示，单位面积的磷吸收量多，氮也多，施磷能促进棉花对氮的吸收。

（四）影响棉花生长

缺磷根茎干重、根长度均下降，尤其叶面积下降最多，对叶片生长有明显的抑制作用。缺磷叶片水势下降，水分传导力降低，蒸腾率减少。磷对叶片细胞壁伸展产生直接影响，使细胞壁弹性减小，生长减慢。在棉花生育前期，磷能促进根系发育、幼苗生长及氮素代谢；在生育中期，磷能促进棉花由营养生长向生殖生长的转变，使之早现蕾、早开花；在生育后期，磷能促进棉子的成熟，提高棉子含油量，增加铃重，提早吐絮，提高产量。

（五）提高作物对外界环境的适应性

磷能提高作物的抗旱、抗寒、抗病等能力。磷能提高细胞结构的水化度和胶体束缚水的能力，减少细胞水分的损失，并增加原生质的黏性和弹性，提高了原生质对局部脱水的抵抗能力，根系利用深层水分等（抗旱）。磷能提高体内可溶性糖和磷脂的含量，可溶性糖能使细胞原生质的冰点降低，磷脂则能增强细胞对温度变化的适应性，从而增强作物的抗寒能力。越冬作物增施磷肥，可减轻冻害，安全越冬。

磷能促进各种合成过程，在低温下仍能进行，增加体内可溶性糖类、磷脂等浓度，提高了细胞液浓度，增加了作物抗寒性。磷能提高作物对外界 pH 变化的适应能力，盐碱地上施用磷肥可提高作物抗盐碱能力。

三、棉花对磷的吸收

植物根摄取的磷主要是通过根毛区吸收的，一般认为磷的主动吸收过程是以液泡膜上 $H^+ - ATP$ 酶的 H^+ 为驱动力，借助于质子化的磷酸根载体而实现的，即属于 H^+ 与 H_2PO_4 共运方式。进一步的试验证明，根的表皮细胞是植物积累磷酸盐的主要场所，并通过共质体途径进入木质部导管，然后运往植物地上部。

作物通过根系和叶部吸收无机磷和有机磷，有机磷主要是己糖磷酸酯、蔗糖磷酸酯、核糖核酸等，吸收量较少。作物主要吸收以 $H_2PO_4^-$ 或 HPO_4^{2-} 形态的离子，大多数作物吸收 $H_2PO_4^-$ 的速度比吸收 HPO_4^{2-} 的速度快，一般情况下前者比后者高 10 倍，土壤中 $H_2PO_4^-$ 和 HPO_4^{2-} 的比例与土壤溶液的 pH 有关。二种离子在 pH5～9 的条件下都能存在而且可以互相转化，pH 为 7.2 时两种离子的浓度大约相等，pH<7.2 时 HPO_4^{2-} 的浓度随 pH 降低而增加，有利于作物对 $H_2PO_4^-$ 的吸收，北方土壤 pH> 7.2 为碱性时，HPO_4^{2-} 的浓度增加有利于作物的吸收。

影响磷素吸收的土壤因素主要有：pH、通气、温度、质地、土壤离子种类等。

$$pH=7.2 时，H_2PO_4^- = HPO_4^{2-}$$
$$pH>7.2 时，H_2PO_4^- < HPO_4^{2-}$$
$$pH<7.2 时，H_2PO_4^- > HPO_4^{2-}$$

因此在 pH5.5～7.0 之间，磷素有效性最高。因为作物吸收磷素是主动吸收，需要消耗能量，在土壤通气和温度适宜条件下，有利于作物对磷的吸收。由于磷在土壤中的扩散系数很小，移动性小，植物仅能吸收距根表面 1～4mm 根际土壤中的磷，黏质土壤只有 1mm 左右仅相当于根毛的长度，由此可见，土壤质地和根系伸展对有效利用磷也有重要意义。植物能利用的磷主要是土壤中的无机磷。虽然植物可吸收少量有机态磷，但通常有机磷必须转化为无机磷后才能被大量吸收。因此，土壤中磷的形态直接影响着土壤供磷状况及植物对磷的吸收。温度升高有利于磷的吸收，增加水分也有利于土壤溶液中磷的扩散，因此能提高磷的有效性。

作物在整个生育期中都可以吸收磷，但以生长早期吸收的最快，此时作物需磷也多，当作物干物重达到占生育期 25％时，磷的吸收已达到整个生育期吸收总量的 50％。

磷在植物体内可以移动，常常从老叶片流向新叶片，以满足生长快速器官对磷的需求，因此土壤缺磷症状首先表现在老叶上。到作物成熟时大量磷转移到种子中，种子的含磷量可占全部吸磷量的 71％～83％。

四、棉花体内磷的同化与输送

棉花吸收磷酸盐以后，少数仍以离子状态存在于棉花体内，多数被同化为有机磷化合物。磷通过光合水平磷酸化、氧化磷酸化以及底物水平磷酸化进入 ATP，然后就可以进入多种物质，如磷脂、蔗糖磷酸盐、核苷酸等。在木质部导管中的磷大部分是无机态磷酸盐，有机态的磷极少，韧皮部中的磷则兼有有机态和无机态磷两类。无机态磷在植物体内移动性大，可以直接向上或向下移动，有时运往地上部的磷约一半以上可通过韧皮部再运往植物的其他部分，特别是正在生长的器官。

土壤中的磷的含量相对较低，分布变异也较大，由于土壤中有大量的钙、铁、铝化合物的存在，土壤中磷的活性很低，所以土壤缺磷已成为一些地区作物高产的限制因子。在植物体中磷多分布在含核蛋白较多的新芽和根尖的生长点中，磷的再利用比其他营养元素高。在低磷胁迫条件下，地上部有更多的磷运向根系，同时还伴有光合产物向根系运输量的增加和根冠比的增大。低磷时，植物地上部受到抑制，有部分磷会很快从老叶转运到新叶和根系，以保证它们的生长。根系所吸收的磷酸盐可通过共质体途径主动分泌进入木质部导管，然后运往地上部。在木质部汁液中，磷几乎全部以正磷酸盐的形态存在。

　　植物体中磷的分布明显受供磷水平的影响。当植株缺磷时，根保留其所吸收的大部分磷，地上部发育所需的磷主要靠茎叶中磷的再利用；供磷适宜的植株内，根只保留其所吸收磷的一小部分，大部分磷则运往地上部，在生殖器官发育时，茎叶中的大部分磷可再利用；供磷水平高时，根吸收的磷大部分在茎叶中积累，直到植株衰老时，大部分磷仍保留在茎叶中。

五、磷与其他养分的相互作用

　　磷是作物高产所必需的营养元素之一，但是大量施用磷肥，导致土壤养分失衡、植物生理病害严重。研究表明：NH_4^+、K^+、Mg^{2+}等离子与磷有协助关系，能促进作物对磷的吸收，NO_3^-、Cl^-、OH^-等离子则降低作物对磷的吸收，和磷存在拮抗关系。磷与氮在植物的吸收和利用方面相互影响，施用氮肥能促进磷的吸收。

　　磷过多还会阻碍植物对硅的吸收，易招致水稻感病。水溶性磷酸盐还可与土壤中的锌结合，减少锌的有效性，故磷过多易引起缺锌病。关于磷用量对植物中微量元素的影响结果如下：

　　磷肥用量过高时，植物对钙的吸收和利用受阻。烟草植株过量吸收磷酸根后抑制了钙在烟株体内的转化运输和再利用，从而加剧了烟草植株缺钙。还有学者认为，磷与土壤溶液中的钙易形成溶解度较低的磷酸盐，从而影响钙的有效性。

　　黄德明等的研究表明，随着施磷量的增加，小麦植株地上部铁含量显著上升，根中的铁含量先下降后上升。增施磷肥使大量的铁在啤酒大麦根部沉淀下来，减弱了铁的移动性和代谢机能，从而使叶中铁含量有所降低。

关于植物的锌磷关系，研究者曾提出过许多机理和假说，其中一种机理是：根际磷锌之间发生反应，使锌从根部到地上部的运输减缓，诱发叶片内 P/Zn 失调。另有研究指出，当增加介质供磷水平时，植株根部积累的磷可能与锌结合成不溶性的磷酸盐沉淀，从而抑制了锌向地上部转运，使得地上部磷的含量急剧上升，造成叶片内 P/Zn 比例失调。

六、棉花磷素丰缺诊断

由于磷是许多重要化合物的组分，并广泛参与各种重要的代谢活动，因此缺磷的症状相当复杂。缺磷对植物光合作用、呼吸作用及生物合成过程都有影响，对代谢的影响必然会反应在生长上。从另一个角度来看，供磷不足时，RNA 合成降低，并波及到蛋白质的合成。缺磷使细胞分裂迟缓，新细胞难以形成，同时也影响细胞伸长，这明显影响植物的营养生长。

棉花出苗后 10～25d 及开花结铃期是磷的营养临界期，幼苗期间温度较低，土壤中有效磷含量亦较低，这时根系吸收磷的能力比较弱，若磷素供应不足，会影响后期的生长发育而明显减产。开花后的 60d 需要相应数量的磷，适量磷素营养是棉铃发育的重要条件，磷素供应充足，有减少蕾、铃脱落的效果。

棉花幼苗 2～3 片真叶前后对磷素表现敏感，对磷的吸收高峰在开花盛期，缺素症状易发生于出苗后 10～25d 和花铃期。幼苗缺磷时，其株高比正常的棉株明显矮小，叶片较小，叶色暗绿，这是由于缺磷的细胞其伸长受影响的程度超过叶绿素所受的影响，因而，缺磷棉株的单位叶面积中叶绿素含量反而较高，但其光合作用的效率却很低，表现为结铃状况很差。如果不是十分严重，在 5～6 片真叶后缓慢表现症状，缺磷棉株生长慢且矮小，茎秆纤细且脆，叶片暗绿或灰绿，缺少光泽，叶片变小，蕾、铃易脱落。缺磷较严重时，导致植株生长发育迟缓，且叶片较小，植株茎秆细、脆弱，根系生长量降低，从叶尖沿叶缘发生灰色干枯，且带紫色，茎也变紫。上部叶小、黄绿、叶薄，落铃多、产量低。现蕾、开花、吐絮推迟，棉铃开裂，籽脂低、成铃少、产量低、品质差。

在缺磷环境中，植物自身有一定的调节能力，如植物根系形态发生变化，表现为根和根毛的长度增加，根的半径减小，而每单位重量根的长度增加。这样可使植物在缺磷的土壤中吸收到较多的磷。根的半径减小可使根所吸收的磷更快地运输到达导管。此外，在缺磷的情况下，某些植物还能分泌有机酸，使根际土壤酸化，从而提高土壤磷的有效性，使植物能吸收到更多的磷。不同基因型植物的自身调节能力不同，因而对磷的利用效率也有差异，根的形态是一个重要因素。缺磷时，光合产物运到根系的比例增加，引起根的相对生长速度加快，根/冠比增加，从而提高根对磷的吸收和利用。

供磷过多，棉株呼吸作用加强，消耗大量糖分和能量，对植株生长产生不良影响。叶片肥厚而密集，叶色浓绿，植株矮小，节间过短，出现生长明显受抑制的症状。繁殖器官常因磷肥过量而加速成熟进程，并由此而导致营养体小，茎叶生长受抑制，降低产量。地上部与根系生长比例失调，在地上部生长受抑制的同时，根系非常发达，根量极多而粗短。施用磷肥过多会降低钙、锌、硼的有效性，还会诱发缺铁、锌、镁等养分。

诊断方法如下：

1. 形态诊断　棉花缺磷形态诊断如前描述，但要注意与苗期缺氮症状区别，苗期供氮不足植株细长，分枝少，下位叶黄化。同时，还要与棉花酸害区别，南方不少棉区主要分布在新垦红壤地区，土壤酸性不利于棉苗生长，导致棉花植株僵化，但酸害的植株叶片常黄化，茎秆细弱但不成紫红色。

2. 土壤化学诊断　$0.5mol/LNaHCO_3$ 浸提的土壤速效磷<

15mg/kg 为缺乏。

3. 植株化学诊断

（1）速效诊断　通常测定叶柄速效磷含量进行诊断。当苗期棉株叶柄速效磷含量在 100mg/kg 时表示正常，小于 50mg/kg 表示缺磷；花铃期棉株叶柄有效磷含量达 100mg/kg 时表示正常，小于 50mg/kg 表示磷缺乏，高于 300mg/kg 表示磷供应丰富。

（2）全磷量分析　不同生育期磷的临界值不同，现蕾期功能叶全磷含量低于 2.8g/kg（干重）为缺乏，大于 3.0g/kg（干重）为正常。

4. 幼苗值诊断法
棉株在生长前期对土壤中磷的供应状况很敏感，可根据棉苗生长情况和颜色变化来判断土壤的供磷状况。严重缺磷的土壤棉花幼苗值（幼苗值＝不施磷肥的每盆平均鲜重/施磷肥的每盆平均鲜重×100）小于 30，叶片小，叶色暗绿，茎和叶柄呈紫色，缺磷症状在子叶期开始出现；中度缺磷土壤，幼苗值在 30～50 之间，叶片小，叶色稍有区别，缺磷症状在第一片真叶后开始出现；轻度缺磷土壤，幼苗值在 50～80 之间，叶片基部一致，在第二片真叶展开后开始表现差异；不缺磷土壤，幼苗值在 80 以上。

第二节　土壤中的磷

一、土壤中磷的含量与形态

土壤是作物磷素营养的主要来源，土壤中的磷素包括有机和无机两种形态，主要是磷酸钙（镁）盐、磷酸铁、铝盐。大部分有机磷对作物是有效的，但大部分无机磷酸盐在水中的溶解度很低，作物难以吸收。进入土壤的各种磷酸盐，都非常迅速地与土壤中的钙、铁、铝等离子作用，形成难溶性的磷酸盐沉淀，或吸附在土壤胶体上，并逐渐转化为难溶性磷酸盐。土壤 pH 和氧化还原状况是影响磷酸盐有效性的主要因素。

土壤中的磷来自于成土矿物、有机物质和所施用的肥料，土壤全磷量是指土壤中各种形态磷素的总和。我国土壤全磷的含量（用 g/kg 表示）从第二次全国各地土壤普查资料来看，大致在 0.44～0.85g/kg 范围内，最高可达 1.8g/kg，低的只有 0.17g/kg。一般说来有机质含量高、熟化程度高、质地黏重的土壤，全磷含量都比较高。土壤磷素含量不仅有明显的地带性分布，而且也呈现出规律性的局部变化。从南往北，由东向西，我国土壤中的全磷含量逐渐增加；离城镇村庄越远，土壤含磷量越低。南方酸性土壤全磷含量一般低于 0.56g/kg，北方石灰性土壤全磷含量则较高。

土壤全磷含量的高低，受土壤母质、成土作用和耕作施肥的影响很大。一般而言，基性火成岩的风化母质含磷多于酸性火成岩的风化母质。我国黄土母质全磷含量比较高，一般在 0.57～0.70g/kg 之间。另外，土壤中磷的含量与土壤质地和有机质含量也有关系。黏值土含磷多于砂性土，有机质丰富的土壤含磷亦较多。磷在土壤剖面中的分布，耕作层含磷量一般高于底土层。

土壤中磷可以分为有机磷和无机磷两大类。矿质土壤以无机磷为主，有机磷约占全磷的 20%～50%，主要是植酸盐、磷脂和核酸。土壤有机磷是一个很复杂的问题，许多组成和结构还不清楚，大部分有机磷以高分子形态存在，有效性不高，这一直是土壤学中一个重要的研究课题。土壤中无机磷以吸附态和钙、铁、铝等的磷酸盐为主，土壤中无机磷存在的形态受 pH 的影响很大。石灰性土壤中以磷酸钙盐为主，酸性土壤中则以磷酸铝和磷酸铁占优势。中性土壤中磷酸钙、磷酸铝和磷酸铁的比例大致为 1:1:1。酸性土壤特别是酸性红壤中，由于大量游离氧化铁存在，很大一部分磷酸铁被氧化铁薄膜包裹成为闭蓄态磷，磷的有效性大大降低。另外，石灰性土壤中游离碳酸钙的含量对磷的有效性影响也很大，例如磷酸一钙、磷酸二钙、磷酸三钙等随着钙与磷的比例增加，其溶解度和有效性逐渐降低。因此，进行土壤磷的研究时，除对全磷和有效磷测定外，很有必要对不同形态磷进行分离测定，磷的分级方法就是用来分离和测定不同形态磷的。

大量资料的统计结果表明，我国不同地带的气候区的土壤其速效磷含量与全磷含量呈正相关的趋势。在全磷含量很低的情况下（0.17～0.44g/kg 以下），土壤中有效磷的供应也常感不足，但是全磷含量较高的土壤，却不一定说明它已有足够的有效磷供应当季作物生长的需要，因为土壤中磷大部分成难溶性化合物存在。例如我国大面积发育于黄土性母质的石灰性土壤，全磷含量均在 0.57～0.79g/kg 之间，高的在 0.87g/kg 以上，但由于土壤中大量游离碳酸钙的存在，大部分磷成为难溶性的磷酸钙盐，能被作物吸收利用的有效磷含量很低，施用磷肥有明显的增产效果。因此，从作物营养和施肥的角度看，除全磷分析外，特别要测定土壤中有效含量，这样才能比较全面地说明土壤磷素肥力的供应状况。

二、土壤中磷的转化

土壤中磷的转化包括磷的固定和磷的释放两个方向相反的过程，前者是指水溶性磷在化学、物理化学和生物化学作用下被固定，即磷的有效性降低；后者是指土壤中难溶性磷的释放，即磷的有效性提高，实际上是有效磷无效化与无效磷有效化的过程，二者总处于动态平衡之中。土壤微生物在某些转化过程中起着重要作用。许多常见的微生物，能溶解已知存在于土壤中的难溶性无机磷，微生物的溶磷作用是通过酸化其生长环境，产生螯合或交换过程来实现的。在对溶磷微生物的研究中发现，某些土壤中，溶磷微生物占整个微生物群的比例高达 85%，旱地土壤占 27.1%～82.1%，其中以细菌所占比例最大。植物根系分泌物在土壤磷的转化中也有重要作用，根系所分泌的低分子有机酸、氢离子，可以酸化根际土壤从而溶解部分难溶性无机磷。也就是说，土壤耕作将会促进有机磷的矿化作用。肥料种类（化肥、粪肥）和作物轮作，对表层（0～30cm）土壤有机磷与无机磷之间的转化也有影响（图5-1）。

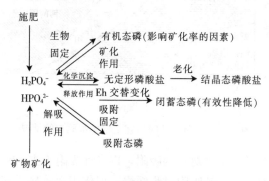

图5-1 土壤中磷的转化示意图

1. 磷的固定 大多数土壤都具有很强的固定磷的能力，其过程十分复杂，主要有4个机制：化学固定、吸附固定、闭蓄固定和生物固定，主要是化学和吸附固定。不同的土壤，有不同的固磷机制。

（1）化学固定 是指由于化学反应产生磷酸盐沉淀。一般二价以上的金属离子与磷酸根形成的化合物，其溶解度都很低。在其转化过程中，生成物的浓度积常数（pK值）相继增大，溶解度变小，使其在土壤中趋于稳定，磷肥的有效性降低。磷肥施入土壤后的沉淀反应，因土壤性质不同，大致可分为两类：酸性土壤中，铁、铝含量较高，磷与铁、铝作用形成磷酸铁（Fe-P）和磷酸铝（Al-P）的转化体系；在石灰性土壤中，碳酸钙含量较高，主要形成磷酸钙（Ca-P）的转化体系（图5-2）。

（2）吸附固定 吸附是指土壤固相上磷酸离子的浓度高于溶液中磷酸离子的浓度。吸附不是完全可逆的，其中只有部分磷可以重新被解吸而进入溶液中，通常称为交换态磷，所以吸附态磷

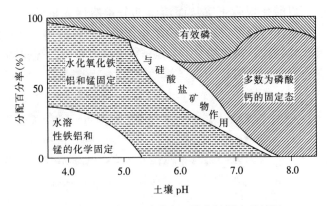

图 5-2　不同 pH 时磷在土壤中被固定的情况

包括交换态磷。土壤对磷的吸附，以专性吸附为主。专性吸附为配位基团的吸附，其吸附过程缓慢，但作用力较强，随着时间的推移磷酸盐逐步"老化"，使磷的有效性降低。专性吸附多发生在铁、铝含量高的酸性土壤中，酸性土壤由于溶液中 H^+ 的离子浓度高，黏粒矿物表面的 OH^- 被质子化，形成 OH_2^-，吸附活性强，从而被固定。酸性土壤中大量的铁、铝氧化物或水化氧化物，可以吸附磷酸根，并逐渐转化为各种难溶的磷酸盐，土壤胶体上吸附的铁、铝离子也可起类似的反应。黏粒矿物表面的 $Fe-OH$ 与 $H_2PO_4^-$ 发生反应，一个 $Fe-OH$ 与 $H_2PO_4^-$ 反应，称为单齿配位。两个 $Fe-OH$ 均与 $H_2PO_4^-$ 发生反应，称为双核配位。石灰性土壤存在大量碳酸钙，磷酸根可以吸附在碳酸钙的表面而被固定下来。土壤胶体上吸附的 Ca^{2+} 也可以起类似的作用，磷酸钙的颗粒越细，表面积越大，则吸附量越多，这种吸附也是一种配位基团的交换。

（3）闭蓄固定　当磷酸盐的表面形成不溶性的铁、铝质或钙质胶膜时，磷酸盐的有效性很低。在强酸性旱地土壤，由铁、铝质胶膜所形成的闭蓄态磷占无机磷的比例较高，只有将旱地改为水田时，由于 Fe^{3+} 被还原为 Fe^{2+}，胶膜被破坏，磷的有效性才提高。

（4）生物固定　当土壤中有机态磷不足，或 C/P 值大时，磷肥施入土壤后，发生肥料磷的生物固定，合成有机态磷，使磷肥的有效性降低，导致土壤微生物与作物竞争磷素。微生物在分解碳磷比（C/P）高于 200～300 时，需要吸收利用土壤中的有效磷，从而降低土壤有效磷含量。据现有资料，已鉴定的土壤中有机态磷包括磷脂、核酸、肌醇磷酸盐、多聚有机磷酸盐、磷酸糖等，其相对含量为：肌醇磷酸盐＞多聚有机磷酸盐＞核酸态磷＞磷脂态磷＞磷酸糖。但是微生物死亡后，所吸收的磷又将转化为土壤有效磷。所以磷的生物固定不是严格的固定，反而可减少或延缓磷的化学和吸附固定，从而提高磷的利用效率。

2. 磷的释放　磷的释放是多种因子综合作用的结果，主要与土壤 pH 的变化、氧化还原条件、有机物质的分解等因素有关。

一般说来，酸性土壤 pH 升高，碱性土壤 pH 降低，都可提高磷的有效性。还原条件下 Fe^{3+} 转化 Fe^{2+}，也使磷的有效性提高，尤其可以提高闭蓄态磷的有效性。

有机物质的分解产生的有机酸，不仅降低土壤 pH，促进磷酸盐的溶解，同时有机酸能够与铁、铝、钙等结合，一方面减少磷的固定，另一方面释放出被铁、铝、钙所固定的磷。作物根系分泌的有机酸也起类似的作用，微生物和作物的呼吸作用产生的 CO_2，也可降低土壤的 pH，从而提高磷的有效性。

在土壤磷素转化中，微生物一方面吸收土壤无机磷并同化为有机磷，进行磷的生物固定，另一方面也进行着有机磷化合物的生物分解。前一过程相当快，因为在某些土壤中，微生物对磷的需要量相当或大于高等植物。土壤中细菌、放线菌、真菌及原生动物都能水解有机磷化合物。

土壤中肥料磷的生物化学转化是在磷酸酶作用下进行的，因为磷酸酶能促进有机化合物的水解。土壤中磷酸酶是植物根系与土壤微生物的分泌物，它包括核酸酶类、甘油磷酸酶类和植素磷酸酶类，其活性强弱与土壤 pH 有密切关系。根据对 pH 的适应性不同，磷酸酶可分为酸性磷酸酶、中性磷酸酶和碱性磷酸酶。不同土壤中有不同的磷酸酶，酸性土壤中以酸性磷酸酶为主；石灰性土壤因含有大量碳酸钙，土壤呈碱性反应，土壤中以碱性和中性磷酸酶为主。土壤中磷酸酶的活性受土壤条件的影响，土壤中黏土矿物类型与含量、温度、水分和通气状况等均影响到磷酸酶的活性。由于黏粒对酶有吸附作用，因而黏粒含量与磷酸酶活性呈负相关；土壤风干后，磷酸酶活性减弱。磷酸酶的最适温度为 45~60℃。一般来说，土壤中有机磷量与磷酸酶活性呈正相关，因为磷酸酶能靠酶促反应使脂—磷酸键裂解。土壤中无机磷含量高，不但抑制磷酸酶活性，同时，也影响根系合成磷酸酶。

施入土壤中的磷素通过吸附作用为土壤所固定，再由土壤微生物等作用得以分解和转化，这 2 个过程构成磷素在土壤中的循环。土壤磷的循环基本是封闭的，但有农作物参与的磷素循环是开放的，肥料施入土壤后分成两部分，大部分因土壤的固定作用而积累起来，另一小部分存在于土壤溶液中，当可溶性磷因作物吸收或因雨水淋溶而损失后，可由土壤中的化学平衡及土壤微生物的溶解和矿化作用而迅速得到补充。因而，土壤磷素循环在研究径流磷流失的机理中十分重要，并为预测土壤磷流失的潜在可能性及控制其流失提供理论依据。

三、土壤中磷的迁移

磷素的迁移转化过程是一个十分复杂的过程。流域非点源，尤其是营养盐，不仅造成资源的流失，而且对水体环境构成严重威胁。

地表径流流失的磷从形态上分为颗粒态磷（PP）和溶解态磷（DP）。一般认为，颗粒态磷主要因降雨冲刷产生，但也有研究发现存在另一种机制，即生物贡献机制（Biological contribution mechanism)，进入水体的大部分颗粒态磷产生于田间沟渠中的生物体。磷素的地表迁移是一个十分复杂的过程，它受降雨过程（降雨类型、降雨强度及持续时间）、下垫面因素（土壤类型、土壤理化性质等）、农作措施和地质水文条件等的综合影响。

关于磷的地表流失，研究内容大多侧重于径流中磷与土壤磷水平、土壤类型、地形特征和耕作方式等因子之间的相互关系。在降雨过程中，黏土和有机胶体等含磷量较高的细粒部分更易被剥离和搬运，从而导致径流中的磷含量高于被侵蚀土壤中的含磷量，即磷富集现象。磷素富集比率（ER）为悬浮沉积物（SS）中磷素含量与土壤磷素含量之比。

耕作方式对径流磷的流失形态及流失量也有影响。传统的耕作方式，长期犁耕，极易造成土壤磷迁移。水土保持耕作方法与常规耕作方法相比，地表径流中总磷的含量显著减少，溶解态磷数量可超过颗粒态磷。对我国的多水塘系统磷流失规律研究表明，在多水塘条件下，磷流失总量明显减少，磷流失以溶解态为主。

磷的流失与施肥强度、施肥方式和施肥时间及地点也有关系。一般来说，磷肥施得越多，流失可能性就越大，从径流流失的磷约占施肥总量的5％。如果磷肥的施用正好遇上降雨，则径流中各种形态磷的流失均远高于施肥一段时间后才发生降雨的径流流失。磷流失的形态有季节性的差异，少雨的秋冬季流失以溶解活性磷为主，而在多雨季节却以颗粒态磷通过地表径流流失。

土壤中磷素的地下流失，可以是通过土壤基质流的地下淋溶渗滤，也可通过土壤优先到达地下水系统，从而造成流失。影响磷素地下流失的因素主要有：土壤结构、土壤水分含量、溶质的施加速率及施加方式等。一般认为，磷素流失（尤其是农业系统内）的地下流失很少，因为深层土壤往往缺磷。

土壤结构对磷素的地下流失有很大的影响，在结构粗糙的土壤底层，浸提剂（重碳酸盐）提取的磷，其浓度冬天最小，夏天最大，原因是土壤孔隙因干化变大，易发生地下渗透造成，而在结构良好的土壤，在多雨的夏季，饱和水土壤呈还原状态，影响磷的解吸。

溶质的施加情况同样影响着磷素的地下流失。农业流域内，污水灌溉、农田施加过量的磷肥或者养殖场养殖过量猪、牛、羊等畜禽，均会促使磷素的地下渗滤。如果磷素通过地下流失增强，则地表径流流失的磷素就相应减少。

近年来研究发现，当灌溉或降雨时，有相当数量的水分迅速通过土壤大孔隙迁移，到达深层土壤甚至地下水，这种现象称为优先流现象。土壤优先流是一种由土壤大孔隙传导的非平衡管道流，土壤水分和溶质绕过土壤基质，只通过少部分土壤体向下快速运移。不同土壤发生优先流的程度不同，结构发育好的土壤更容易形成优先流，风沙土和砂壤土初始含水量越高，优先流现象越明显。扰动土壤的容重减少了，总的孔隙度增加了，从而影响了优势流路径，因此，采用免耕或浅耕技术，能够有效防止磷素的地下流失。研究表明，磷在地下渗滤过程中浓度递减，土壤对磷有吸附作用，越是到深层土壤，基质流中磷的浓度就越低。不同类型的土壤，磷的主要流失形态有差异，当土壤有机质含量较高时，流失的磷以有机磷为主，施加畜禽粪肥的土壤，发生地下渗滤的磷主要是有机磷。而砂质土壤施用化肥后，地下流失的磷素以无机磷为主。

目前，对流域内磷素的迁移转化机理研究，仅限于土壤及径流或田间小范围内，在流域尺度内的磷素水文动力过程尚不十分清楚，但是可以肯定的是，河流中 TP 和溶解活性磷与降雨冲刷侵蚀、土壤磷含量、磷在河道沉积物中的吸附有关，并受一系列因素的综合影响。

第三节　磷与棉花品质的关系

磷是三大基本元素之一，对棉花的生长发育和品质有至关重要的作用。磷参与植物体内各种代谢作用，促进碳水化合物的代谢和蛋白质的合成，还能促进呼吸作用和能量代谢。缺磷时影响蔗糖在体内的运输和生物膜的通透性，同时叶面积较小，叶绿素含量较低，影响 CO_2 的同化和 ATP 的合成，从而减弱光合作用，导致棉花生长发育受阻，影响棉花产量和品质。磷肥可增加皮棉产量、单株铃数、结铃率、百铃皮棉重及棉纤维长度。缺磷土壤施用磷肥，可促进棉花对氮、钾养分的吸收，棉株地上部含磷量与氮、钾含量呈及显著正相关。磷可促进棉花的出叶速率，增加叶面积，提高叶片中 ATP 含量。缺磷棉花植株上下位叶存在明显的磷浓度梯度，可作为棉花缺磷诊断的参考。

据有关实验验证，棉花见花后 30d 内，磷对纤维强度和断裂长度起决定性作用。此时是纤维伸长期，正是碳水化合物从需要较少逐渐转到需要较多并达到高峰的时期。营养液供磷不足，光合产物减少，由此引起纤维伸长变短，次生壁加厚不均匀，沉淀物少而变薄，纤维结构松散，断裂长度下降。在见花后 30～45d 磷虽然对品质没有影响，但对产量的影响仍较大，减产较严重，这说明磷对产量的影响先于对品质的影响。

在田间条件下，适当施磷促进棉花早熟，提高霜前花率，因而间接地提高了纤维品质。施磷能显著增加棉花根系干物重，加快棉花生产进程。试验还表明，在其他养分充分供应的前提下，增施磷肥，棉花结铃率有一定程度的提高，单株棉铃数和百铃皮棉重相应增加，纤维长度也有所增长，品质得到了改善。然而，磷肥对棉花的衣分影响不大。D. A. Walker 曾指出，植物叶绿体膜上存在着所谓的"磷酸转运器"，而叶绿体中的光合产物蔗糖则是通过"转运器"与细胞质中的无机磷进行对等交换，故而施用磷肥能促进植株体内糖分向"库"运输。同时磷能促进细胞分裂素的合成，抑制乙烯的形成，从而减少了棉花蕾铃脱落，提高产量。Longstreth 曾指出，陆地棉在缺磷时，对 CO_2 吸收和同化作用下降，是由于叶内细胞单位面积的 CO_2 传导性能降低所致。

第四节　磷的有效施用

磷对人、动物、植物都是必需营养元素，它在农业上的重要性并不亚于氮，在缺磷的土壤上，磷素常常成为作物生长的限制因子，必须施用磷肥进行调节。我国的磷肥工业起步较晚，20世纪50年代在南京和太原兴建了两个大型磷肥厂，主要生产过磷酸钙；60年代初，开始发展钙镁磷肥；80年代以来，磷酸铵和硝酸磷肥相继投产，使磷肥工业开始向高浓度、复合化方向发展。但由于我国磷矿资源多为中、低品位，生产高浓度磷肥有一定难度。从我国实际情况出发，磷肥工业的发展必然是多层次、多规格、多品种。

磷酸是现代磷肥工业的基础，主要用做高浓度磷肥与复合磷肥的原料，作为磷肥工业的原料是指正磷酸或聚磷酸—水体系。生产正磷酸有热法和湿法两种，热法生产磷酸是利用元素磷在空气中氧化成磷酐，经吸水后获得。湿法生产磷酸，先用酸分解磷矿粉，再将生成的磷酸与相应生成的钙盐分开。生产磷肥主要有热法与酸法两种工艺流程。热法生产是利用高温分解磷灰石的结构，并加入配料，使磷生成为可被植物吸收的磷酸盐。酸法生产是用硫酸、硝酸或盐酸分解磷矿粉中磷灰石结构，并把其中的钙盐分离出来，使磷转化为可溶性磷酸盐。此外，将磷矿石经机械粉碎所生产的磷矿粉，也可直接用作磷肥。

一、常用磷肥品种及其性质

根据磷肥的溶解性质大体上可将其分为水溶性、枸溶性（弱酸溶性）、难溶性三大类。具体如下：

（1）水溶性磷肥　主要有普通过磷酸钙、重过磷酸钙和磷酸铵（磷酸一铵、磷酸二铵）。水溶性磷肥适合于各种土壤、各种作物，但最好用于中性和石灰性土壤。其中磷酸铵是氮磷二元复合肥料，且磷含量高，为氮的 3～4 倍，在施用时，除豆科作物外，大多数作物直接施用必须配施氮肥，调整氮、磷比例，否则会造成浪费或由于氮磷施用比例不当引起减产。

水溶性磷肥施在南方酸性土和北方石灰性土壤中，磷肥的有效性减弱。其原因是水溶性磷肥施入酸性土后，与土壤中活性铁离子、铝离子起化学反应，形成大量的磷酸铁和磷酸铝沉淀，使原有磷酸根离子的化学活性降低，因而肥效不明显。水溶性磷肥施入石灰性土壤中，与土壤中存在的大量钙盐起作用，很快形成溶解度较小的含水磷酸二钙和无水磷酸二钙。无水磷酸二钙进一步转化为磷酸八钙，达到了磷的化学固定作用，所以肥效降低。

为了防止磷的化学固定，要尽量减少磷肥与土壤的接触面积，而增加磷肥与植物根系的接触。水溶性磷肥移动性小，大部分仅在施肥点周围 0.5cm 范围内移动，因此，最好采用根外追肥，将肥集中施在植物根系附近。施肥前把过磷酸钙配成 0.5%～1% 的溶液浸泡一昼夜，然后用细布滤去沉淀后即可使用，喷施方法与尿素相同。

（2）混溶性磷肥　指硝酸磷肥，也是一种氮磷二元复合肥料。混溶性磷肥最适宜在旱地施用，在水田和酸性土壤施用易引起脱氮损失。

（3）枸溶性磷肥　包括钙镁磷肥、磷酸氢钙、沉淀磷肥和钢渣磷肥等。枸溶性磷肥不溶于水，但在土壤中能被弱酸溶解，进而被作物吸收利用。而在石灰性碱性土壤中，与土壤中的钙结合，向难溶性磷酸方向转化，降低磷的有效性，因此，适用于在酸性土壤中施用。

（4）难溶性磷肥　如磷矿粉、骨粉和磷质海鸟粪等，只溶于强酸，不溶于水。难溶性磷肥施入土壤后，主要靠土壤的酸使它慢慢溶解，变成作物能利用的形态，肥效很慢，但后效很长。适用于酸性土壤，主要做基肥，施肥时要撒施均匀，以增加肥料与土壤的接触面积，这点与水溶性磷肥的集中施用方法是不同的。为了提高酸溶性磷肥的肥效，可与有机肥共同堆腐，或与生理酸性肥料混合施用，效果较好。

一般磷肥由磷矿石加工而成，主要含有的成分是有效磷养分，兼含其他钙、硫、镁等有效养分。生产量较大且较常用的磷肥品种有过磷酸钙、钙镁磷肥、重过磷酸钙等。磷肥和含磷的其他肥料的有效磷含量均以五氧化二磷（P_2O_5）形态计。

下面介绍几种主要磷肥的特性：

（1）过磷酸钙 又称普通过磷酸钙，简称普钙，是我国产量最大的化学磷肥。过磷酸钙由磷矿粉用硫酸处理制得，属酸制磷肥。主要成分是磷酸一钙 $[Ca(H_2PO_4)_2 \cdot H_2O]$，含有效磷（$P_2O_5$）12%～20%，还含有50%左右难溶性硫酸钙及少量游离磷酸和硫酸，因而有腐蚀性、吸湿性、结块性等缺点。产品灰白色粉末，也有灰白颗粒状的。过磷酸钙主要供给作物磷素，也供应硫素，对缺硫土壤和某些喜硫作物是有效的。土壤的 pH 是影响过磷酸钙有效性的主要因素，土壤 pH 在 6.5～7.5 时，磷酸一般以离子 HPO_4^{2-}、$H_2PO_4^-$ 存在，对作物最有效。适用于中性、弱碱性及盐碱地施用，酸性土壤先施用石灰中和土壤酸性后也可施用，过磷酸钙应储存在阴凉、干燥处。

无论施在酸性土壤或石灰性土壤上，过磷酸钙中的水溶性磷均易被固定，在土壤中移动性小。据报道，石灰性土壤中，磷的移动一般不超过 1～3cm，绝大部分集中在 0.5cm 范围内；中性和红壤性水稻土中，磷的扩散系数更小。因此，合理施用过磷酸钙的原则是：尽量减少它与土壤接触的面积，降低土壤固定；尽量施于根系附近，增加与根系接触的机会，促进根系对磷的吸收。

过磷酸钙可做基肥、种肥和追肥，均应适当集中施用和深施。追肥时，旱作可采用穴施和条施，水稻可采用塞秧根或蘸秧根的方法，即用过磷酸钙 4～75kg/hm² 与 2～3 倍的腐熟有机肥混合，用泥浆拌成糊状，栽时蘸根，随蘸随栽。做种肥时，可将磷肥集中施于播种沟或穴内，覆一层薄土，再播种覆土，一般用量 $75\sim150kg/hm^2$。

过磷酸钙与有机肥料混合施用是提高肥效的重要措施。可借助有机组分对土壤中氧化物的包被，减少对水溶性磷的化学固定；同时有机肥料在分解过程中产生的有机酸（如草酸、柠檬酸等）能与土壤中的钙、铁、铝等形成稳定的配合物，减少这些离子对磷的化学沉淀，提高磷的有效性。在强酸性土壤中，配合施用石灰也可提高过磷酸钙的有效性，但必须严禁石灰与过磷酸钙混合，施石灰数天后，再施过磷酸钙。

过磷酸钙做根外追肥，喷施前先将其浸泡于 10 倍水中，充分搅拌，澄清后取其清液，经适当稀释后喷施。喷施浓度一般为 $1\%\sim3\%$ 的浸出液，喷施量为 $750\sim1500kg/hm^2$。

（2）重过磷酸钙　重过磷酸钙是由硫酸处理磷矿粉制得磷酸，再用磷酸和磷矿粉作用制得，也是酸制磷肥。重过磷酸钙深灰色，颗粒状或粉状，主要成分为磷酸一钙 $[Ca(H_2PO_4)_2 \cdot H_2O]$，含有效磷 (P_2O_5) $40\%\sim52\%$，是普通过磷酸钙的 $2\sim3$ 倍，故称重过磷酸钙或三料过磷酸钙，简称重钙。它是一种高浓度的水溶性磷肥，不含石膏成分，适于远距离运输。含有 $4\%\sim8\%$ 的游离磷酸，腐蚀性和吸湿性比过磷酸钙强，易结块。重过磷酸钙不宜与碱性物质混合，以免降低磷的有效性。其他性能与过磷酸钙基本相同，由于它不含硫酸钙，对喜硫作物其肥效不如等磷量的过磷酸钙。

（3）钙镁磷肥　钙镁磷肥是磷矿石和适量的含镁硅矿石如蛇纹石或白云石等在高温下（1350℃）共熔，再经水淬骤冷，风干，磨细而成，是热制磷肥。钙镁磷肥也是我国目前主要磷肥，产量仅次于过磷酸钙。

钙镁磷肥为灰绿色或灰棕色粉末，碱性，pH8.0～8.5，不溶于水，能溶于弱酸，无腐蚀性，不吸湿，不结块。有效成分不会淋失。其包装、储藏、运输和施用方便。含枸溶性（弱酸溶性）有效磷（P_2O_5）12％～20％，它除供给作物磷素营养外，还可供给钙、镁、硅等养分，可提高作物的抗病虫和抗倒伏能力，最适合酸性土壤施用。中性、石灰性土壤也可施用，不过磷的有效性较差，但肥效长。钙镁磷肥宜作基肥，也可作追肥。

钙镁磷肥的枸溶性磷量与粒径有关，一般认为，粒径在40～100目之间，其枸溶性磷的含量和对水稻的增产效果随粒径变小而增高。在酸性土壤中，粒径大小对肥料中磷酸盐的溶解没有明显影响，而在石灰性土壤中，细度对肥料中磷的溶解有重要作用。不论是枸溶性磷或水溶性磷，其溶解度均随粒径变小而明显增加，粒径小于 100 目筛孔，柠檬酸溶性磷溶解也趋于平缓。因此，在不同类型的土壤上，应采用不同粒径的肥料：对缺磷的酸性土壤，肥料粒径小于 40 目；缺磷中性土壤，肥料粒径为 60目；石灰性土壤，肥料细度要求 80％能通过 80 目筛孔。

钙镁磷肥宜撒施做基肥，酸性土壤也做种肥或蘸秧根。做基肥，用量为 450～600kg/hm^2，提前施用，让其在土壤中尽量溶解，也可先与新鲜有机堆肥、沤肥或与生理酸性肥料配合施用，以促进肥料中磷的溶解，但不宜与铵态氮肥或腐熟的有机肥料混合，以免引起氨的挥发损失。做种肥或蘸秧根用量为 120～150kg/hm^2；做水稻秧苗肥，施量为 450～750kg/hm^2。

（4）磷矿粉　天然磷矿石磨成粉直接做磷肥施用的称为磷矿粉。它具有加工简单，可直接利用中、低品位磷矿石等特点。最早将磷矿粉直接用于农业的是法国，至今已有百余年历史。我国从 20 世纪 50 年代起推广磷矿粉的施用，已在生产上取得了明显的经济效益。由于我国大部分磷矿属中、低品位，其中 60％以上属硅钙质；同时，我国南方有大面积缺磷的酸性土壤。因此，在我国推广磷矿粉的使用有广阔的前景。

磷矿粉呈灰白粉状，主要成分为磷灰石，全磷（P_2O_5）含量一般为 10％～25％，枸溶性磷 1％～5％，其供磷特点是容量大、强度小、后效长，磷矿石中枸溶性磷占全磷量 15％以上，可做磷矿粉直接施用。磷矿粉直接施用的肥效受矿石的结晶状况、土壤类型、作物种类及使用技术等条件的制约。磷矿粉是一种迟效性磷肥，宜做基肥，均匀撒施后耕翻入土，尽量使肥料与土壤混匀，利用土壤酸度，促进磷矿粉的溶解。颗粒细，比表面积大，与土壤或根系接触的机会多，有利于肥料的溶解，但从经济效益考虑，磷矿粉的细度以 90％通过 100 目筛孔为宜。由于磷矿粉的后效长，连施几季后可停施几年。

二、磷肥的残效

磷肥施入土壤后，由于土壤对磷的固定作用和磷在土壤中的扩散系数小、移动慢等原因，使磷肥的当季利用率不高，一般在 5％～20％之间，未被利用的部分以不同形态残留于土壤中，并不断积累起来，可为后季作物吸收，表现出明显的残效。酸性土壤上磷肥的残效，早在 20 世纪 60 年代已明确，在水旱轮作中磷肥对后季水稻残效显著。近期的研究表明，在缺磷的石灰性土壤上水旱轮作中，磷肥的残效同样显著。这部分残留磷对后作的作用和利用情况及对有效磷库的影响是大家所关注的问题，如大量残留于土壤中磷的后效作用大小、对土壤速效磷含量的影响。针对上述问题，对不同施磷量的残效作了长期的定位观测研究，为合理经济施用磷肥，充分发挥磷肥的增产潜力和经济效益提供科学依据。

1980—1992 年林继雄等连续进行 12 年的磷肥后效与利用率的定位试验，得出了一次性施 P_2O_5 24～28 kg/亩，后效至少保持 12 年，其累计增产是首季肥效 11 倍以上；时正元等在红壤和潮土上作了土壤积累态磷的研究，得出在土壤磷不断积累的条件下，有效磷低的土壤随着土壤有效磷的提高，磷肥利用率可不断提高；田忠孝等进行了 4 年的磷肥残效定位试验，得出年定量磷肥以不同的方式施入土壤后，不仅对当季作物有明显的增产效果，而且对后作也表现出较大的残效，在连续施磷的情况下，残效可以叠加，从而显著提高了磷肥的当季利用率和累计利用率；李寿堂等作了红壤、水稻土和潮土对磷的固定特征及磷释放量的研究，得出红壤对磷的固定高于水稻土和潮土，而水稻土磷的释放量大于红壤和潮土。

许多研究认为磷肥的当季利用率为 $10\%\sim25\%$，后续利用率很低，事实上固定于土壤中的磷在以后相当长的时间内仍有效。Hoosfield 的试验区在停止追肥 55 年后所施磷 55% 被回收，其余以后仍可利用。据戴茨华等在从长期定位试验论红壤施磷的残效研究得出的结论，连续施磷能明显增加红壤旱地中各形态无机磷含量，不仅对当季作物有明显的增产效果，而且具有可观的残效。连续 6 年施 P_2O_5 120kg/hm²、240kg/hm²、360kg/hm²，停止施磷 20 年所施磷肥仍有一定残效。磷肥的残效具有叠加作用，有的年份其残效高于当季施磷效。磷肥的残效与施磷量成正相关，单位磷肥的残效与施磷量成递减趋势，不同处理磷肥的残效随时间的延长而下降。磷肥的残效从停施的第 9 年明显降低，第 14 年缓慢下降。在红壤旱地上连续 6 年施 P_2O_5 120kg/hm²、240kg/hm²、360kg/hm²，施磷 5～6 年后可停施 4～5 年。利用磷肥的后效来获得增产，科学施用磷肥，使磷资源利用率达到最大化。由于各种磷肥都有残效，在轮作中不必每茬作物都施用，尤其是难溶性磷肥，一般可间隔几茬作物施用 1 次。

三、磷肥的有效施用方法

一是集中施用。磷肥养分在土壤中不易移动，以集中施用于近根部效果最佳，即点穴施，或条沟施。基肥也可全田撒施翻耕整地覆土，用量须稍大些。棉花点条直播和育苗移栽种植基施、追施磷肥均应采用近根沟、穴施用，深 5～15cm，距根系6～10cm。

　　二是与有机肥混合施用。因磷肥养分施入土壤中后易被土壤颗粒固定而降低有效性，基施肥料时可将施用的磷肥与有机肥料混合后施用，可有效提高磷肥的有效性。借助有机肥料分解过程中产生的有机酸能促进磷酸钙盐的溶解，以及有机肥料中的碳水化合物对土壤固相吸附位点的掩蔽作用，有机肥料施入土壤，能活化土壤磷，并减少土壤对化肥磷的固定，所以长期施用有机肥料有利于提高土壤的磷素肥力。不同有机肥料中磷的存在形态与含量不同，施入土壤后的效果也不一样。畜粪有机肥料中的磷以无机态为主，有机态磷也易转化；秸秆中的磷大部分呈有机态且难分解；绿肥中的磷介于两者之间。可见，施用不同种类的有机肥料，均可不同程度地提高土壤供磷水平。提高退化红壤中磷养分库的较长期试验结果证明，施用厩肥比施用化学磷肥见效更快。

　　三是制成颗粒施用。颗粒磷肥表面积小，可减少磷肥与土壤的接触面积，减少固定，而提高磷肥养分的有效性。颗粒以 3～5mm 为宜，颗粒太大，又影响根系对磷的吸收。粉状磷肥或颗粒磷肥生产实际中都可施用。

　　四是氮、磷配合施用。缺磷的土壤也往往缺氮，尤其在高产下，氮、磷配合施用可以充分发挥氮与磷的交互作用，同时也可分别提高磷肥和氮肥的利用率。氮、磷配合施用是充分发挥磷肥肥效的一条成功经验，已在生产上普遍推广应用。有试验报道，将尿素和普钙混合穴施在红壤旱地上能明显地提高肥料效果。

　　五是关于磷肥的施用时期。大多数研究认为磷肥一次性基施效果较好。在湖北 110kg/亩皮棉的高产田块，调查表明，磷肥一般基肥占 50%，蕾铃期追施占 50%，在 6 月 20 日前施入棉田土壤，磷肥可达到较好的增产效果。

附录　湖北省棉花磷肥效应研究

李银水[1,2]　鲁剑巍[1]　李小坤[1]　鲁明星[3]

刘光文[4]　张耀学[5]　徐维明[6]　李　彬[7]

([1] 华中农业大学资源与环境学院，武汉　430070；[2] 中国农业科学院油料作物研究所，武汉　430062；[3] 湖北省土壤肥料工作站，武汉　430070；[4] 湖北省武穴市土壤肥料工作站，武穴　436300；[5] 湖北省黄梅县土壤肥料工作站，黄梅　436500；[6] 湖北省沙洋县土壤肥料工作站，沙洋　448200；[7] 湖北省荆州区土壤肥料工作站，荆州　434000)

摘要：通过 17 个大田试验，研究了湖北省棉花磷肥施用效果及磷肥最佳用量。结果表明，适量施用磷肥棉花增产增收效果显著，施磷比对照增加产量 83～747kg/hm²，平均增加 334 kg/hm²，平均增产率为 11.8%；施磷纯利润平均为 1 705 元/hm²，产投比平均为 7.41；磷肥偏生产力和农学利用率平均分别为 46.85kg/kg P_2O_5 和 4.65kg/kg P_2O_5。根据线性加平台模型确定，湖北省棉花磷肥最佳用量平均为 P_2O_5 34.4kg/hm²。

关键词：棉花；磷肥；产量；经济效益；磷肥适宜用量

中图分类号：S562.01　**文献标识码**：A

Study on Effect of Phosphorus Fertilizer of Cotton in Hubei Province

Abstract：A study was carried out in Hubei province to e-

注：本文刊登于《湖北农业科学》(2010 年)。

valuate the effect of phosphorus (P) fertilization rate on yield, economic benefit, P use efficiency and optimum P recommendation rate of cotton through field trails at 17 sites in Hubei province. The results showed that the yield and profit of cotton significantly increased when P supplied adequately. Compared with the treatment without P fertilizer, the increment of seed-cotton ranged from 83 to 747kg/hm^2, the average increment was 334kg/hm^2 and increased by 11.8 percent compared with the control. The average net profit of the P application was 1705 Yuan/hm^2 and the value cost ratio (VCR) was 7.41. The average partial factor productivity of applied N (PFPN) and agronomic N use efficiency (ANUE) were 46.85kg/kg P and 4.65kg/kg P, respectively. According to linear plus platform model, the average optimum P application rate was 34.4 kg N/hm^2 in Hubei province.

Key words: Cotton; Phosphorus fertilizer; Seed-cotton yield; Profit; Optimum P recommended rate

湖北省是我国 7 个稳定的棉花生产优势省区之一[1]。常年植棉总面积在 33 万 hm^2 左右[2]。随着新植棉技术的不断进步和模式栽培技术的不断规范与优化，发展棉田高产高效种植已成为棉花增产增效的有效途径[3]。磷是作物生长发育所必需的大量营养元素，施磷能加快棉花生长发育进程，提高霜前花率[4]，有利于棉株（包括棉桃）干物质的积累及其分配[5]。但施磷过多，容易造成棉田对磷素奢侈吸收[6]，消耗过多的碳水化合物形成过多的蛋白质，致使棉花延迟成熟，还可能因为高磷引起土壤有效性磷锌比例失调导致缺锌而使棉株生长受阻，进而影响棉花产量和品质[7]。为了减少施肥的盲目性，提高施用磷肥的经济效益和社会效益，笔者在湖北省主要产棉县（市、区）进行了棉花磷肥效应研究，设计低、中、高 3 种不同的施磷肥水平，通过线性加平台模型寻求棉花磷肥适宜用量，为湖北省棉花推荐经济有效施用磷肥提供依据。

1 材料与方法

1.1 试验概况

2007 年春分别在湖北省的沙洋、荆州、公安、黄梅、武穴、襄阳、南漳 7 个县（市、区）布置了 17 个棉花大田磷肥肥效试验，试验田的基本理化性质及供试棉花品种见表 1。试验点 0～20cm 耕作层土壤有效磷含量在 4.5～18.0mg/kg 之间（其中有 13 个试验的土壤有效磷含量分布在 6.0～11.0mg/kg），平均为 9.8mg/kg。供试棉花品种均为目前推广品种，沙洋、黄梅为油菜—棉花轮作，荆州、公安、武穴、襄阳、南漳为小麦—棉花套作。

表 1　试验田土壤基本理化性质及供试棉花品种

试验号	试验地点	品种	土壤类型	pH	有机质 (g/kg)	碱解氮 (mg/kg)	有效磷 (mg/kg)	速效钾 (mg/kg)
1	沙洋李市镇	鄂杂 5 号	潮土	8.0	14.2	79.0	10.4	65.0
2	沙洋沙洋镇	国抗杂 9 号	潮土	7.9	14.7	72.0	10.9	68.0
3	荆州菱湖农场	鄂杂棉 13 号	潮土	6.7	14.3	98.0	6.5	164.9
4	黄梅独山镇	楚杂 180 号	红壤	4.7	22.5	82.0	7.6	98.0
5	武穴刊江镇	SGK 791	潮土	8.0	17.1	48.0	15.1	78.0
6	武穴龙坪镇	鄂杂 3 号	潮土	8.1	18.3	160.0	18.0	83.0
7	襄阳双沟镇	鄂杂 3 号	潮土	7.2	16.2	85.0	7.2	89.9
8	沙洋李市镇	鄂杂 3 号	潮土	8.0	14.7	75.0	10.4	85.0
9	沙洋沙洋镇	国抗杂 9 号	潮土	7.9	14.7	112.0	10.9	68.0
10	公安弥市镇	鄂杂棉 17 号	潮土	7.7	6.0	123.0	17.7	55.3

（续）

试验号	试验地点	品种	土壤类型	pH	有机质 (g/kg)	碱解氮 (mg/kg)	有效磷 (mg/kg)	速效钾 (mg/kg)
11	黄梅分路镇	南抗 9 号	潮土	7.5	15.3	100.9	9.1	75.0
12	襄阳东津镇	鄂杂 5 号	潮土	7.5	14.2	105.0	8.4	118.0
13	南漳李庙镇	国抗杂 9 号	潮土	7.6	20.1	72.0	9.7	102.0
14	黄梅分路镇	南抗 9 号	潮土	7.5	25.3	100.9	6.1	45.0
15	黄梅蔡山镇	华抗 1 号	潮土	7.6	16.9	65.8	4.5	132.0
16	黄梅新开镇	楚杂 180 号	潮土	7.5	14.6	83.2	6.6	42.0
17	黄梅小池镇	鄂杂 11 号	潮土	7.5	15.1	59.7	7.4	112.0
平均	—	—	—	7.5	16.1	89.5	9.8	87.1

1.2 试验设计

磷肥用量设 4 个水平，具体用量分为 3 组，"设计 I"（1～7 号试验），磷肥用量分别为 P_0、$P_{37.5}$、P_{75}、$P_{112.5}$（下标表示纯 P_2O_5 用量，单位为 kg/hm^2，下同）；"设计 II"（8～13 号试验），磷肥用量分别为 P_0、P_{54}、P_{72}、P_{90}；"设计 III"（14～17 号试验），磷肥用量分别为 P_0、P_{75}、P_{150}、P_{225}。根据各地土壤养分含量差异及当地技术人员的生产经验，各处理的其他养分施用量分别为纯 N（N）270～330kg/hm²，纯钾（K_2O）150～300kg/hm²（其中有 13 个试验的纯钾用量为 150kg/hm²）。氮、磷、钾肥品种分别为尿素（含 N 46%）、过磷酸钙（含 P_2O_5 12%）和氯化钾（含 K_2O 60%）。氮肥 45% 作基肥（移栽前施用），10% 作提苗肥（6 月 15 日左右施用），30% 作花铃肥（8 月 15 日左右施用），15% 作补桃肥（9 月 15 日左右施用）；钾肥 60% 作基肥，40% 作花铃肥；磷肥作基肥一次性施用。小区面积 20m²，重复 2 次，随机区组排列，其他栽培管理方式同当地大田。

1.3 试验实施

2007 年 3 月 30 日至 4 月 20 日播种，油菜茬棉花采用营养钵育苗，4 月 27 日至 5 月 28 日收获油菜后移栽，密度1.95 万～2.58 万株/hm²，小麦茬棉花采取麦行套播，一般 2m 宽厢，每厢种植 2 行棉花，密度 1.25 万～1.80 万株/hm²，2007 年 8 月 20 日至 9 月 1 日第一次收籽棉，11 月 15 日最后一次收获，共收获 6～8 次。

1.4 测定项目与方法

（1）籽棉产量　产量为实收产量，从吐絮期开始分小区收获，到霜前结束。

（2）土壤养分　土壤养分含量采用常规分析方法测定[8]。土壤 pH 按水土比 2.5∶1，pH 计测定；有机质采用重铬酸钾容量法；碱解氮用碱解扩散法；有效磷用 0.5mol/L NaHCO₃浸提—钼锑抗比色法；速效钾用 1mol/L NH₄OAc 浸提—火焰光度法。

（3）有关参数的计算方法　磷肥偏生产力（PFPP）＝施磷区产量/施磷量[9]；磷肥农学利用率（APUE）＝（施磷区产量－空白区产量）/施磷量[9]。

（4）推荐施肥量[10]　运用直线加平台模型函数式（L＋P）拟合磷肥用量与籽棉产量间的关系：$y = b_0 + b_1 x$（$x < c$），$y = y_p$（$x \geqslant c$）。式中 y 为籽棉产量（kg/hm²），x 为磷肥用量（kg/hm²），b_0 为基础产量（不施磷肥时产量），b_1 为线性系数，c 为磷肥用量临界值（由直线和平台的交点求得），y_p 为平台产量。

1.5 数据统计分析

试验数据用 DPSv-3.01 软件的 Duncan 新复极差法进行统

计分析，用 SASv8 软件进行线性加平台模型的拟合和最佳施肥量的确定，用 Excel 2003 进行其他数据的处理和图形的绘制。

2　结果与分析

2.1　施用磷肥对籽棉产量的影响

"设计Ⅰ"共有 7 个试验，不同施用磷肥水平对籽棉产量的影响列于表 2。在 7 个试验中有 6 个试验施用不同水平磷肥显著提高籽棉产量，7 个试验的不同施用磷肥水平间产量差异不显著，自 $P_{37.5}$ 至 P_{75} 处理籽棉产量上升，进一步将施磷水平提高至 $P_{112.5}$ 反而使籽棉减产。说明随着磷肥用量的增加，单位肥料的增产量在递减；值得注意的是试验 6，施磷仅有微弱的增产趋势，并以 $P_{37.5}$ 的产量最高，高量施用磷肥还引起籽棉产量的下降。

表 2　"设计Ⅰ"磷肥用量对籽棉产量的影响（kg/hm²）

磷肥用量	产　量							平均
	1	2	3	4	5	6	7	
P_0	3 070b	2 796b	3 538b	2 964c	2 172c	3 977a	3 489b	3 144b
$P_{37.5}$	3 183ab	2 921a	3 643a	3 310b	2 347b	4 060a	4 116a	3 369a
$P_{75.0}$	3 270a	2 996a	3 738a	3 710a	2 635a	4 039a	4 128a	3 502a
$P_{112.5}$	3 220ab	2 871a	3 685a	3 314b	2 585a	3 943a	4 070a	3 384a

注：同一行中不同的小写字母表示 5% 水平的显著性，以下同。

"设计Ⅱ"试验整体表明（表 3），与不施磷相比，施磷能显著提高籽棉产量，产量高低顺序是 $P_{72} > P_{90} > P_{54}$，但差异不显著。不同试验点的磷肥肥效存在一定的差异，如 8 号和 11 号试验籽棉产量，以 P_{90} 处理为最高；而 9 号和 10 号试验的产量则以 P_{72} 处理最高，当磷肥用量为 90kg/hm² 时，出现了减产趋势。

表3 "设计Ⅱ"磷肥用量对籽棉产量的影响（kg/hm²）

磷肥用量	产量						平均
	8	9	10	11	12	13	
P_0	2 796b	2 583c	2 738b	2 710b	2 625b	2 750c	2 700b
P_{54}	2 921a	2 846ab	3 002ab	2 948a	3 100a	2 975b	2 965a
P_{72}	2 921a	2 946a	3 058a	2 985a	3 250a	3 125a	3 048a
P_{90}	2 946a	2 796b	2 890b	3 047a	3 125a	3 025ab	2 972a

　　与"设计Ⅰ"、"设计Ⅱ"的产量结果相类似，"设计Ⅲ"试验的产量结果（表4）表明，与不施磷相比，施磷能显著提高籽棉产量，但不同磷肥用量间产量差异不显著。尽管平均产量的顺序是 $P_{225} > P_{150} > P_{75}$，但是 P_{150} 比 P_{75} 增产 61kg/hm²，不到 2%，P_{225} 比 P_{150} 增产 9kg/hm²，不到 0.3%，没有大的现实意义。说明棉花高产不需要施用高量磷肥。

表4 "设计Ⅲ"磷肥用量对籽棉产量的影响（kg/hm²）

磷肥用量	产量				平均
	14	15	16	17	
P_0	3 002a	2 673b	3 152a	3 164b	2 998b
P_{75}	3 127a	2 998a	3 231a	3 339a	3 174a
P_{150}	3 139a	3 081a	3 339a	3 381a	3 235a
P_{225}	3 168a	3 160a	3 310a	3 339a	3 244a

2.2 磷肥施用效果

　　试验结果（表5）表明，棉花施用适量磷肥具有极显著的增产增收效果。17个试验施磷增加产量 83～747kg/hm²，平均增产 334kg/hm²，增产量主要分布在 200～400kg/hm²，所占比例达 47.1%，另有 29.4% 的试验增产量高于 400kg/hm²，小于 100kg/hm² 的试验占 5.9%。施磷增产幅度在 2.1%～25.2%，平均增产率为 11.8%，有 52.9% 的试验增产率在 5%～15% 之间，增产率高于 20% 和小于 5% 的试验各占 17.6%。

按 2007 年磷肥价格计算，湖北省棉花施磷纯利润在 365～4 267 元/hm² 之间，平均纯利润为 1 705 元/hm²。有 35.3% 的试验施磷增利润在 500～1 000 元/hm² 之间，有 29.4% 的试验施磷增利润在 1 500～2 500 元/hm² 之间，另有 23.5% 的试验施磷纯利润高于 2 500 元/hm²。棉花施磷产投比在 1.99～26.67 之间，平均为 7.41。有 47.1% 的试验产投比分布在 2～5 之间，另有 35.3% 的试验产投比大于 8。

进一步分析试验田土壤速效磷含量（x）与施磷增产量（y）间的关系，发现两者间的关系可以用对数方程 $y = -130.36\ln x + 622.92$ 来描述，但方程的决定系数（$R_2 = 0.062\ 1^{ns}$）未达显著水平，说明土壤速效磷含量与棉花施磷增产量间负相关，但两者的相关性较小。

2.3　磷素利用效率

试验结果（表5）表明，不同磷肥用量下磷素利用效率存在明显的差别。17 个试验的磷肥偏生产力在 14.04～109.77kg/kg P_2O_5 之间，平均为 46.85kg/kg P_2O_5。磷肥偏生产力主要分布在 30.00～50.00kg/kg P_2O_5 之间，所占比例达 64.7%，大于 50.00 的占 17.6%，小于 20.00 的仅占 5.9%。

17 个试验的磷肥农学利用率在 1.25～16.75kg/kg P_2O_5 之间，平均为 4.65kg/kg P_2O_5。磷肥农学利用率主要分布在 2.00～4.00kg/kg P_2O_5 之间，所占比例达 41.2%，大于 5.00 的占 35.3%，小于 2.00 的占 17.6%。

表5 棉花施用磷肥的经济效益和磷肥利用效率

试验号	磷肥用量 (kg/hm²)	增产量 (kg/hm²)	增产幅度 (%)	纯利润 (元/hm²)	产投比	磷肥偏生产力 (kg/kg P₂O₅)	磷肥农学利用率 (kg/kg P₂O₅)
1	75.0	200	6.5	933	4.24	43.60	2.66
2	75.0	200	7.1	933	4.24	39.94	2.67
3	75.0	201	5.7	938	4.27	49.84	2.68
4	75.0	747	25.2	4 267	15.86	49.48	9.96
5	75.0	463	21.3	2 539	9.83	35.13	6.18
6	37.5	83	2.1	365	3.53	108.27	2.22
7	37.5	628	18.0	3 687	26.67	109.77	16.75
8	54.0	125	4.5	556	3.68	54.08	2.31
9	72.0	363	14.0	1 935	8.01	40.92	5.03
10	72.0	320	11.7	1 676	7.08	42.47	4.44
11	90.0	337	12.4	1 709	5.96	33.85	3.74
12	75.0	125	4.2	475	2.66	41.69	1.67
13	72.0	625	23.8	3 537	13.83	45.14	8.68
14	72.0	375	13.6	2 012	8.30	43.40	5.21
15	225.0	488	18.3	2 112	3.45	14.04	2.17
16	150.0	188	5.9	569	1.99	22.26	1.25
17	150.0	217	6.9	747	2.30	22.54	1.44
平均	—	334	11.8	1 705	7.41	46.85	4.65

注：①价格 $P_2O_5 = 3.83$ 元/kg，籽棉 $= 6.10$ 元/kg；② 增产量＝施磷区产量－不施磷区（P_0）产量。

2.4 磷肥适宜用量

用线性加平台施肥模型拟合17个试验的磷肥用量与籽棉产量间关系（图1）。根据模型拟合结果可知，籽棉基础产量为 2 953kg/hm²，平台产量为 3 323kg/hm²，磷肥临界用量为 P_2O_5

34.4kg/hm^2；当磷肥用量小于 P$_2$O$_5$ 34.4kg/hm^2 时，籽棉产量可以用方程 $y=2\,953+10.753\,2x$ 来描述，方程决定系数达极显著水平（R^2＝0.829 7**）。

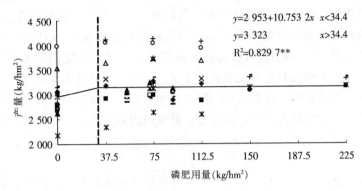

图 1　磷肥用量与籽棉产量间的关系

3　小结与讨论

早期研究报道，施磷能壮苗健苗，促进棉花根系生长，增加棉株单株果节数和结铃数，提高单铃重和衣分[7,11]。本研究的整体结果表明，适量施用磷肥能促进棉株营养生长和生殖生长，显著提高籽棉的产量（17 个试验施磷平均增产 334kg/hm^2，平均增产率为 11.8%），但从单个试验结果来看，磷肥肥效在各试验点的表现不一致，如 4 号试验（土壤速效磷 7.6mg/kg）施磷增产 747kg/hm^2，增产率为 25.2%；9 号试验（土壤速效磷 10.9mg/kg）施磷增产 363kg/hm^2，增产率为 14.0%；而 6 号试验（土壤速效磷 18.0mg/kg）施磷平产，磷肥没有效果。由此可见，棉花磷肥肥效的发挥需要因土、因地合理配施氮磷钾肥。

由于肥料投入是农业生产各项物资投入中所占比例最大的一项，所以节本增效对农业生产意义重大[12]。但作物肥料推荐用量是否合理，主要取决于肥料效应模型的选择和应用，而在多种施肥模型中，线性加平台模型具有在产量不减的前提下有效减少肥料用量，提高施肥经济效益等优点[10,13]。因此，为了降低投肥成本，提高磷肥利用效率，我们在 17 个大田试验基础之上，利用线性加平台模型求得湖北棉花磷肥最佳用量平均为 34.4kg P_2O_5/hm^2，该用量可以为湖北棉花磷肥合理供应提供参考。但是，由于棉花对养分的吸收受土壤、气候、施肥技术及栽培管理措施等的影响，所以实际应用过程中，我们建议将土壤测试及植株营养诊断结合起来，并注意不良气候因素的发生，充分发挥磷肥的肥效。

致谢：华中农业大学资源与环境学院王运华教授对论文的数据分析和整理提供宝贵指导意见，谨此致谢。

参 考 文 献

[1] 刘琰琰，潘学标．中国棉花生产优势省域分析 [J]．中国农学通报，2006，22 (10)：360 - 364．

[2] 张胜昔，李国荣，孟庆忠．湖北省棉花抗病育种存在的问题及技术对策 [J]．湖北农业科学，2007，46 (6)：493 - 496．

[3] 羿国香，巴四合，闻敏．湖北棉田高产高效模式栽培技术及推广成效 [J]．中国棉花，2005，32 (5)：2 - 3．

[4] 吴翠平，王海燕，郭宗民．棉花氮磷钾化肥配施的效果及适宜用量试验 [J]．山东农业科学，2007 (1)．

[5] 范术丽，许玉璋，张朝军．氮磷钾对棉花伏桃发育的影响 [J]．棉花学报，1999，11 (1)：24 - 30．

[6] 王克如，李少昆，曹连莆，等．新疆高产棉田氮、磷、钾吸收动态及模式初步研究 [J]．中国农业科学，2003，36 (7)：775 - 780．

[7] 崔水利，张炎，王讲利，等．施磷对棉花根系形态及其对磷吸收的影响 [J]．植物营养与肥料学报，1997，3 (3)：249 - 253．

[8] 鲍士旦．土壤农化分析 [M]．北京：中国农业出版社，2000：25 - 110．

［9］张福锁，王激清，张卫峰，等.中国主要粮食作物肥料利用率现状与提高途径［J］.土壤学报，2008，45（5）：915-924.

［10］陈新平，周金池，王兴仁，等.小麦—玉米轮作制中氮肥效应模型的选择—经济和环境效益分析［J］.土壤学报，2000，37（3）：346-354.

［11］傅福道.PG微生物土壤磷活化剂在棉花上应用效果［J］.江西棉花，2001，23（1）：13-14.

［12］何迅.湖北省农户施肥结构与成本分析［J］.华中农业大学学报（社会科学版），2001，（4）：56-57.

［13］贾良良，陈新平，张福锁，等.北京市冬小麦氮肥适宜用量评价方法的研究［J］.中国农业大学学报，2001，6（3）：67-73.

第六章
棉花钾素营养

内 容 提 要

钾有品质元素和抗逆元素之称，是肥料三要素之一。农业生产实践证明，施用钾肥对提高作物产量和改进品质均有明显的作用，而且还能提高植物适应外界不良环境的能力。棉花对钾需求高，利用能力偏低，我国钾肥资源缺乏，氮、磷、钾施用比例长期严重失衡，导致棉田土壤钾严重亏缺。棉花中钾的含量、形态与分布、钾的生理功能、钾的吸收与运输、钾与其他养分的相互作用、棉花缺钾症状与诊断方法、钾与棉花抗逆性的关系等知识是本章的主要内容，又从土壤中钾的含量、形态以及转化过程介绍了我国棉田土壤的钾素状况。钾与棉花品质密切相关，在很大程度上决定了籽棉、皮棉的产量与质量，所以必须科学合理地施用钾肥，大力提倡秸秆还田和增施有机肥料，充分利用有机钾源，降低农业种植成本，提高产量。

Brief

Potassium has name of the quality element and the resistance element, is one of the three essential fertilizer factors. Agricultural production practice has proved that potassium on improving crop yields and improved quality has a prominent role, and it can improve plant adaptation to the adverse environment outside. cotton has a high demand for potassium and low utilization capacity, since lacking of potassium resources and long-term serious imbalance proportion of nitrogen, phosphorus and potassium fertilizer, leading to serious potassium deficiency in cotton fields. The main content in this chapter were potassium content, morphology and distribution, physiological function, potassium uptake and transport, potassium and other nutrient interaction, cotton potassium deficiency symptom and diagnosis methods, potassium and cotton resistance of knowledge and so on, and introduced potassium content, patterns and transformation process in soil as well. Potassium and cotton quality are closely related, determine cotton lint yields and quality to a great extend, and therefore must be scientific and reasonable apply potassium fertilizer, vigorously promote the straw and manure fertilizers, make full use of the organic potassium sources, reduce costs and increase yield.

　　钾不仅是植物生长发育所必需的营养元素，而且是肥料三要素之一。许多植物需钾量都很大，就矿质营养元素而言，它在植物体内的含量仅次于氮。农业生产实践证明，施用钾肥对提高作物产量和改进品质均有明显的作用，而且还能提高植物适应外界不良环境的能力，因此它有品质元素和抗逆元素之称。

　　棉花钾需求高，利用能力偏低，另外我国钾肥资源缺乏而且氮、磷、钾施用比例长期严重失衡，导致棉田土壤钾严重亏缺。近二三十年来，在我国农业生产中，由于复种指数不断提高，氮、磷化肥用量逐年增加，灌溉条件有所改善，高产、矮秆作物品种正在引用和推广，农业技术措施逐步改革，使得单位面积产量大幅度提高。因此，作物对钾的需求量明显增加。在我国南方的一些地区，土壤含钾量明显偏低，供钾能力不足，施用钾肥后，往往有显著的增产效果。近几年来，即使在土壤含钾量略高的北方石灰性土壤上，也会由于土壤干旱等因素的影响，造成高产喜钾作物缺钾的现象。我国钾资源相当缺乏，除青海省和新疆罗布泊外全国基本上没有较大的可供开采的钾矿藏。我国钾肥生产仅占世界产量的 0.34%，而消耗量占 14.7%，所以每年我国农业生产上所需的大部分钾肥（90%左右）需要从国外进口（王孝峰，2005）。这就使钾营养备受人们的重视，尤其在高产栽培中，增施钾肥已越来越显得重要。

第一节　棉花中的钾

一、棉花中钾的含量、形态和分布

一般植物体内的含钾量（K_2O）占干物重的 0.3%～5%，有些作物含钾量比氮高。钾在植物体内具有较大的移动性，主要分布在代谢最活跃的器官和组织中。植物体内的含钾量常因作物种类和器官的不同而有很大差异，通常，含淀粉、糖等碳水化合物较多的作物含钾量较高。成熟棉株各器官中的含钾量及分布与氮磷不同，除种子外，根的含钾量比氮磷高，叶柄和铃壳含钾量高于其他器官。钾在输导组织中的含量高与钾促进碳水化合物运输和调节渗透压功能有关，钾不参与有机物的构成，因而储存器官含量低。

在棉铃发育初期，种子含钾量相当高，随着发育进程，纤维含钾量与种子相近，到纤维成熟时，纤维含钾量下降，种子含量也降低。钾含量的这种变化与纤维发育及品质有密切关系。

与氮、磷养分相比，钾在植物体内具有某些不同的特点。钾在植物体内不形成稳定的化合物，而呈离子状态存在。它主要是以可溶性无机盐形式存在于细胞中，或以钾离子形态吸附在原生质胶体表面。至今尚未在植物体内发现任何含钾的有机化合物。植物体内的钾十分活跃，易流动，再分配的速度很快，再利用的能力也很强。通常随着植物的生长，钾不断地向代谢作用最旺盛的部位转移。钾在植物体内流动性很强，易于转移至地上部，并且有随植物生长中心转移而转移的特点，植物能多次反复利用。当植物体内钾不足时，钾优先分配到较幼嫩的组织中。因此，在幼芽、幼叶和根尖中，钾的含量极为丰富。

细胞质内钾保持在最适水平是出于生理上的需要，因为钾对植物有多种营养功能。目前已知有多种酶的活性取决于细胞质内 K^+ 的浓度，稳定的 K^+ 含量是细胞进行正常代谢的保证。液泡是钾的储藏场所，它是细胞质中钾的补给者。成熟细胞的液泡体积约占细胞总体积的 $80\% \sim 90\%$，由此可见，在液泡内储藏着植物体中大部分的钾。

二、钾的生理功能

钾是植物体内含量最丰富的无机离子，主要以一价阳离子的形式存在于液泡和原生质中，占植株总干重的 10% 左右（Leigh and Jones，1984）。液泡中的钾含量较高，且随着外界供钾水平的变化而变化（$10 \sim 200mmol/L$），原生质中的钾浓度一般在 $100 \sim 120mmol/L$ 之间，比较稳定（Hsiao et al.，1986）。钾也是植物体内重要的大量元素，在植物的代谢、生长和逆境适应性方面起着重要的作用。

钾有高速透过生物膜，且与酶促反应关系密切的特点。钾不仅在生物物理和生物化学方面有重要作用，而且对体内同化产物的运输和能量转变也有促进作用。

1. 促进光合作用，提高 CO_2 的同化率　一方面钾能促进叶绿素的合成，试验证明，供钾充足时，叶片中叶绿素含量有所提高；另一方面钾能改善叶绿体的结构。缺钾时，叶绿体的结构易出现片层松弛而影响电子的传递和 CO_2 的同化，因为 CO_2 的同化受电子传递速率的影响，而钾在叶绿体内不仅能促进电子在类囊体膜上的传递，还能促进线粒体内膜上电子的传递。电子传递速率提高后，ATP 合成的数量也明显增加。试验证明，体内含钾量高的植物，在单位时间内叶绿体合成的 ATP 比含钾量低的植物大约要多 50％左右。另外，钾还能促进叶片对 CO_2 的同化，其原因是钾提高了 ATP 的数量，为 CO_2 的同化提供了能量；另一方面是因为钾能降低叶内组织对 CO_2 的阻抗，因而能明显提高叶片对 CO_2 的同化。可以说，在 CO_2 同化的整个过程中都需要有钾参加，改善钾营养不仅能促进 CO_2 的同化，而且能促进植物在 CO_2 浓度较低的条件下进行光合作用，使植物更有效地利用太阳能。

2. 促进光合作用产物的运输　钾能促进光合作用产物向储藏器官运输，增加"库"的储存量。特别应该指出的是，对于没有光合作用功能的器官来说，它们的生长及养分的储存，主要靠同化物从地上部向根或果实中运转。这一过程包括蔗糖由叶肉细胞扩散到组织细胞内，然后被泵入韧皮部，并在韧皮部筛管中运输，钾在此运输过程中有重要作用，Giaquinta 曾用韧皮部负载的模式解释这一现象。他的试验表明，糖进入筛管取决于氢离子浓度。Malet 和 Barber 则进一步指出，糖的运输不仅取决于氢离子浓度，而且和钾离子有关。Giaquinta 认为，筛管膜上有 ATP 酶，钾离子能活化 ATP 酶，使 ATP 酶分解并释放出能量，从而使氢离子由细胞质泵入质外体，由此而产生 pH 梯度（pH 由 8.5 降到 5.5），膜外的钾离子则与氢离子交换而进入膜内。酸度的变化会引起质膜中载体蛋白质发生变构，使蛋白质载体与氢离子束缚在一起，并把蔗糖运至韧皮部。此时氢离子浓度梯度降低。为了维持膜内外氢离子的浓度梯度，蔗糖的运输能继续进行，氢离子又再次进入质外体，蔗糖运输又可顺利地连续进行。由上可见，钾对调节"源"和"库"相互关系有良好的作用。

3. 激活酶的活性　目前已知有 60 多种酶需要一价阳离子来活化，而其中钾离子是植物体内最有效的活化剂。这 60 多种酶大约可归纳为合成酶、氧化还原酶和转移酶三大类，它们都是植物体内极其重要的酶类。

由于钾是许多酶的活化剂，所以供钾水平明显影响植物体内碳、氮代谢作用。例如，在植物呼吸作用过程中，钾是磷酸果糖激酶和丙酮酸激酶的活化剂，因此钾有促进呼吸和 ATP 合成的作用，使每单位叶绿体产生的 ATP 数量有所增加。虽然其他的一价阳离子也有激活淀粉合成酶的作用，但钾的活化能力最强，促进淀粉合成的效果最好。

4. 促进有机酸代谢 钾参与植物体内氮的运输，它在木质部运输中常常是硝酸根离子（NO_3^-）的主要陪伴离子。当 NO_3^--N 在植物体内被还原成氨以后，带负电荷的 NO_3^- 就消失了。为了电荷平衡，植物必须加强有机酸的代谢，所形成的苹果酸根代替了 NO_3^-，与钾离子结合成为苹果酸钾，并可重新转移到根部，苹果酸根脱羧后以 HCO_3^- 的形式排出体外，又可促进植物对 NO_3^- 的吸收。这表明钾有促进有机酸代谢的功能，同时也有利于对 NO_3^- 的吸收。钾能大大提高作物对氮的吸收利用，并很快变为蛋白质。钾充足，进入体内的氮较多，形成的蛋白质较多；如果钾不足，体内蛋白质合成受到影响，而且原来的蛋白质产生分解，使非蛋白质氮相对增多，同时影响对氨的利用，造成氨的累积，易产生氨毒。

钾不足时，植株内糖、淀粉水解为单糖；钾充足时，活化了淀粉合成酶，单糖向合成蔗糖、淀粉方向进行。钾能促使糖类向聚合方向进行，对纤维的合成有利。所以钾肥对棉、麻等纤维类作物有重要的作用。

5. 增强植物的抗逆性 钾有多方面的抗逆功能，它能增强作物的抗旱、抗高温、抗寒、抗病、抗盐、抗倒伏的能力，从而提高其抵御外界恶劣环境的忍耐能力。这对作物稳产、高产有明显作用。

（1）抗旱性 增加细胞中钾离子的浓度可提高细胞的渗透势，防止细胞或植物组织脱水。同时钾还能提高胶体对水的束缚能力，使原生质胶体充水膨胀而保持一定的充水度、分散度和黏滞性。因此，钾能增强细胞膜的持水能力，使细胞膜保持稳定的透性。渗透势和透性的增强，将有利于细胞从外界吸收水分。此外，供钾充足时，气孔的开闭可随植物生理的需要而调节自如，使作物减少水分蒸腾，经济用水。所以钾有助于提高作物抗旱能力。此外，钾还可促进根系生长，提高根/冠比，从而增强作物吸水的能力。

（2）抗高温　缺钾棉株在高温条件下，易失去水分平衡，引起萎蔫，棉花叶面积较大尤为明显。在炎热的夏天，缺钾棉花的叶片常出现萎蔫，影响光合作用的进行。短期高温会引起呼吸强度增加，同化物过度消耗以及蛋白质分解，从而形成并积累过多的氨，造成氨中毒。高温条件下，还会引起膜结构的改变和光合电子传递受阻，而使棉株生长急剧下降。K^+有渗透调节功能，供钾水平高的植物，在高温条件下能保持较高的水势和膨压，以保证棉株能正常进行代谢。通过施用钾肥可促进棉株的光合作用，加速蛋白质和淀粉的合成，也可补偿高温下有机物的过度消耗。钾还通过气孔运动及渗透调节来提高棉花对高温的忍耐能力。

（3）抗寒性　钾对棉花抗寒性的改善，与根的形态和棉株体内的代谢产物有关。钾不仅能促进棉株形成强健的根系和粗壮的木质部导管，而且能提高细胞和组织中淀粉、糖分、可溶性蛋白质以及各种阳离子的含量。组织中上述物质的增加，既能提高细胞的渗透势，增强抗旱能力，又能使冰点下降，减少霜冻危害，提高抗寒性。此外，充足的钾有利于降低呼吸速率和水分损失，保护细胞膜的水化层，从而增强棉株对低温的抗性。应该指出的是，钾对抗寒性的改善受其他养分供应状况的影响。一般来讲，施用氮肥会加重冻害，施用磷肥在一定程度上可减轻冻害，而氮、磷肥与钾肥配合施用，则能进一步提高作物的抗寒能力。

（4）抗盐害　有资料报道，供钾不足时，质膜中蛋白质分子上的巯基（—HS）易氧化成双硫基，从而使蛋白质变性，还有一些类脂中的不饱和脂肪酸也因脱水而易被氧化。因此，质膜可能失去原有的选择透性而受盐害。又有资料报道，在盐胁迫环境下，K^+ 对渗透势的贡献最大。良好的钾营养可减轻水分及离子的不平衡状态，加速代谢进程，使膜蛋白产生适应性的变化。总之，增施钾肥有利于提高棉花的抗盐能力。

（5）抗病性　钾对增加棉花抗病性也有明显作用。在许多情况下，病害的发生是由于养分缺乏或不平衡造成的。Fuchs 和 Grossmann（1972）曾总结了钾与抗病性、抗虫性的关系，他们认为，氮与钾对作物的抗病性影响很大，氮过多往往会增加植物对病虫的敏感性，而钾的作用则相反，增施钾肥能提高作物的抗病性。作物的抗性，特别是对真菌和细菌病害的抗性常依赖于氮钾比。钾能使细胞壁增厚提高细胞木质化程度，因此能阻止或减少病原菌的入侵和昆虫的危害。另一方面，钾能促进植物体内低分子化合物（如游离氨基酸、单糖等）转变为高分子化合物（如蛋白质、纤维素、淀粉等）。可溶性养分减少后，有抑制病菌滋生的作用。有资料报道，适量供钾的植株，能在其感病点的周围积累植物抗毒素、酚类及生长素，所以能阻止病害部位扩大，而且易于形成愈伤组织。许多资料表明，供钾充足可减轻棉花红叶茎枯病的发病率和危害。

钾还能抗 Fe^{2+}、Mn^{2+} 以及 H_2S 等还原物质的危害。缺钾时，体内低分子化合物不能转化为高分子化合物，大量低分子化合物就有可能通过根系排出体外。低分子化合物在根际的出现，为微生物提供了大量营养物质，使微生物大量繁殖，造成缺氧环境，从而使根际各种还原性物质数量增加，危害作物根系。如果供钾充足，则可在根系周围形成氧化圈，从而消除上述还原物质的危害。

三、钾的吸收、分布与运输

Epstein 等在 1963 年首次提出植物根系对 K^+ 的吸收至少存

在两种机制，其中机制 I（高亲和性 K^+ 吸收机制）在较低的浓度范围内起作用，K^+ 浓度低至 0.002mmol/L 时植物还有明显的吸收；当 K^+ 浓度超过 1mmol/L 时，机制 II 才发挥作用，也就是说机制 II 对 K^+ 的亲和力比机制 I 低得多，称为低亲和性 K^+ 吸收机制。20 世纪 80 年代，Kodlim 和 LucM 通过研究玉米根细胞吸收钾的现象发现，K^+ 吸收的动力学曲线可以分解为两个不同的部分，一个是可饱和的高亲和性部分，另一个是不饱和的线性部分（图 6-1）。

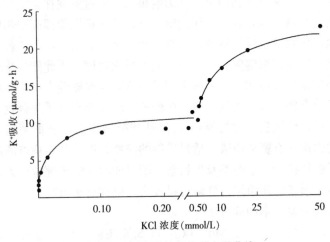

图 6-1 钾离子的吸收动力学曲线

棉花全生育期钾素相对吸收率与氮和磷趋势相似，即前期少而慢，随生育进程而加快，开花结铃期达到高峰，以后开始下降。钾是非植物结构组分元素，植物以钾离子形态吸收钾。根吸收钾的方式有主动吸收和被动吸收两种。主动吸收要消耗能量，通过膜结合的 H^+ 泵 ATP 酶提供；被动吸收可沿电化学势梯度进行。两种方式中常以主动吸收占主导地位，钾首先要满足细胞质内代谢的需要。土壤中的大部分钾离子通过扩散到达植物根表，然后由植物通过主动吸收过程进入植株体内，所以植物能从稀钾离子溶液中积累钾。液泡是一种储备的细胞器，其中储备的养分也包括钾，大部分是通过代谢主动排入的。

钾是最易被作物吸收的元素，施钾两天后，作物体内的含钾量就会明显提高，并且作物对钾吸收的调节能力弱，土壤中有多少钾就吸收多少，称为过量吸收，因此钾肥要分期施用。

钾不是植物细胞结构组分，在植物体内钾以钾离子形态存在，很易运输。钾从木质部薄壁细胞进入木质部导管是逆电化学势梯度进行，受代谢的控制。进入导管后靠根压和蒸腾拉力向地上部运输。地上部组织从木质部导管液中吸取钾可以通过木质部薄壁细胞质膜内的钾离子选择通道，也可通过 H^+ 泵 ATP 酶所启动的钾/氢共运输进入地上部组织。

韧皮部筛管液中高浓度的钾随糖分运输流大量流动，筛管细胞质膜中的 H^+ 泵 ATP 酶泵出氢离子，启动氢离子—蔗糖共运输，在氢离子外流的同时钾离子被吸收到筛管。钾离子有促进韧皮部运输的功能，这主要是钾在合成代谢中的功能；钾促进蔗糖合成，蔗糖是碳水化合物运输的主要形式；钾也促进淀粉和蛋白质合成，因此促进同化物从源到库的运输。此外，钾沿着韧皮部运输途径调节膨压，也促进溶质在筛管中的运输。

四、钾与其他养分的相互作用

土壤介质中的离子成分及其组成比例能影响植物对钾离子的吸收。一般认为，离子水合半径和离子构型与钾离子相似的离子（Na^+、NH_4^+、Rb^+ 等）会与钾离子吸收产生强烈的竞争作用，从而影响钾离子的吸收。另外，介质中其他离子对钾离子吸收的对抗或协同作用与离子及其组成浓度不同有关，例如当土壤介质钾离子浓度处于正常水平时，钙离子能促进钾离子的吸收；而在钾浓度较高时，SO_4^{2-} 能降低钾离子的吸收，Cl^- 则没有影响。Leigh（1986）曾对这一方面做过详细的叙述。

棉花叶片含钾量随着施钾量的增加而上升，但镁的含量随着施钾量的增加而下降，钙因肥料氮以硝酸铵为原料，不受钾和镁含量的影响。由于这一原因，$Ca+Mg/K$ 的比率也随着钾含量的上升而下降。Ca^{2+} 和钾存在明显的拮抗作用，高水平的钾能减少植物对钙离子的吸收，并且能抑制钙从根部向其他部位的运输。

当环境缺钾时，棉花对钠的吸收量增多，钠具有部分代替钾的功能。在低钾条件下增施钠，增加了棉铃的重量，主要是由于营养器官中吸收了钠以后，促使了钾由茎叶向棉铃中转移，棉铃中的纤维、棉籽都是由叶片合成的低分子有机化合物，运送到棉铃中在钾和酶的作用下形成的。因此，钾供应得多，棉铃就长得大，纤维与种子的重量就增加。由于钠在植物体内流动性差，钠在老叶中的含量高于新叶，这样植株吸收了钠，更有利于钾从老叶向新叶和棉铃中转移。施钠促进了钾的吸收，促进钾由茎叶等营养器官向棉铃等生殖器官转移，增加了棉铃中钾的浓度，有利于棉铃中纤维与种子的形成与充实，增加了籽棉产量。相关分析指出，供钾与叶片、茎和根的钠和钙含量呈正相关，叶片和茎根的钾和钠之间为正的互作关系。

与 Ca^{2+} 一样，Mg^{2+} 和 K^+ 之间也存在拮抗作用，高水平的 K^+ 可以减少 Mg^{2+} 的吸收。Ulrich 和 Ohki（1956）观察到施用大量钾肥限制了作物对 Mg^{2+} 的吸收。Salmon（1963，1964）指出，植物镁的缺乏不单因为土壤可交换 Mg 含量较低，而且与非常酸性的土壤以及高的土壤可交换性钾含量有关。

在棉花营养中，钾和镁存在拮抗关系，而钾和钠可能存在协同作用。另外，据有关研究分析，硼、铁、锰可能促进钾的吸收，而氮、钙、镁等可能会抑制钾的吸收。

五、钾缺乏症状与诊断

随着复种指数和产量的提高及施肥比例不当，使得近几年土壤中钾的比例明显偏低。对棉花来说，土壤中钾素的缺乏，不仅会使棉田减产，而且还会降低棉纤维品质，给棉农造成经济损失。

棉花缺钾，前期结铃大幅度减少，迟发早衰，减产幅度大，棉纤维品质差。棉花缺钾症状，一般蕾期初发、铃期盛发，吐絮期更趋严重，甚至成片死亡。苗期、蕾期缺钾，生长显著延迟，叶缘向上或向下卷起，叶脉间出现明显的褐色、红褐色小斑点，通常是中、上部叶片的叶尖、叶边缘发黄，进而叶肉呈斑块状失绿、发黄、变褐色、变焦枯，叶片逐渐枯死脱落。花铃期缺钾，棉株中上部叶片从叶尖、叶缘开始，叶肉失绿而变白、变黄、变褐，继而呈现褐色、红色、橘红色坏死斑块，并发展到全叶，通常称之为红叶茎枯病。由于棉叶上常产生锈褐色坏死组织，也有的称之为"棉锈病"。严重时，全株叶片逐渐枯焦脱落，只剩下主茎、果枝和棉铃，成为"光秆"。棉花早衰，枯、黄萎病发生较重，都与缺钾有关。全生育期均可出现症状，但以中后期表现最明显，症状以老叶为主。

诊断方法如下：

（1）形态诊断　棉花缺钾症状从大田来看，表现为斑驳黄化，长势弱，植株矮小，参差不齐；当缺钾且氮肥较多时，则表现为叶片焦枯干卷，提早脱落，有的还导致红（黄）叶枯病。从单株来看，缺钾症状由下而上发展，症状由叶缘到中央，由叶尖到叶基，表现为下部果枝发育很差，结铃少而小，中部果枝略开展，果节仍较少，与正常的宝塔株型对比明显。棉花中下部叶片则表现为叶尖、叶缘黄化焦枯，叶片皱缩，有的形成"鸡爪形"。

（2）土壤分析诊断　土壤分析诊断常用土壤交换性钾的含量作为评价指标，具体为：$<50mg/kg$ 显著缺乏，$50\sim70mg/kg$ 缺乏，$70\sim90mg/kg$ 潜在缺乏，$>90mg/kg$ 不缺乏。

（3）植株化学诊断　棉株缺钾的化学诊断方法包括棉花组织钾速测、叶柄钾梯度诊断、叶片全钾分析诊断。棉花组织中的钾的浓度较高，因此可用六硝基二苯胺试纸法和亚硝酸钴钠比浊法测定。棉花组织钾速测需注意以下几点：①采样要有代表性，在待测的田块或小区中，选择有代表性的棉株至少 10 株以上，宜随机取样；②采样部位应选择能反映植株养分丰缺程度的敏感部位；③采样时间宜在雨后转晴 2～3d，于上午 8～10 时测定能较好地反映实际的营养状况。

叶片全钾分析诊断时应以中下部叶片为试样，测定叶片全钾。现蕾期上部新展开的功能叶全钾含量低于 16.0g/kg（干重）为缺乏，初花期低于 14.0 g/kg（干重）为缺乏，花铃期低于 6.0 g/kg（干重）为缺乏。

六、钾与棉花的抗逆性

钾素有"品质元素"之称，是棉花生长发育所必需的大量元素之一，对棉花纤维品质有重要的影响作用。同时，钾也能增强棉花的抗逆性，让棉花生长良好，产量和品质也相应增加。

枯、黄萎病一直以来被称为棉花上的两大顽症，许多棉花工作者试图通过育种、栽培等措施来攻克或减轻其发病率，并取得一定进展。研究发现，施钾对抗和不抗病品种的发病率、病情指数均有降低作用。杨惠元等研究发现，中棉所 12 和中棉所 17 施钾处理的黄萎病发病率和病情指数均比对照低，后者降低幅度为最大，发病率降低了 12.8%，病情指数降低了 4.7；抗枯萎病的中棉所 12 和感枯萎病的徐州 142，施钾处理的棉苗发病率和病情指数均比对照低，中棉所 12 发病率降低了 34.6%，病情指数降低了 6.0%；徐州 142 发病率降低了 9.2%，病情指数降低了 2.7。鲁君明、姜存仓等（2008）研究表明，施钾能明显减轻棉花的枯、黄萎病的发生。另据 Earl 和 Cassman 3 年试验报道，施钾能使黄萎病的发病率从 12% 降至 7%。

施钾不仅能提高棉花的抗病性，而且对棉花的抗寒性也有影响。杨惠元等还通过盆栽试验发现，棉苗 2 片真叶，突然受到 5℃ 以下低温时，棉苗常因冷害而萎蔫。但是，施钾处理的中棉所 12 和中棉所 206 比对照分别降低 56.2％和 38.5％。细胞水势的变化与水分的吸收有密切关系，因而进行施钾对细胞水势的变化影响研究，对探索钾素对棉花抗旱性影响有重要意义。

第二节　我国棉田土壤的钾素状况

一、土壤中钾的含量与形态

钾素是植物生长必需的三大营养元素之一，也是土壤中含量最高的大量营养元素，在地壳所有矿质营养元素中居第 4 位，地壳中钾的平均含量约为 2.3％，全球土壤的含钾量范围为 0.05％～5％，大多数土壤的含钾量在 0.5％～2.5％。从土壤中钾素对作物营养的有效性衡量，钾素的含量主要用 3 个指标表示，即全钾量、速效钾量和缓效钾量。不同地区土壤中含钾量的高低，取决于土壤母质、风化程度、淋溶强度、熟化程度和耕作施肥条件。红壤、砖红壤等风化强烈，是含钾量最低的土壤种类。我国地域性分布规律：由北向南，由西向东渐减，东南地区土壤多缺钾。

化学钾肥施入土壤后，迅速溶解并以 K^+ 形式进入土壤溶液，除供作物直接吸收外，还参与土壤中土壤矿物态钾、速效性钾、缓效性钾 3 种形态钾的动态平衡。

土壤中的钾从形态上可分为矿物态钾、缓效态钾以及速效性钾（水溶性钾和交换性钾）。矿物态钾约占全钾量的 90％～98％，存在于微斜长石、正斜长石和白云母中，以原生矿物形态分布在土壤粗粒部分。缓效态钾占全钾量的 2％～8％，主要存在于晶层固定态钾和次生矿物如水云母等以及部分黑云母中的钾。有些次生黏土矿物晶层（主要为 2∶1 型黏土矿物）吸水膨胀，使半径与晶格孔隙半径相当的 K^+ 进入晶格的孔中，而当失水以后晶层收缩，落入孔穴中的 K^+ 较难回复到自由状态，这种现象称为钾的晶格固定作用，它难以与其他离子产生离子交换，所以是非交换性钾。速效性钾（植物可利用的钾）占全钾的0.1％～2％，其中交换性钾占90％，水溶性钾占10％左右。

土壤含钾量的高低差别很大，全钾含量主要受成土母质的影响，由含钾丰富的花岗岩或由云母较多的紫色土、黄土及其冲积物形成者，全钾含量高，缓效钾和速效钾的含量，两者有较好相关，且主要受淋溶程度的影响，淋溶程度高的南方土壤含量较低。全钾含量和缓效钾、速效钾含量之间则无明显相关。

与土壤磷素状况相似，对作物速效的钾量，只占全钾量的极小部分。例如，土壤溶液中的钾一般约 $1～40mg/kg$，交换态钾约 $50～1000mg/kg$。若土壤的全钾含量为 2％，溶液态钾为 $20mg/kg$，交换态钾为 $200mg/kg$ 时，两种速效态钾分别占全钾量的 0.1％和1％。为此，大多数土壤，有效钾的含量包括缓效钾在内，占全钾含量的比例都小于5％。

二、土壤中钾的转化

土壤中既存在自由态 K^+ 向吸附态和固定态钾的转化，也存在相反方向的由固定态钾向自由态 K^+ 的转化。由于大多数土壤中存在的自由态 K^+ 的数量很少，因此，从施用钾肥的角度看，后一转化过程更为重要。

1. 矿物态钾的风化　含钾矿物的风化是在一定条件下发生的缓慢的分解过程，是补充土壤中有效态钾的基本来源。含钾矿物主要发生的是属于水解反应的化学风化。

2. 交换性钾的吸附与交换　K^+ 是土壤中较为活跃的一价阳离子，它的重要行为之一是易被土壤胶体吸附，也易被其他阳离子交换而释放出 K^+，这种吸附与交换是较为典型的物理化学吸附现象。K^+ 直径为 $26.6mm$，大于 Na^+（$19.0mm$）和 H^+，小于 NH_4^+（$28.6mm$），在这 4 个一价阳离子中，K^+ 占有重要位置，但其电荷密度和电场强度又显著小于 2 价和 3 价阳离子，如 Ca^{2+}、Mg^{2+}、Fe^{3+} 和 Al^{3+}，即在石灰性土壤中易被 Ca^{2+} 和

Mg^{2+} 所交换，在酸性土壤中易被 Fe^{3+}、Al^{3+} 和 H^+（质子所交换）中性土壤以及其他土壤，若土壤溶液中 NH_4^+ 浓度高（如施用铵态氮肥后），K^+ 也易被 NH_4^+ 所交换。被交换出的 K^+ 主要进入土壤溶液，也可能进入 2：1 型黏土矿物的晶层空穴被固定。可交换出的 K^+ 是土壤速效钾的基本组成部分。吸附性 K^+ 的可交换程度，受到若干因素的影响，主要的有：

（1）交换性 K^+ 的吸附位置　被吸附于矿物胶体表面可交换位置的 K^+ 最易被交换，处于矿物晶层边际裂缝位置的 K^+ 较难被交换。而处于矿物两晶层中间位置的 K^+，最难被交换。

（2）黏土矿物种类　吸持力强的黏土矿物，如硅氧四面体中由铝代硅产生的较强负电性或 2：1 型黏土矿物，对 K^+ 的吸持力较强，不易被交换。吸持弱的黏土矿物，如铝氧八面体产生的负电性较弱，吸附的 K^+ 就较易被交换出来。

（3）交换性钾的饱和度　饱和度高，说明黏土矿物吸附的阳离子中 K^+ 所占比例较高，则处于胶体双电层扩散层的 K^+ 可能较多，活度较大，易被交换。

（4）矿物胶体上的陪补离子　与 K^+ 同时被吸附在矿物胶体上的阳离子称陪补离子，如果陪补离子的电性较强，胶体对其结持力强，如 Ca^{2+}，则 K^+ 就易被换出；相反，如陪补离子的电性较弱，胶体对其结持力差，则可先于 K^+ 被交换出来，如 Na^+。

（5）溶液的阳离子组成　溶液中其他阳离子去交换矿物胶体上 K^+，符合质量作用定律。因此，阳离子浓度增加，则交换出的 K^+ 量相应增加，而不同阳离子则以 NH_4^+ 的交换作用最强。这是由于 NH_4^+ 的水化半径较小，和 K^+ 接近，不仅可以交换表面的 K^+，而且可以进入矿物晶层间裂缝，把 K^+ 交换出来。土壤中 K^+ 的被吸附和解吸（被交换出），处于平衡状态。这种平衡受很多条件的制约，将直接影响土壤对作物的供钾能力。

（6）土壤钾素的耗竭　钾素耗竭是指在没有外来钾源补充下，土壤中对作物有效的钾不断为作物所吸收，或被连续提取，导致潜在的缓效态钾不断转化成为有效钾素，使土壤钾库中的钾量渐渐减少，形成耗竭。由于当季作物的吸钾量主要取决于土壤中速效钾的供应量，若土壤中速效钾的供应量不满足于作物的需要量，或由于钾肥等钾素补充长期不足，多季作物连续吸钾，使土壤速效钾水平下降。缓效钾不断转化释放，形成对潜在钾素释放的越来越多地依赖。因此，土壤钾素耗竭的快慢或抗耗竭的能力，是不同土壤钾素供应能力的主要标志。

耗竭试验一般采用两种方法进行。一种是用一定的提取剂连续对同一种土壤提取，直至提取量明显下降或至某一接近平衡的值，以累计提取量或多次提取量的差值等数据，反映其耗竭速率和特点；另一种方法是在不施钾条件下连续种植作物，以作物根系作为"提取器"，从作物吸钾量的下降等反映特定土壤钾的耗竭速率和特点。

3. 被土壤中黏土矿物所固定，转化为非交换性钾　土壤中钾的固定是指水溶性钾或被吸附的交换性钾进入黏土矿物的晶层间，转化为非交换性钾的现象。土壤固定钾通常有 4 种方式：①钾离子渗进伊利石、某些蒙脱石和蛭石等 2∶1 型黏土矿物的层间，当晶层失水收缩时而被固定，一般认为，这是重要的固钾方式。②在蒙脱石、拜来石及其过渡性矿物中由于 Al^{3+} 对 Si^{2+} 的同晶置换而产生负电荷，能强烈地束缚钾离子。③钾离子因风化而造成的缺钾的矿物，如伊利石，有"开放性钾位"，能为 K^+ 所占据。④人造沸石的小孔道和孔穴也能固定钾。

影响土壤固定钾的因素有：

（1）黏土矿物的类型　1∶1 型黏土矿物，如高岭石，晶层重叠时不能形成闭合的孔穴和同晶置换时产生的负电荷很少，故几乎不固定钾。2∶1 型黏土矿物能固定钾，其固钾能力的次序为：蛭石＞拜来石＞伊利石＞蒙脱石。

（2）土壤水分状况　水分对土壤固定钾的影响复杂，一般随土壤干燥而固钾作用加强，尤其在干湿交替条件下，更能促进钾的固定。水分对固钾的影响与土壤中水溶性钾的水平有关，水溶性钾含量高时，干燥会导致钾的固定，而含钾量低时，反而有利于钾的释放。

（3）土壤酸碱度　一般认为，土壤对钾的固定随土壤 pH 的提高而增加。酸性条件下，土壤胶体带负电荷较少，陪伴离子以 H^+、Al^{3+} 为主，使胶体对钾的结合能力降低，因此土壤固钾能力减弱；中性条件下，陪伴离子以 Ca^{2+}、Mg^{2+} 为主，土壤固钾能力较强；碱性条件下，陪伴离子以 Na^+ 为主，土壤对钾的固定明显增强。例如，弱淋溶黑钙土的 pH 从 6.3 降到 3.0 时，钾的固定从 47.4% 减少到 18.4%。

（4）铵离子 NH_4^+ 和 K^+ 的半径相近，它与钾离子竞争结合位，还可以交换出已被固定的钾　由于铵离子有较少的水化能和稍大的离子半径，使晶层更易收缩，当铵和钾等量时，固定铵的数量明显多，为钾的 1.6~2 倍。上述现象与矿物种类有关，如蛭石对铵的吸附作用明显大于钾，大量施用铵态氮肥，可把晶层间较大的 Ca^{2+}、Mg^{2+} 代换出来，阻碍非交换性钾的释放，致使缺钾现象加剧，故实践中应提倡平衡施肥。

（5）土壤质地　一般质地越黏的土壤，固钾能力越强。因为土壤中 2∶1 型固钾矿物的含量随土壤颗粒变细而增加，为此，质地黏重的土壤上，宜适当增加钾肥用量。

（6）钾盐种类　土壤对不同种类钾盐固定的强弱依土壤水分状况而异，土壤湿度不变时，固定顺序为：$K_2HPO_4 < KNO_3 < KCl < K_2CO_3 < K_2SO_4$；干湿交替条件下其顺序则为：$K_2CO_3 < K_2SO_4 < KNO_3 < K_2HPO_4 < KCl$。

被固定的钾可转化为有效态钾，也可被利用层间钾能力强的作物直接利用。可见，土壤对肥料钾的固定，会暂时降低其有效性，但在某种意义上，却起到了抑制作物奢侈吸收钾和减少钾流失的作用。

棉花叶片的钾浓度与土壤速效钾含量关系密切（Hsu，

1976)。20 世纪 80 年代，秦遂初和张永松（1983）根据土壤交换性钾的含量与棉花生长情况，将土壤供钾水平分为四级：土壤交换性钾＞90mg/kg，不缺钾；70～90mg/kg，潜在缺钾；＜70mg/kg，明显缺钾；＜50mg/kg，严重缺钾。然而随着产量水平的提高和土壤供钾能力的变化，棉花生产的土壤缺钾标准明显提高。如在新疆棉区，土壤速效钾＞210mg/kg，表示供钾充足；土壤速效钾在 160～210mg/kg 之间，供钾水平仅为中等；而土壤速效钾在 80～160mg/kg 之间即意味着供钾能力较低、可能引起缺钾症状（张福锁，2006）。

第三节　钾与棉花品质的关系

棉花是喜钾作物，钾对棉花的生长发育、同化物合成和分配以及抗病虫性均有重要作用。钾还可以提高棉纤维细胞的膨压，对促进棉纤维伸长有特殊作用。皮棉产量和棉株吸收的钾（K_2O）呈极显著正相关。

棉花是典型的直根系作物，发达的根系是地上部正常生长发育的基础。钾对棉花根系发育有促进效应，尤其是对侧根数和侧根总长。施钾条件下侧根数和侧根总长比未施钾对照分别增加 10 条和 191.5cm，主根长度和根系体积也增加。

有研究指出钾肥施用量的多少对棉花生育期无明显影响，生育进程基本一致，但不同处理棉花长势长相却有差异。施钾少的处理蕾期长势较旺，叶色较浓，株高增长较快，有旺长趋势，而且在伏旱时，中午叶片明显出现萎蔫；棉田进入吐絮期以后，长势减弱。而施钾多的处理在蕾期长势稳健，叶色稍淡，棉株红茎比约 65％左右，茎秆较粗壮，抗倒伏能力较强，长势较强，叶片清秀不早衰。朱振亚等在新疆进行钾肥试验发现，在施钾肥后 20d 调查发现，棉苗长势旺盛，叶色深绿，叶片加厚，棉花生长发育进程加快。另外，施钾对棉花生育进程有较大影响，施钾对棉花叶面积指数（LAI）和比叶重（SLW）也有影响；Pettigrew 研究发现，缺钾会增加棉花叶片的比叶重（SLW）；相反，施钾则会增加叶面积指数（LAI）和降低比叶重（SLW），其原因是缺钾增加了叶片中的可溶性糖含量。

施用钾肥对棉花的营养器官和生殖器官的生长发育均有促进作用，尤其对生殖器官的作用更大。Pettigrew 研究指出，缺钾会增加棉花前期的开花率和提早终止其生殖生长；相反，施钾则会延长棉花后期的生殖生长。据 Bennett 研究，钾供应不充足时，棉株吸收的钾主要供给棉铃的生长；同时还有人研究发现，在氮、磷肥一定的条件下，施钾可增加成铃数、种子数、铃重和降低脱落率。其原因是由于施钾协调了养分供应，促进了棉株根系的生长发育，扩大了植株的吸收面积，进而协调了棉花的营养生长和生殖生长的关系。

一直以来，早衰成为棉花生产上制约其产量和品质的重要因素之一。研究发现，施钾可以推迟棉花的初衰期，以防止棉花的早衰。而缺钾则会促进棉花早熟品种后期生殖生长的过早停止，促进棉花的早衰。此外，施钾会增加棉花叶片中 SOD 的活性，延缓叶片的衰老。

施钾可明显增加棉花的产量，已是不可置疑的事实，但是在不同的地力水平的土壤上施用钾肥，其增产效果是不同的。在土壤速效钾含量低（100mg/kg 以下）的棉田上施钾，最高增产 30% 以上，在土壤速效钾含量高（150mg/kg）的棉田上施钾，仍有一定的增产效应，但在地力中等的棉田研究的较少。另外，施钾对皮棉和籽棉产量的影响也不同，对前者的影响大于后者，但是其增产原因是相同的，均是施钾影响了棉花的产量构成因素。

亩铃数、单铃重和衣分是棉花的产量构成因素，研究表明，施钾增加了单株结铃数、单铃重和衣分，提高了棉花的产量。其原因是施钾增加了棉花的果枝数、果节数，降低了脱落率；同时施钾增加了纤维的长度和次生壁的厚度，从而提高了衣分，但其影响机理尚不清楚。姜存仓等（2006）研究也认为，施钾明显提高了棉花的纤维品质，施钾后纤维长度增加 0.3～1.5mm，整齐度增加 1.8%～2.6%、比强度增加 2.9～9.0cN/Tex，麦克隆值增加 0.6～1.1。

研究发现，钾素随纤维发育进程成大幅度增加，并且在成熟纤维所含的矿质元素中，钾的含量最高。纤维在发育过程中对钾的这一需求特点表明，施钾将会影响纤维的品质。施钾有助于纤维的伸长，从而增加纤维的长度。另外，钾是纤维伸长过程中起渗透调节作用的重要元素，施钾对棉纤维伸长度和麦克隆值影响最大，对纤维长度和比强度影响次之，但对纤维的整齐度、细度影响不大。总之，钾素与纤维品质有着密不可分的联系，施钾可以增加纤维的伸长度、整齐度、麦克隆值，提高纤维的成熟度，施钾则会明显改善棉花的纤维品质。

第四节　钾肥与有效施用

钾矿贮量最大的国家是俄罗斯和加拿大，分别为 240 亿 t 和 180 亿 t，德国贮量为 60 亿 t，我国钾矿贮量仅为 1 亿 t。我国土壤全钾（K_2O）含量一般在 15～20g/kg，因土壤不同，全钾含量差异很大，具有明显的由南往北、由东往西逐渐增加的趋势，含量最低的是广西的砖红壤，平均为 3.6g/kg，最高的为吉林的风沙土，平均高达 26.1g/kg。北方地区由于成土母质和气候条件的影响，土壤的含钾量和供钾能力一般高于南方。尽管土壤全钾含量相对很高，但大量的研究及生产实践表明，我国许多地区的耕地缺钾。在部分地区，土壤缺钾已成为农业生产持续发展的限制因子。当土壤钾素供应不足时，为了维持一定的产量和保证产品品质就必须施用钾肥。近年来，由于作物产量的提高及土壤钾素产出与投入不平衡的加剧，农田缺钾面积有扩大的趋势，根据我国肥料投入和农产品产出的匡算，我国农田钾素亏缺每年约有 5.0×10^6 t 左右（以 K_2O 计），因此钾肥需求量和消耗量都很大。棉花是喜钾植物，钾在棉花生长发育过程中起至关重要的作用。

一、棉花对钾肥的响应

钾素营养可以增强作物抵御不良环境的能力，增加叶片叶绿素含量和光合能力，提高作物产量和品质。有研究指出，我国的主要棉产区土壤缺钾问题越来越突出，已成为棉花早衰减产的主要原因之一。棉田施钾在早期效果最好，生产上传统的施钾方法是底施或在开花前追施。另有研究表明，棉株对钾的吸收和积累高峰在盛花期和成熟期，分别占一生钾吸收总量的 33 ％和 55 ％。

施钾能促进棉株地上部茎枝、叶、蕾、铃的生育和地下部根系的生长，施钾各处理主根长度比对照增长 2.0～3.2cm，平均每株根系干重比对照增加 25.0～32.5g。由于施钾促进了棉株的生长，特别是促进棉株枝叶茂盛，增强了叶片光合作用，使其功能期延长，防止棉株早衰，提高了秋桃的结铃率，铃多铃大，成熟度好，铃重增加。施用钾肥能防治棉花红叶枯病、立枯病、炭疽病。试验证明，钾肥作基肥能明显地防治棉花红叶枯病，据调查数据分析，施钾的棉株减少发病率 43.1%，炭疽病减少最多达 54.6%。施钾能提高棉花的纤维成熟度、纤维细度和纤维均匀度，单纤维强度也能提高，短线率减少。施钾肥还能提高衣指的籽指，从而改善种子品质。

钾肥会增加棉花叶片中具有抗衰老作用的氧化物歧化酶的活性，推迟棉花初衰期。增施钾肥可增加单株结铃数、单铃重和衣分，提高产量。钾还能促进输导组织和机械组织的正常发育，使茎秆坚硬、不易倒伏；提高原生质亲水性和排水性，从而提高棉株的抗寒、抗高温和抗病能力。因此，科学施用钾肥能够提高棉花的产量和质量。

二、钾肥与有效施用

常用的化学钾肥有氯化钾和硫酸钾、盐湖钾肥等，其他还有含钾工农业废弃物如草木灰、窑灰钾肥及废电解质钾肥等，以草木灰较常见。钾肥和含钾的其他肥料的有效钾含量均以氧化钾（K_2O）形态计。

1. 主要钾肥特性

（1）氯化钾　氯化钾（KCl）含 K_2O 为 50％～60％，有 1.8％左右的氯化钠及少量氯化镁。主要以光卤石（含有 KCl、$MgCl_2 \cdot H_2O$）、钾石盐（含有 KCl、NaCl）和苦卤（含有 KCl、NaCl、$MgSO_4$ 和 $MgCl_2$ 4 种主要盐类）为原料制成。以卤水用浓缩结晶法生产的钾肥为白色结晶，而用浮选法生产的氯化钾为淡黄色或粉红色结晶。

氯化钾（KCl）易溶于水，20℃时溶解度为 34.7％，100℃时为 55.7％，是速效性肥料，可供植物直接吸收利用。氯化钾吸湿性不大，通常不会结块，物理性质良好，便于施用。但含杂质多的产品，吸湿性增大，长期贮存会结块，这类钾肥必须包装严密，存放于干燥处。氯化钾施入土壤后钾呈离子态，被土壤颗粒吸附后很少移动。氯化钾长期施用会增加土壤酸性，为生理酸性肥料，在酸性土地区注意配合碱性肥料和有机肥料施用，在有施用磷矿粉习惯的地区，与磷矿粉混合施用有利于发挥磷矿粉的肥效。氯化钾可作基肥、追肥或根外追肥，不宜作种肥，氯化钾特别适用棉花等纤维作物。氯化钾不宜在盐碱地、咸田、咸酸田施用，以免加重盐害。

（2）硫酸钾　硫酸钾（K_2SO_4）为白色结晶，含有效钾（K_2O）50％～52％。用明矾石或硫酸盐钾矿石制得，也可用氯化钾以复分解法制取。硫酸钾也属化学中性、生理酸性肥料，在酸性土壤上，宜与碱性肥料和有机肥料配合施用。但其酸化土壤的能力比氯化钾弱，这与它在土壤中的转化有关。

　　较纯净的硫酸钾系白色或淡黄色，菱形或六角形结晶，吸湿性远比氯化钾小，物理性状良好，不易结块，便于施用。硫酸钾易溶于水，是速效性肥料，能为植物直接吸收利用。施入土壤后钾呈离子态，一部分被作物吸收，其余的被土壤胶体吸附。硫酸钾为生理酸性肥料，含硫，缺硫土壤施用可补充土壤硫养分，长期施用硫酸钾会使土壤酸性增加。硫酸钾适用于各种土壤和各种作物，可作基肥、追肥，也可作种肥和根外追肥。硫酸钾应首先用于忌氯作物及喜硫、喜钾作物等，既能提高产量，又能改善品质。

　　（3）草木灰　草木灰是我国农村常用的以含钾为主的农家肥料，它是农作物秸秆、枯枝落叶、山青野草和谷壳等植物残体燃烧后的残灰。在燃烧过程中，氮素几乎全部损失，含有多种灰分元素，如钾、磷、钙、镁、硫、硅及各种微量元素。其中钙和钾含量较多，磷次之，习惯上将草木灰视为钾肥，实际上它是以钙、钾为主，含有多种养分的肥料。

　　草木灰的成分差异很大，影响其成分的主要因素有：① 植物种类：向日葵秆灰约含钾（K_2O）35.4%，棉籽壳灰仅含5.8%。一般是木灰中钾、钙、磷的含量比草灰多；② 植物的年龄和器官：同一种植物，其幼嫩组织的灰分含钾和磷较多，衰老组织的灰分则含钙和硅较多。此外，植物生长的土壤类型和施肥状况等也有影响，例如，在盐碱土和滨海盐土上生长的植物中含氯化钠较多，含钾量不高，烧成的草木灰不宜做肥料施用。

　　草木灰一般含钾（K_2O）6%～13%，其中90%以上为水溶性有效钾，主要是碳酸钾，其次是氯化钾、硫酸钾。不同植物灰分中磷、钾、钙等含量各不相同，一般木灰含钙、钾、磷较多；而草灰含硅较多，磷、钾、钙较少。草木灰因燃烧温度不同，其颜色和钾的有效性也不一样。燃烧温度过高，炭化彻底，钾与硅酸熔在一起，形成溶解度较低的硅酸钾（K_2SiO_3），呈灰白色，钾的有效性降低，肥效较差；燃烧温度较低，灰呈灰黑色，水溶性钾含量高，肥效好。因此，富余秸秆尽量不焚烧还田。草木灰的钾约 90％能溶于水，是速效钾肥，所以在贮存施用时应防止雨淋，以免引起养分流失。由于含有碳酸钾和较多的氧化钙，草木灰属碱性肥料，水溶液呈碱性，不宜与铵态氮肥、腐熟的有机肥和水溶性磷肥混用，以免造成氮的损失。也不能与磷肥混合施用，以防止有效磷的退化。草木灰适用于多种作物和土壤，可做基肥、追肥、盖种肥和根外追肥。追施草木灰宜采用穴施或沟施的集中施肥方法，用前加适量水湿润，防止其飞扬。根外追肥用 1％的草木灰浸出液，草木灰具有供应养分，吸热增温，促进早期生长，防止雀害及抑制青苔生长等功效。酸性土上施用草木灰，可补充土壤的钙、镁、硅等营养元素。

（4）窑灰钾肥　窑灰钾肥是水泥工业的副产品，含 K_2O 在 1.6％～23.5％之间不等，甚至高达 39.6％。早在 1918 年，德国就利用窑灰做肥料，后来美国、瑞士、波兰等都曾用过。生产水泥的原料及燃料中均含有一定数量的硅酸钾矿物，在 1100℃以上的高温下燃烧时，含钾矿物的结构遭到破坏，钾素以氧化钾的形态挥发出来。与烟灰中的 CO_2、SO_2 和 Cl_2（配料中若加入氯化钙）等生成可溶性钾盐，随着温度的降低，钾盐结晶形成细微的颗粒混入窑灰中，回收后即得窑灰钾肥。

窑灰钾肥的含钾量受水泥的原料、燃料、煅烧、回收设备、钾肥颗粒细度等因素的影响，不同水泥厂的产品含钾量差异较大。窑灰钾肥中钾的形态主要是 K_2SO_4 和 KCl。水溶性钾约占 95％。此外，还含有 SiO_2（2.7％～12.3％）、Fe_2O_3（0.5％～3.0％）、$A12O_3$（1.3％～3.1％）、SO_2（3.1％～19.9％）、CaO（13.7％～36.6％）、MgO（0.8％～1.6％）以及多种微量元素，其中钙、镁为磷酸盐。

窑灰钾肥水溶液的 pH 为 9～11，属碱性肥料。一般呈灰黄色或灰褐色，含钾量高时显灰白色。窑灰钾肥的颗粒小、质地轻、易飞扬、吸湿性强、施用不便。施入土壤后，在吸水过程中能产生热量，常被视为热性肥料。在运输和贮存过程中应防止雨水淋洗。

窑灰钾肥可做基肥和追肥，不能做种肥，宜在酸性土地区施用。施用时，严防与种子或幼苗根系直接接触，否则会影响种子发芽和幼苗生长。窑灰钾肥不能与铵态氮肥、腐热的有机肥料和水溶性磷肥混合施用，以免引起氮损失或磷有效性降低。

2. 钾肥的施用方法

（1）早施，以基肥为主　作物钾的营养临界期一般都在苗期，钾肥以基施或早期追施效果较好，特别是缺钾严重的土壤和生育期短的作物。

（2）基追结合，分次施用　质地较轻的土壤、生育期较长的作物，钾肥应分 2～3 次施用，总用量的一部分作基肥施用，一部分分 1～2 次作早期追肥施用。长江流域棉花钾肥采用这种方法施用，钾肥一般在蕾花期追施。

（3）集中深施　棉花是深根系作物，一般认为钾肥集中深施较好。长江流域棉田基施和追施钾肥均应沟施或穴施，效果比撒施面施好。钾肥深施可以减少棉田表层干湿交替引起的黏土矿物晶格对钾的固定。钾肥宜深施入水分状况较好的湿土层中，既有利于钾的扩散和减少土壤对钾的固定，又有利于作物的吸收。固钾能力强和有效钾水平低的土壤上，宜在根系附近条施。砂性土上宜分次施用，以减少钾的流失。

通过土壤暴晒和冻融，可以促进土壤含钾矿物的风化，特别对固定在黏土矿物晶层上的钾的释放有好处，增加了土壤速效钾的含量。如果水分不足会使 K^+ 的活度下降，降低了 K^+ 的扩散。水分过多使通气不良，作物吸钾能力受到抑制。所以施用钾肥是一定要注意土壤含水量，才能使肥料发挥最大效益。

钾肥在农业生产过程中至关重要，但我国化学钾肥不足，所以必须加深对钾肥的认识，科学地用好钾肥，加强有机钾源的利用，大力提倡秸秆还田和增施有机肥料。充分利用富集钾能力强的作物，以利发挥土壤钾素的潜在肥力和加速钾素循环。重视生物性钾肥的研制和推广，开展合理种植与轮作等的综合性研究，以维持土壤钾素的平衡，并使之有所上升，确保我国现代化农业持续发展的需要。

附录1　湖北省棉花钾肥效应研究

李银水[1,2]　鲁剑巍[1]　李小坤[1]　鲁明星[3]

徐维明[4]　李　彬[5]　张耀学[6]　刘光文[7]

([1] 华中农业大学资源与环境学院，武汉　430070；[2] 中国农业科学院油料作物研究所，武汉　430062；[3] 湖北省土壤肥料工作站，武汉　430070；[4] 湖北省沙洋县土壤肥料工作站，沙洋　448200；[5] 湖北省荆州区土壤肥料工作站，荆州　434000；[6] 湖北省黄梅县土壤肥料工作站，黄梅　436500；[7] 湖北省武穴市土壤肥料工作站，武穴　436300)

摘要：通过 17 个大田试验，研究了湖北棉花钾肥施用效果及钾肥最佳用量。结果表明：适量施用钾肥棉花增产增收效果显著，16 个试验施钾比不施钾增产籽棉 $129 \sim 930 kg/hm^2$，平均增产 $445kg/hm^2$，平均增产率为 11.4%；施钾纯利润平均为 $2\,127$ 元$/hm^2$，产投比平均为 4.55；钾肥偏生产力和农学利用率平均分别为 $22.77kg/kg\ K_2O$ 和 $2.74kg/kg\ K_2O$。根据线性加平台模型确定，棉花钾肥最佳用量平均为 $61.8kg\ K_2O/hm^2$。

关键词：棉花；钾肥；产量；经济效益；钾肥适宜用量

中图分类号：S562.01　**文献标识码：**A

Study on Effect of Potassium Fertilizer of Cotton in Hubei Province

Abstract：In 17 field trials, effects of potassium (K) fertili-

注：本文刊登于《湖北农业科学》(2010 年)。

zation on yield, economic benefit, K use efficiency and optimum K recommendation rate of cotton in Hubei province were studied. The results indicated that the yield and profit of cotton significantly increased when K supplied adequately. Compared with the treatment without K fertilizer, K application increased the yield from 129 to 930kg/hm^2 for all sites except one site, which showed no effect when K fertilizer was applied. The average yield increased 445kg/hm^2 and the average increment rate of 11.4 percent for K application. The average net profit and the value cost ratio (VCR) of the K application treatment were 2127 Yuan/hm^2 and 4.55, respectively. The average partial factor productivity of applied K (PFPK) and agronomic K use efficiency (AKUE) were 2277kg/kg K$_2$O and 2.74kg/kg K$_2$O, respectively. According to linear plus platform model, the average optimum K application rate was 61.8 kg K/hm^2 in Hubei province.

Key words: Cotton; Potassium fertilizer; Seed-cotton yield; Profit; Optimum K recommended rate

　　土壤养分含量状况是农田土壤肥力的重要标志，氮、磷、钾养分投入与产出平衡状况决定了土壤养分含量的升降，而我国农田养分收支的基本情况是氮磷平衡，钾亏缺，钾素亏缺已是一个近乎全国性的严重问题[1]，土壤缺钾已成为限制农业发展的关键因子之一[2-3]。棉花为喜钾作物，施钾可以促进棉株根系生长发育，使根系下扎幅度增大，提高从深层土壤吸收养分和水分的能力[4]；同时还能提高棉株的光合能力，促进叶片生产、光合产物的积累和转运，提高籽棉和皮棉的产量[5]。此外，钾素还能调节棉铃内源激素系统，提高棉株生殖器官的含钾量，有利于棉铃增大、铃重提高和纤维品质的改善[6]。因此，钾素缺乏不仅抗性减弱，引起棉花早衰，导致棉花产量降低，还会波及品质[7]。迄今，有关棉花钾素营养与施肥的研究仍比较薄弱[8]。为此，笔者在湖北省不同县（市、区）进行了棉花钾肥用量田间试验，试验所用的供试品种及种植制度在当地及长江中下游地区具有广泛的代表性，目的是通过多个样本的田间试验结果，寻求棉花钾肥适宜用量，为湖北省棉花钾肥合理推荐提供参考。

1 材料与方法

1.1 试验概况

2007 年春分别在湖北的沙洋、荆州、公安、黄梅、武穴、襄阳、南漳 7 个县（市、区）布置了 17 个棉花大田钾肥肥效试验。试验点 $0\sim20cm$ 耕作层土壤速效钾含量变幅为 $42.0\sim164.9mg/kg$（其中有 9 个试验的土壤速效钾含量在 $60\sim100mg/kg$ 之间），平均为 $87.1mg/kg$。供试棉花品种均为目前推广品种，沙洋、黄梅为油菜—棉花轮作，荆州、公安、武穴、襄阳、南漳为小麦—棉花套作。

表 1 试验田土壤基本理化性质及供试棉花品种

试验号	试验地点	品种	土壤类型	pH	有机质 (g/kg)	碱解氮 (mg/kg)	有效磷 (mg/kg)	速效钾 (mg/kg)
1	沙洋李市镇	鄂杂 5 号	潮土	8.0	14.2	79.0	10.4	65.0
2	沙洋沙洋镇	国抗杂 9 号	潮土	7.9	14.7	72.0	10.9	68.0
3	荆州菱湖镇	鄂杂棉 13 号	潮土	6.7	14.3	98.0	6.5	164.9
4	黄梅独山镇	楚杂 180 号	红壤	4.7	22.5	82.0	7.6	98.0
5	武穴刊江镇	SGK791	潮土	8.0	17.1	48.0	15.1	78.0
6	武穴龙坪镇	鄂杂 3 号	潮土	8.1	18.3	160.0	18.0	83.0
7	襄阳双沟镇	鄂杂 3 号	潮土	7.2	16.2	85.0	7.2	89.9
8	南漳李庙镇	国抗杂 9 号	潮土	7.6	20.1	72.0	9.7	102.0
9	沙洋李市镇	鄂杂 5 号	潮土	8.0	14.2	75.0	10.4	85.0

（续）

试验号	试验地点	品种	土壤类型	pH	有机质 (g/kg)	碱解氮 (mg/kg)	有效磷 (mg/kg)	速效钾 (mg/kg)
10	沙洋沙洋镇	国抗杂 9 号	潮土	7.9	14.7	112.0	10.9	68.0
11	公安弥市镇	鄂杂棉 17 号	潮土	7.7	6.0	123.2	17.7	55.3
12	黄梅分路镇	南抗 9 号	潮土	7.5	15.3	100.9	9.1	75.0
13	襄阳东津镇	鄂杂 5 号	潮土	7.5	14.2	105.0	8.4	118.0
14	黄梅分路镇	南抗 9 号	潮土	7.5	24.7	100.9	6.1	45.0
15	黄梅蔡山镇	华抗 1 号	潮土	7.6	16.9	65.8	4.5	132.0
16	黄梅新开镇	楚杂 180	潮土	7.5	14.6	83.2	6.6	42.0
17	黄梅小池镇	鄂杂 11 号	潮土	7.5	15.1	59.7	7.4	112.0
平均	—		—	7.5	16.1	89.5	9.8	87.1

1.2 试验设计

钾肥用量设 4 个水平，具体用量分 3 组，"设计 I"（1～8 号试验），钾肥用量分别为 K_0、K_{75}、K_{150}、K_{225}（下标表示纯 K_2O 用量，单位为 kg/hm^2，下同）；"设计 II"（9～13 号试验），钾肥用量分别为 K_0、K_{120}、K_{150}、K_{180}；"设计 III"（14～17 号试验），钾肥用量分别为 K_0、K_{150}、K_{300}、K_{450}。根据各地土壤养分含量差异及各地技术人员的生产经验，各处理的其他养分施用量分别为纯氮（N）270～330kg/hm^2，纯磷（P_2O_5）72～150kg/hm^2（其中有 13 个试验的纯磷用量为 72～75kg/hm^2）。氮、磷、钾肥品种分别为尿素（含 N 46%）、过磷酸钙（含 P_2O_5 12%）和氯化钾（含 K_2O 60%）。氮肥 45%作基肥（移栽前施用），10%作提苗肥（6 月 15 日左右施用），30%作花铃肥（8 月 15 日左右施用），15%作补桃肥（9 月 15 日左右施用）；钾肥 60%作基肥，40%作花铃肥；磷肥作基肥一次性施用。小区面积 20m^2，重复 2 次，随机区组排列，其他栽培管理方式同当地大田。

1.3　试验实施

2007 年 3 月 30 日至 4 月 20 日播种，油菜茬棉花采用营养钵育苗，4 月 27 日至 5 月 28 日收获油菜后移栽，密度 1.95 万～2.58 万株/hm²，小麦茬棉花采取套播，一般 2 m 宽厢，每厢种植 2 行棉花，密度 1.25 万～1.80 万株/hm²，2007 年 8 月 20 日至 9 月 1 日第一次收籽棉，11 月 1～15 日最后一次收获，共收获 6～8 次。

1.4　测定项目与方法

（1）籽棉产量　产量为实收产量，从吐絮期开始分小区收获，到霜前结束。

（2）土壤养分　土壤养分含量采用常规分析方法测定[9]。土壤 pH 按水土比 2.5∶1，pH 计测定；有机质采用重铬酸钾容量法；碱解氮用碱解扩散法；有效磷用 0.5mol/L NaHCO₃ 浸提—钼锑抗比色法；速效钾用 1mol/L NH₄OAc 浸提—火焰光度法。

（3）有关参数的计算方法　钾肥偏生产力（PFPK）＝施钾区产量/施钾量[10]；钾肥农学利用率（AKUE）＝（施钾区产量－空白区产量）/施钾量[10]。

（4）推荐施肥量[11]　运用直线加平台模型函数式（L＋P）拟合钾肥用量与籽棉产量间的关系：$y=b_0+b_1x$（$x<c$），$y=y_p$（$x \geqslant c$）

式中 y 为籽棉产量（kg/hm²），x 为钾肥用量（kg/hm²），b_0 为基础产量（不施钾肥时产量），b_1 为线性系数，c 为钾肥用量临界值（由直线和平台的交点求得），y_p 为平台产量。

1.5　数据统计分析

试验数据用 DPSv‑3.01 软件的 Duncan 新复极差法统计分

析，用 SASv8 软件进行线性加平台模型的拟合和最佳施肥量的确定，用 Excel 2003 进行其他数据的处理和图形的绘制。

2 结果与分析

2.1 钾肥用量对籽棉产量的影响

"设计 I"试验产量结果（表 2）表明，和不施钾肥的对照相比，本组 8 个试验点中有 7 个施钾肥增产，8 个试验点加权平均施钾肥显著增产，尽管以 K_{150} 处理的产量最高（平均产量高达 3 455kg/hm²），但不同钾肥用量间产量差异不显著，而且钾肥用量从 150kg/hm² 增加到 225kg/hm² 时，75％的试验产量有下降趋势。说明适量施用钾肥能提高籽棉产量，过多施用钾肥，反而会对棉株生长发育产生不利的影响。

表 2 "设计 I"钾肥用量对籽棉产量的影响（kg/hm²）

钾肥用量	产量								平均
	1	2	3	4	5	6	7	8	
K_0	3 008b	2 808b	3 756a	3 441b	2 401b	3 189c	3 442c	2 700c	3 093b
K_{75}	3 120b	2 971a	3 643a	3 643a	2 606a	3 681b	3 942b	2 950b	3 320a
K_{150}	3 270a	2 996a	3 738a	3 710a	2 635a	4 039a	4 128a	3 125a	3 455a
K_{225}	3 195ab	3 021a	3 581a	3 718a	2 610a	3 743b	4 107a	3 075ab	3 381a

注：同一行中不同的小写字母表示 5％水平的显著性，以下同。

"设计 II"试验的产量结果列于表 3。和不施钾肥的对照相比，本组 5 个试验点中有 4 个施钾肥增产，5 个试验点加权平均施钾肥能显著提高籽棉产量，3 个施钾水平中，以 K_{150} 处理的产量最高，但不同钾肥用量处理间产量差异不显著。故趋势与"设计 I"相似。

表3　"设计Ⅱ"钾肥用量对籽棉产量的影响（kg/hm²）

钾肥用量	产量					平均
	9	10	11	12	13	
K_0	2 708b	2 372b	2 473c	2 401c	3 050a	2 601b
K_{120}	2 933a	2 921a	2 890b	2 752b	3 175a	2 934a
K_{150}	2 921a	2 946a	3 058a	2 985a	3 250a	3 032a
K_{180}	2 921a	3 058a	2 973ab	2 898ab	3 125a	2 995a

　　"设计Ⅲ"试验的产量结果（表4）显示，棉花施钾效果在各试验点表现不一致，如14号试验籽棉产量随钾肥用量的增加呈上升的趋势，而15号、17号试验施钾仅有增产趋势。试验的加权平均表明，棉花施用适量钾肥具有明显的增产效果，但随着钾肥用量的增加，单位肥料的增产量在递减。故趋势与"设计Ⅰ"相似。

表4　"设计Ⅲ"钾肥用量对籽棉产量的影响（kg/hm²）

钾肥用量	产量				平均
	14	15	16	17	
K_0	2 209c	2 956a	2 568c	3 252a	2 746b
K_{150}	2 802b	3 085a	2 993b	3 398a	3 069ab
K_{300}	3 139a	3 081a	3 339a	3 381a	3 235a
K_{450}	3 185a	2 968a	3 281a	3 335a	3 192a

2.2　钾肥施用效果

　　从试验整体结果（表5）来看，棉花施用适量钾肥具有明显的增产增收效果，除3号验施用钾肥略有减产之外，其余16个试验施钾增产129～930kg/hm²，平均增产445kg/hm²。其中增产量高于 500kg/hm² 的试验占 43.8%，在 200～400kg/hm² 的试验占 31.3%，小于 200kg/hm² 的试验占 18.8%。施钾增产幅度在 2.1%～25.2% 之间，平均增产率为 11.4%，增产率高于 20% 的试验占 46.2%，在 5%～10% 的试验占 38.5%。

以 2007 年钾肥价格和籽棉价格计算，16 个试验（3 号试验除外）施钾纯利润在 237～4635 元/hm² 之间，平均纯利润为 2127 元/hm²。其中施钾纯利润高于 3000 元/hm² 的试验占 43.8%，在 600 ～ 1200 元/hm² 的试验占 37.5%，低于 500 元/hm² 的试验占 12.5%。棉花施钾产投比在 1.43～9.42 之间，平均为 4.55。其中产投比大于 5 的试验占 37.5%，在 2～5 的试验占 50%，小于 2 的试验占 12.5%。

综合分析试验田土壤速效钾含量（x）与施钾增产量（y）间的关系，两者间的关系可以用对数方程 $y = -551.38\ln x + 2847.6$ 来描述，方程的决定系数（$R^2 = 0.481\ 2^{**}$）达极显著水平。说明土壤速效钾含量显著影响籽棉产量，土壤速效钾含量越高，棉花对钾肥的依赖程度越小，钾肥的经济合理施用需要综合考虑试验田块的土壤钾素丰缺状况。

2.3 钾素利用效率

表 5 棉花施用钾肥的经济效益和钾肥利用效率

试验号	钾肥用量 (kg/hm²)	增产量 (kg/hm²)	增产幅度 (%)	纯利润 (Yuan/hm²)	产投比	钾肥偏生产力 (kg/kg K₂O)	钾肥农学利用率 (kg/kg K₂O)
1	150	262	6.5	1 046	2.90	21.80	1.75
2	75	163	7.1	716	3.60	39.61	2.17
3	—	—	—	—	—	—	—
4	150	269	25.2	1 091	2.98	24.73	1.80
5	75	205	21.3	975	4.54	34.74	2.73
6	150	850	2.1	4 635	9.42	26.93	5.67

（续）

试验号	钾肥用量 (kg/hm²)	增产量 (kg/hm²)	增产幅度 (%)	纯利润 (Yuan/hm²)	产投比	钾肥偏生产力 (kg/kg K₂O)	钾肥农学利用率 (kg/kg K₂O)
7	150	686	19.9	3 635	7.60	27.52	4.57
8	150	425	15.7	2 042	4.71	20.83	2.83
9	120	225	4.5	932	3.11	24.44	1.88
10	180	687	14.0	3 528	6.34	16.99	3.82
11	150	584	11.7	3 013	6.48	20.38	3.89
12	150	583	12.4	3 008	6.47	19.90	3.89
13	150	200	6.6	670	2.22	21.67	1.33
14	300	930	4.2	4 572	5.15	10.47	3.10
15	150	129	18.3	237	1.43	20.57	0.86
16	300	771	5.9	3 601	4.28	11.13	2.57
17	150	146	6.9	339	1.62	22.65	0.98
平均	—	445	11.4	2 127	4.55	22.77	2.74

注：①价格 K_2O＝3.67 元/kg，籽棉＝6.10 元/kg；②增产量＝施钾区产量－不施钾区（K_0）产量；③3 号试验施钾略有减产，不作经济效益和钾肥利用率分析。

试验结果（表5）表明，不同钾肥用量下钾素利用效率存在明显的差别。16 个试验（3 号试验除外）的钾肥偏生产力在 $10.47 \sim 39.61 kg/kg\ K_2O$ 之间，平均为 $22.77 kg/kg\ K_2O$。钾肥偏生产力主要分布在 $20.00 \sim 30.00 kg/kg\ K_2O$ 之间，所占比例达 62.5%，大于 30.00 的占 12.5%。

钾肥农学利用率在 $0.86 \sim 5.67 kg/kg\ K_2O$ 之间，平均为 $2.74 kg/kg\ K_2O$。钾肥农学利用率主要分布在 $2.00 \sim 4.00 kg/kg\ K_2O$ 之间，所占比例达 50.0%，大于 4 和小于 1 的试验各占 12.5%。试验结果说明，钾肥偏生产力和农学利用率与试验的环境条件和钾肥用量密切相关，在不同试验条件下各试验点的钾素利用效率存在一定的差别，同时从试验结果可以看出，通过合理施用钾肥，能有效提高钾肥的利用效率。

2.4 钾肥适宜用量

用线性加平台施肥模型拟合 17 个试验的钾肥用量与籽棉产量间的关系（图 1）。模型拟合结果表明，籽棉基础产量为 2 867kg/hm²，平台产量为 3 196kg/hm²，钾肥临界用量为 61.8kg/hm²；当钾肥用量小于 61.8kg/hm² 时，籽棉产量可以用方程 $y = 2\ 867 + 5.328\ 6x$ 来描述，方程拟合度较高，达极显著水平（$R^2 = 0.6041^{**}$）。

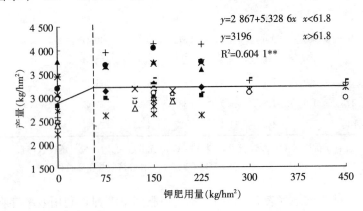

图 1 钾肥用量与籽棉产量间的关系

3 讨论

3.1 钾素利用效率

钾肥偏生产力反映的是棉花吸收肥料钾和土壤钾后所产生的边际效应，钾肥农学利用率反应的是施用每千克纯钾增收籽棉的能力[10]。在本试验条件下，钾肥偏生产力以 14 号试验最低（只有 10.47kg/kg K₂O），以 2 号试验最高（达 39.61kg/kg K₂O），原因可能与试验的钾肥用量差异有关。14 号试验施钾效果优于 2

号试验（前者施钾增产 930kg/hm²，后者施钾增产 163kg/hm²），但由于 14 号试验钾肥用量高于 2 号试验（14 号试验施钾 300kg/hm²，2 号试验施钾 75kg/hm²），因此钾肥偏生产力反而低于 2 号试验。钾肥农学利用率以 15 号试验最低（0.86kg/kg K_2O），6 号试验最高（5.67kg/kg K_2O），原因可能与试验田块土壤速效钾含量差异引起的棉花施钾增产能力差异有关（15 号试验土壤速效钾含量高于 6 号试验，施钾增产能力反而低于 6 号试验），钾肥农学利用率反映的是棉花施用钾肥后能增产的能力，它与棉花施钾产投比变化规律相一致。说明钾肥利用效率的提高，需要在了解土壤钾素丰缺状况的基础上合理施用钾肥。

3.2 钾肥适宜用量推荐

研究结果表明，施钾可以改善棉株营养生长和生殖生长，在一定程度上提高籽棉产量，但不同试验点施钾效果差异较大，原因可能与各试验点土壤速效钾含量存在差异有关。如本项研究的 3 号试验施钾略有减产，15 号试验施钾效果不明显，而 11、16 号试验施钾效果显著。原因是前两个试验土壤供钾能力强，速效钾含量均超过了 130mg/kg（3 号试验高达 164.9g/kg），而后两个试验土壤供钾能力较差，速效钾含量只有 55.3、42.0mg/kg，因此导致了钾肥肥效的差异。由于作物产量在很大程度上取决于土壤速效养分含量及肥料施用量[12]，而土壤钾素肥力状况会直接影响钾肥的肥效[13]。因此，钾肥合理施用需要综合考虑试验田块的供钾能力，本研究在综合分析钾肥用量与籽棉产量的基础上，求得湖北棉花钾肥最佳用量平均为 61.8kg/hm²，该用量可以为湖北棉花生产的钾肥经济供应提够参考，但由于本研究所推荐的钾肥最佳用量是建立在 17 个试验之上的平均值，所以实际应用中还应根据各地土壤钾素丰缺状况作相应调整。当然，钾肥肥效的发挥受多种因素的影响，除了与土壤钾素供应水平相关外，氮磷肥的配合、生产水平、耕作制度、气候条件、供试品种以及施用技术等都是重要的影响因子，这些因素均会影响钾肥的肥效，而各种因素间的相互影响具有复杂性，由于条件有限，本文未能作更深入地探讨，有待今后作进一步研究。

致谢：华中农业大学资源与环境学院王运华教授对论文的数据分析和整理提供宝贵指导意见，谨此致谢。

参 考 文 献

[1] 高祥照，马文奇，崔勇，等．我国耕地土壤养分变化与肥料投入状况 [J]．植物营养与肥料学报，2000，6（4）：363 - 369.

[2] Sheng X F. Growth promotion and increased potassium uptake of cotton and rape by a potassium releasing strain of Bacillus edaphicus [J]. Soil Biology & Biochemistry, 2005 (37): 1918 - 1922.

[3] 陈防，鲁剑巍，万运帆，等．长期施钾对作物增产及土壤钾素含量及形态的影响 [J]．土壤学报，2000，37（2）：233 - 241.

[4] 李燕娥，赵海祯，解红娥，等．旱地棉田施用钾肥效应 [J]．棉花学报，1997，9（1）：47 - 51.

[5] 马宗斌，李伶俐，朱伟，等．施钾对不同基因型棉花光合特性及产量和品质的影响 [J]．植物营养与肥料学报，2007，13（6）：1129 - 1134.

[6] 刘燕，王进友，张祥，等．钾营养对高品质棉不同部位棉铃发育及内源激素影响的研究 [J]．棉花学报，2006，18（4）：209 - 212.

[7] 姜存仓，袁利升，王运华，等．不同基因型棉花苗期钾效率差异的初步研究 [J]．华中农业大学学报，2003，22（6）：564 - 568.

[8] 王刚卫，田晓莉，谢湘毅，等．土壤缺钾对棉花钾运转和分配的影响 [J]．棉花学报，2007，19（3）：173 - 178.

[9] 鲍士旦．土壤农化分析 [M]．北京：中国农业出版社，2000：25 - 110.

[10] 彭少兵，黄见良，钟旭华，等．提高中国稻田氮肥利用率的研究策略 [J]．中国农业科学，2002，35（9）：1095 - 1103.

[11] 陈新平，周金池，王兴仁，等．小麦—玉米轮作制中氮肥效应模型的

选择—经济和环境效益分析 [J]. 土壤学报，2000，37（3）：346-354.

[12] 张玉铭，毛任钊，胡春胜，等. 华北太行山前平原土壤肥力状况与玉米产量相关关系的通径分析 [J]. 干旱地区农业研究.2004，22（3）：51-55.

[13] 谢建昌，周健民. 我国土壤钾素研究和钾肥使用的进展 [J]. 土壤，1999（5）：244-254.

附录 2 棉花钾营养与钾肥施用的研究进展

我国耕地土壤普遍缺钾，严重缺钾的土壤（速效钾＜50 mg/kg）和一般性缺钾的土壤（速效钾 50～70mg/kg）面积共约 2300 万 hm²，约占全国耕地面积的 23％，南方严重缺钾的土壤约为 930 万 hm²[1]。钾是植物必需的大量营养元素之一，在酶的激活、蛋白质合成、物质运输和渗透调节等方面起着重要的作用[2]。棉花是重要的纤维作物，需要吸收大量的钾素，因而，钾是影响棉花产量和品质的重要因素之一。近年来，随着复种指数的提高和氮磷化肥用量的增加，缺钾土壤面积不断扩大，导致棉花生长发育受阻、产量下降、品质变劣的现象时有发生[3]，当土壤钾素供应不足时，为了维持一定的产量和保证产品品质就必须施用钾肥[4]。因此研究棉花施钾技术，对了解棉花钾营养特点，掌握棉花需肥规律有重要的指导意义。本文根据近 50 年来国内研究棉花和钾的关系的主要进展进行综述。

1 钾对棉花的营养功能

钾对棉花的营养作用在于能增加棉花的叶面积和叶绿素含量，促进气孔张开，有利于吸收 CO_2，提高叶片 CO_2 的同化率。钾还能促进细胞色素氧化酶的活性，有利于棉株进行正常呼吸。钾对棉花的光合作用影响较大，当钾供应充足时，光合磷酸化效率就提高，并促进棉株中的碳水化合物的合成和运输[5-6]。钾营养不足，是导致棉花生产上出现早衰现象的原因之一[7]。PET-

注：本文刊登于《华中农业大学学报》（2010 年第四期）。

TIGREW[8]报道，缺钾导致叶片中碳水化合物积累增加，用于生殖器官发育并形成产量的碳水化合物的钾减少，是导致棉花早衰、产量降低、品质变劣的主要因素之一。姜存仓等[9]在苗期对棉花进行低钾处理，缺钾症状首先在叶片上表现出有褐色斑点，变褐干枯，逐渐脱落。施钾肥的棉花植株表现茎秆坚韧、叶色浓绿，增强了植株抗逆能力，抑制了早衰的发生[10]。钾可提高棉株的抗病性，降低真菌、细菌、病毒等对作物的危害[11]。施钾有利于提高植物组织酚类物质含量，酚的氧化产物醌具有更强的杀菌效果[12]。杨惠元等[13]报道，施钾使中棉所 12 和中棉所 17 的黄萎病和枯萎病发病率和病情指数比对照低。钾还能促进输导组织及机械组织的正常发育，使棉花茎秆坚韧不易倒伏，可使棉株健壮。此外，钾还能充分发挥氮磷的肥效，促进棉株根系发育，延长叶片寿命，减少脱落烂铃和提高纤维品质[14]。施钾明显提高了棉花的纤维品质，施钾后纤维长度增加 0.3~1.5 mm，整齐度增加 1.8%~2.6%，比强度增加 2.9~9.0cN/Tex，麦克隆值增加 0.6~1.1[15]。同时，钾可提高棉花衣分，促进种子成熟，增加种子饱满度，提高种子质量[16]。

2 钾肥对棉花的增产作用

2.1 20 世纪 90 年代前钾肥对棉花的增产作用

1970 年代以来，随着氮、磷化肥施用量逐年增加，单产和复种指数的提高，长江流域棉田土壤和有机肥供应的钾素已不能满足棉花高产的需要，增施钾肥有明显的增产作用。黄河流域棉区 1970 年代施钾基本没有效果，20 世纪 80 年代初，黄河流域棉区施钾开始显示肥效。从表 1 看出，长江流域棉区 K_2O 对皮棉的贡献为 0.9~3.6kg/kg，黄河流域棉区 K_2O 对皮棉的贡献为 0.7~1.5kg/kg。

表 1　20 世纪 90 年代前不同棉区钾肥对棉花的贡献率

棉区		施 K$_2$O (kg/hm^2)	K$_2$O 贡献率 (kg/kg)
长江流域	湖北①	—	1.2
		—	1.7
		75.0~247.5	1.9
		75.0~150.0	1.1
	江西②	47.4	3.6
		94.8	0.9
		118.5	1.8
	江苏③	118.5	2.8
		237.0	1.8
黄河流域	河南④	135.0	0.8~1.5
		180.0	0.7

注：①湖北省土壤肥料站、湖北省广济县农业局试验和湖北省钾肥肥效试验总结；②新余县农业局经作站试验和瑞昌县农业局试验；③江苏常熟试验；④河南省农林科学院土壤肥料所试验和中国农业科学院棉花研究所试验。

2.2　20 世纪 90 年代后钾肥对棉花的增产作用

近年来，作为种植棉花主要土壤类型的潮土区土壤有效钾持续升高。1987—1997 年间，土壤速效钾含量年平均增加 3mg/kg，每年约增加 1.98%；1998—2006 年间，土壤速效钾含量年平均增加 4mg/kg，每年约增加 3.16%，这可能与近几年大力推广秸秆还田和重视钾肥的施用有关[17]，使钾肥对棉花的增产作用比原来降低。从表 1 和表 2 中可以看出，20 世纪 90 年代后长江流域棉田的钾肥对棉花的增产作用由 80 年代

0.9～3.6kg/kg 降低到 0.9～1.8kg/kg，黄河流域棉田的钾肥对棉花的增产作用，从 80 年代平均 0.7～1.5kg/kg 降低到 0.9～1.3kg/kg。

2.3 新疆棉区钾肥对棉花的增产作用

20 世纪 90 年代中期，在新疆灌耕灰漠土上，配合施用氮、磷、钾肥与配合施用氮磷肥相比，无明显的增产效果。在施足氮磷肥的基础上施用钾肥，不论是施用硫酸钾还是氯化钾，均无显著的增产作用[18]。90 年代中后期新疆棉区施钾开始有明显的增产作用。表 3 表明，90 年代中后期新疆棉区施 K_2O 120～240kg/hm² 时，K_2O 对皮棉的贡献为 0.4～2.4 kg/kg。2004 年和 2008 年新疆试验，K_2O 对皮棉的贡献为 1.3～2.8 kg/kg。由此可见，就新疆棉区而言，不同的地区不同的土壤类型钾肥的增产作用也不一样，并且随着时间的推移，钾肥增产作用未见降低。这可能与新疆雨水少、属于灌溉棉花、高度密植、高产，对钾营养需求量大有关。

因此，钾肥对棉花的增产效应在不同的植棉区、不同的年代其增产作用不同，与土壤缺钾程度和钾肥施用数量的多少有密切关系[19]。

表 2 20 世纪 90 年代后不同棉区钾肥对棉花的贡献率

棉区		施 K_2O (kg/hm²)	K_2O 贡献率 (kg/kg)
长江流域	江苏①	135.0	0.9
		90.0	1.8
		135.0	1.4
		180.0	1.3
		225.0	1.3
		270.0	1.2

（续）

棉区		施 K_2O (kg/hm^2)	K_2O 贡献率 (kg/kg)
黄河流域	河南②	75.0	0.8
		150.0	0.7
		225.0	0.6
		300.0	0.5
	山西③	37.5	1.3
		112.5	1.2
	山东④	45.0	1.0
		90.0	1.1
		135.0	1.2
		180.0	1.0

注：①江苏省大丰县试验和江苏省如东县试验；②河南省安阳市农业局试验；③山西农业科学院棉花研究所试验；④济宁市农业科学研究所试验。

3 棉花的需钾规律、钾肥效果与土壤条件

由于在不同的植棉区、不同的年代钾肥的增产作用不同，因此，钾肥施用技术应根据棉花的需钾规律、钾肥施用量和不同的棉区土壤中钾的含量而定。

3.1 棉花需钾规律

据李俊义[20]研究，棉株一生吸收积累的钾，由出苗至现蕾期约占总积累量的 $4.0\% \sim 3.7\%$，现蕾期至开花期约占总积累量的 $31.6\% \sim 28.3\%$，开花期至吐絮期约占总积累量的 $63.2\% \sim 61.6\%$，吐絮期至收获约占总积累量的 $1.2\% \sim 6.3\%$。盛花期以后到成熟期棉花体内吸收和储存的钾达 566.3mg，占全生育期吸钾总量的 65%。棉花全生育期对氮、磷、钾吸收比

例为 $1:0.3:1\sim1.2$，高产棉田氮磷钾化肥的最佳施用比例为 $1:0.75:1$[21]。

每生产 100kg 皮棉，需吸收纯氮 17.5kg、纯磷（P_2O_5）6.3kg、纯钾（K_2O）15.5kg。棉花的需肥高峰期在花铃期，此时重施肥料对促进蕾铃发育，减少脱落，提高单株结铃数，增加铃重均起到关键作用[22]。宋美珍[23]报道，黄淮海棉区施 K_2O 小于 120kg/hm^2 可作基肥或蕾肥施用，施 K_2O 大于 180kg/hm^2 时可分期施用，以基肥＋蕾肥各半施用最好，花期以后施用效果较差。

表 3 新疆棉区钾肥对棉花的贡献率

年份	棉区	施 K_2O （kg/hm^2）	K_2O 贡献率 （kg/kg）
20 世纪 90 年代中后期①	阿克苏	120.0	2.4
		240.0	0.5
	麦盖提	120.0	1.2
		240.0	0.4
	疏勒县	120.0	2.3
		240.0	1.4
	玛纳斯	120.0	0.9
		240.0	0.6
2008 年②	北疆	150.0	1.3
2004—2006 年③	喀什（硫酸钾）	75.0	2.8
	喀什（磷酸二氢钾）	75.0	2.0
	喀什（氯化钾）	75.0	1.3

注：①新疆维吾尔自治区土肥站试验；②石河子大学试验；③巴楚县农业技术推广中心试验。

根据全国第二次土壤普查资料，兵团垦区的全钾含量平均为 2.19%，速效钾含量平均为 319mg/kg，属富钾地区，建议兵团

垦区施 K_2O 以 45～75kg/hm² 为宜，根据生产实践和试验，钾肥的施用以棉花播前，秋季作基肥一次性深翻 20～25cm 增产效果最好。若作追肥应尽量早施，因为棉花在现蕾至结铃期需钾较多，其吸收量约占总需钾量的 70%，故追肥应在现蕾前施入，深度 10～15cm[24]。不同用量钾肥作基肥施用的增产范围在 2%～7.7%之间，增产最高的是施 300kg/hm² K_2O，增产籽棉 442kg/hm²，增产 7.68%，达显著水平。在棉花盛蕾期、盛花期和盛铃期分别追施 K_2O 75kg/hm²，可增产籽棉 1.31%～7.32%。在棉花盛蕾期追施不同用量的钾肥，增产籽棉范围在 2.66%～9.38%，增产作用最大的是追施 K_2O 75kg/hm² 处理，增产籽棉 399kg/hm²，增产 9.38%[25]。

李俊义[26]试验表明，在速效钾（K_2O）含量为 220mg/kg 的供试棉田，施氮肥增产 30.1%，氮钾配合中，钾增产 2.6%，差异不显著，钾肥效果不明显。速效钾含量为 190mg/kg 的各供试棉田，有部分试验，施氮肥增产 37.3%，氮钾配合后，钾肥增产 5.6%，差异显著，钾肥有效果。速效钾含量为 190mg/kg 的施钾有效果的供试棉田，K_2O 用量为 75kg/hm²。在相同氮用量条件下，低磷用量时，钾肥的增产效果不明显。中磷用量时，施用钾肥有明显的增产效果，施 K_2O 60kg/hm² 时，北疆增产 10.1%，南疆增产 13.8%；施 K_2O120kg/hm² 时，北疆增产 10.7%，南疆增产 22.2%。在一定氮磷施用条件下，最高产量的施钾（K_2O）量，南疆为 133.3kg/hm²，北疆为 146.8kg/hm²[27]。南疆欲获得 2250kg/hm² 以上皮棉产量水平，需施用氮、磷、钾肥分别为 N 330.0～391.5kg/hm²，P_2O_5 138.0～207.0kg/hm²，K_2O 99.0kg/hm²[28]。

3.2 不同钾肥施用量与棉花产量效应

杨粉翠等[29]试验结果，在一定范围内，棉花产量随着钾肥施用量的增加而增加。与对照相比，施用钾肥 37.5～150kg/

hm^2，增产棉花 $111\sim306kg/hm^2$，增产 $10.6\%\sim29.1\%$，差异极显著。在河南，不同施钾（K_2O）水平（0，75，150，225，$300kg/hm^2$）与对照相比，籽棉产量增加 $31.0\%\sim63.1\%$，皮棉产量增加 $45.8\%\sim82.8\%$，当 K_2O 用量为 $150kg/hm^2$ 时，皮棉产量为 $1689kg/hm^2$，达到最高，比对照增皮棉 $765kg/hm^2$[30]。钾肥施用量效应还与土壤速效钾含量呈负相关，当土壤速效钾含量<$100mg/kg$，施 K_2O $60\sim240kg/hm^2$，比对照增产皮棉呈直线上升趋势，增产率为 $8.7\%\sim24.1\%$；土壤速效钾含量在 $100\sim120mg/kg$ 的棉田中，施 K_2O $60\sim240kg/hm^2$ 增产皮棉仍呈直线上升趋势，但效应不如速效钾含量低的棉田；土壤速效钾含量>$150mg/kg$ 的棉田施钾肥仍有一定的增产效应，施 K_2O $60kg/hm^2$ 和 $120kg/hm^2$ 增产皮棉仍呈上升趋势，但施 K_2O $240kg/hm^2$ 时，增产幅度明显下降。因此得出，土壤速效钾含量<$100mg/kg$ 的棉田，可施 K_2O $240kg/hm^2$；土壤速效钾含量在 $100\sim120mg/kg$ 的棉田，施 K_2O 不宜超过 $180kg/hm^2$；土壤速效钾含量>$150mg/kg$ 的棉田，施 K_2O 不宜超过 $150kg/hm^2$[23]。范希峰[31]也认为在黄淮海地区当土壤速效钾含量为 $100\sim130mg/kg$ 时，施用 $150kg/hm^2$ 氯化钾（做底肥）就可以达到理想的增产效果。

3.3 土壤速效钾含量和土壤质地与棉花施钾效应

据第二次全国土壤普查结果，湖北省土壤速效钾高于 $150mg/kg$ 的棉田仅占棉田面积的 15% 左右，而 $100\sim150mg/kg$ 的约占 40%，小于 $100mg/kg$ 的约占 45% 左右。王盛桥[32]认为应根据土壤速效钾含量和土壤质地来确定是否施钾，土壤速效钾小于 $50mg/kg$ 的棉田均属施钾肥的范围，$150mg/kg$ 以上的可以不施钾肥，为棉田施钾的临界值。土壤速效钾随着土壤质地变砂而降低，在安排钾肥施用顺序时，砂土优先，然后是油砂土、正土。钾肥施用的适宜数量：土壤速效钾小于 $50mg/kg$ 的棉田一般施用钾肥（K_2O）180～240kg/hm²；50～100mg/kg 的棉田，施 K_2O 120～180kg/hm²；101～150mg/kg 的棉田，施 K_2O 75～120kg/hm²；大于 150mg/kg 的棉田，一般不施用钾肥。平原潮土中优先安排缺钾严重（速效钾 100mg/kg 以下）的砂土、砂壤土和夹砂棉田，一般施 K_2O 135kg/hm²；速效钾含量 100～150mg/kg 的油沙土和正土棉田，施 K_2O 75～112.5kg/hm²；含钾量高的黏土或施农家肥较多的棉田可以少施或不施钾肥[33]。1986—1987 年肖作敏[34]试验推荐的临界值为：当土壤速效钾＜80mg/kg，施 K_2O 135～225kg/hm²，增产皮棉 300～645kg/hm²，增幅为 41.9～71.6%；土壤速效钾含量为 100～150mg/kg 时，仍施 K_2O 135～225kg/hm²，增产皮棉 93.0～724.5kg/hm²，增幅为 8.9%～51.3%；土壤速效钾含量＞150mg/kg 时，增施钾肥的效果就不明显了。

1984—1989 年间，河南省全省 231 个棉花试验田结果表明，棉田严重缺钾仅占 1.3%～1.9%，供钾中量者占 17.9%～30.7%，供钾高量者占 68.0%～80.1%。并划分土壤速效钾（K_2O）为＜80mg/kg 为严重缺钾，必须施用钾肥；80～110mg/kg 为缺钾，注意施用钾肥；110～125mg/kg 为潜在缺钾，酌情施用钾肥；125～140mg/kg 为富钾；＞140mg/kg 为极富钾，不需要施钾[35]。据 1996—1997 年对河南省潮土区 1158 个样点（6.47 万 hm²）分析，速效钾低于 100mg/kg 的缺钾土壤占 55.1%，其中小于 60mg/kg 的极低钾土壤占 15.0%，比 20 世纪 80 年代初缺钾面积增加了 1 倍[36]。80 年代南阳棉田土壤钾丰缺指标为：速效钾含量小于 125mg/kg 为缺乏，125～155mg/kg 为中等，大于 155mg/kg 为丰富[37]。邢竹等试验结果，当土壤速效钾含量＜100mg/kg 时，增产效果明显；100～150mg/kg 时，增产不稳定；＞150mg/kg 时，增产不明显或不增产[21]。

新疆棉区试验表明，在速效钾含量中等的中肥力棉田土壤中补施钾肥有显著的增产效果，而在速效钾含量较高的高肥力棉田土壤中补施钾肥增产作用不显著。在灌耕灰漠土上的试验结果，在速效钾含量为 200mg/kg 左右的中肥力土壤（灌耕灰漠土）上，合理施用氮磷肥（尿素 390kg/hm²，磷酸二铵 195kg/hm²）的基础上补施钾肥，有明显的增产作用。施用 K_2O 37kg/hm² 时，皮棉产量可达到 1562kg/hm²，比氮磷肥配施增产 6%～8%。而在速效钾含量为 380mg/kg 的高钾土壤上（潮土），不施钾肥与单施钾肥比较，其单铃重、衣分及产量差异均不明显，在富钾土壤上施用钾肥基本没有增产效果[38]。据·帕提古丽·苏来曼[39]试验结果，在新疆沙性瘠薄土壤上种植棉花，在常规施用有机肥和氮、磷化肥的基础上，施 K_2SO_4 105～150kg/hm² 增产效果明显，可在沙性土壤上因地制宜地推广应用。

4 展望

如上所述，钾是棉花生长必不可少的元素，而近年来我国农田土壤钾素肥力下降，钾肥有效地区不断扩大，某些棉区钾肥对棉花的增产作用在逐渐降低，因此，如何提高土壤中钾素的有效性和棉花对钾肥的利用率仍将是我们今后工作的重点。钾肥对棉花的增产作用不仅受施肥量、土壤条件、不同的棉花品种及棉花的不同生育期等因素的影响，而且不同的棉区钾肥的增产作用差异很大，因此应加强每个棉区的平衡施肥推荐，使棉花的平衡施肥形成区域化。随着高产优质高效农业的发展，未来的研究应从作物—土壤—环境系统考虑，加强钾素的物质循环和再利用，较多地将土壤中的钾转化为植物有效性钾，重视棉花配方施肥技术的推广，利用最新科技手段将栽培管理技术和现代施肥技术结合起来，以提高土壤及钾肥的利用效率。此外，筛选培育和利用棉花钾营养高效基因型以挖掘土壤钾素潜力，深入研究不同棉花基因型对钾营养的吸收与转运机制，挖掘优良种质资源，进行棉花钾营养性状的遗传改良将是今后研究的重点，以生物资源替代不可更新的矿产资源，提高棉花自身吸收、利用钾素的能力。

参 考 文 献

[1] 中国农科院土肥所. 中国化肥区划 [M]. 北京：中国农业科学技术出版社, 1986.

[2] MARSCHNER H. Mineral nutrition of higher plant [M]. San Diego, California, America: Academic Press, 1995.

[3] 郭英. 棉花钾肥效应研究进展 [C] //山东省科学技术学会. 黄河三角洲棉花生产发展论坛论文集, 北京：中国社会出版社, 2005: 243-251.

[4] 丛日环, 李小坤, 鲁剑巍. 土壤钾素转化的影响因素及其研究进展 [J]. 华中农业大学学报, 2007, 26 (6): 907-913.

[5] 孙羲, 饶立华, 秦遂初, 等. 棉花钾素营养与土壤钾素供应水平 [J]. 土壤学报, 1990, 27 (2): 166-171.

[6] 沈品生. 棉花增施钾肥的作用和技术 [J]. 农垦科技, 1995 (3): 9-11.

[7] 凌宝贵, 袁采薱. 钾肥防止棉花早衰的效果 [J]. 土壤肥料, 1999 (2): 41.

[8] PETTIGREW W T. Potassium deficiency increase specific leaf weights and leaf glucose levels in field-grown cotton [J]. Agron J, 1999 (91): 962-968.

[9] 姜存仓, 袁利升, 王运华, 等. 不同基因型棉花苗期钾效率差异的初步研究 [J]. 华中农业大学学报, 2003, 22 (6): 564-568.

[10] 张金帮, 宋元瑞. 钾肥在棉花上的施用效果初探 [J]. 江西棉花, 2000, 22 (6): 16-17.

[11] PERRENOUD S. Potassium and plant health [M]. Basel, Switzerland: International Potash Institute, 1990, 1-5.

[12] WEDGE D E, Dayan E F, Meazza G. Antifungal activity of naturally occurring quinines [J]. Phytopathology, 2002, 92 (6 Suppl.): 85-86.

[13] 杨惠元, 宋美珍. 北方棉区钾肥施用效应研究研究 [J]. 中国棉花, 1992, 19 (2): 28-29.

[14] 熊华林. 对大田棉花缺钾的原因和施钾效应的探讨 [J]. 江西棉花,

1985 (2)：23-26.

[15] 姜存仓，王运华，鲁剑巍，等. 不同钾效率棉花基因型对低钾胁迫的反应 [J]. 棉花学报，2006，18 (2)：109-114.

[16] 房英. 钾肥对棉花产量和品质的影响 [J]. 植物营养与肥料学报，1998，4 (2)：196-197.

[17] 全国农业技术推广服务中心，中国农科院农业资源与区划所. 耕地质量演变趋势研究 [M]. 北京：中国农业科学技术出版社，2008 (6)：116.

[18] 朱和明，卞秀兰，燕庆阳，等. 灌耕灰漠土棉花施用钾肥的初步研究 [J]. 石河子农学院学报，1995 (1)：25-28.

[19] 王家雄，陈维虎，郁寅良. 棉花施用钾肥的增产效果及技术 [J]. 农业科技通讯，1984 (12)：12.

[20] 李俊义，刘荣荣，王润珍，等. 棉花需肥规律研究 [J]. 中国棉花，1990 (4)：23-24.

[21] 邢竹，申建波，郭建华，等. 高产棉花营养吸收规律及钾肥效果研究初探 [J]. 土壤肥料，1994 (4)：25-28.

[22] 刘全喜，马连运. 高产棉田的平衡施肥技术 [J]. 河北农业科技，2007 (3)：31.

[23] 宋美珍，杨惠元，蒋国柱. 黄淮海棉区钾肥效应研究 [J]. 棉花学报，2003，5 (1)：73-78.

[24] 马鄂超，何江勇，杨国江. 棉花施肥技术 [J]. 新疆农垦科技，2006 (5)：59-60.

[25] 姜益娟，郑德明，闫志顺，等. 新疆棉花施钾效果研究 [J]. 干旱地区农业研究，205，23 (2)：91-94.

[26] 李俊义，刘荣荣，王润珍，等. 新疆棉区钾肥效果研究 [J]. 中国棉花，1999 (6)：21-23.

[27] 付明鑫，王慧，许咏梅，等. 新疆高产棉花的钾肥施用效果 [J]. 土壤肥料，2001 (4)：21-28.

[28] 白灯莎·买买提艾力，冯固，黄全生，等. 南疆高产棉花营养特征及施肥方式的研究 [J]. 中国棉花，2002，29 (11)：11-13.

[29] 杨粉翠，吴霞，张林水，等. 棉花施用钾肥的增产效应研究 [J]. 中国棉花，2003 (4)：32-33.

[30] 王喜枝. 潮土区棉花施用钾肥的效应研究 [J]. 河南农业科学, 2003 (10): 43-44.

[31] 范希峰, 王汉霞, 田晓莉, 等. 钾肥对棉花产量的影响及最佳施用量研究 [J]. 棉花学报, 2006, 18 (3): 175-179.

[32] 王盛桥. 潮土耕地棉花钾肥施用技术的试验研究 [J]. 湖北农业科学, 2002 (2): 44-46.

[33] 肖作敏. 江汉平原潮土植棉施钾增产效果 [J]. 华中农业大学学报, 1989 (S1): 165-166.

[34] 肖作敏, 周治安. 平原潮土棉花施钾效益和技术 [J]. 中国棉花, 1990 (1): 29-33.

[35] 张素菲, 龚光炎, 黑志平, 等. 棉田钾肥肥效临界值的研究 [J]. 土壤通报, 1991, 22 (2): 79-81.

[36] 郑义, 程道全, 葛树春, 等. 河南潮土钾素变化状况与钾肥肥效 [J]. 土壤, 1998 (3): 161-164.

[37] 黑志平, 吴美荣, 宋江春. 南阳地区棉花施钾效果及土壤钾素丰缺指标研究 [J]. 河南农业科学, 1992 (4): 20-24.

[38] 李俊杰, 陈德强, 艾尼瓦尔·库那洪. 博州棉田施肥效应及应用效果 [J]. 农业科技通讯, 2008 (12): 148-150.

[39] 帕提古丽·苏来曼. 不同钾肥用量对棉花生长发育和产量的影响 [J]. 新疆农业科技, 2000 (6): 34.

第七章

棉花中量元素营养

内　容　提　要

中量元素是作物生长过程中需要量次于氮、磷、钾而高于微量元素的营养元素，通常指钙、镁、硫3种元素。虽然植物对它们的需要量不大，但它们对植物营养的作用与大量元素同等重要。本章分别从钙、镁、硫在棉花、土壤中的含量、形态、转化等方面介绍了3种营养元素的特性与功能，简要介绍了它们与棉花品质的关系，最后强调了几种常用的钙肥、镁肥以及硫的施用方法，掌握这些施用技巧，以调节土壤养分供应水平和改善棉株营养状况，达到棉花高产、优质的目的。

Brief

Middle elements are inferior to nitrogen, phosphorus, potassium and above trace nutrients in demand in the crop growth, usually include calcium, magnesium and sulfur. Requirements are little, but their roles are equally important to macro-elements. This chapter introduced the features and functionality of the calcium, magnesium, sulphur from their content, forms, transformation in cotton and soil, briefly introduced the relationship among cotton and the three elements, and emphasized several kind of calcium fertilizer, magnesium fertilizer and sulfur fertilizer commonly used as well as their application process, only by mastering these employment skill, adjusting the soil nutrient supply level and improving cotton nutritional status, can we achieve the goal of high yield and quality.

第一节　棉花钙素营养

一、棉花中的钙

钙是生活细胞壁的主要组成成分，是分生组织活动所必需的。缺钙时分生组织受害最早，细胞壁形成受阻，不能形成完整的细胞壁。钙对维持生物膜的完整性和渗透性起重要作用，钙还影响膜的渗透与原生质膜的离子选择性运输。钙的"游离"和"结合"与离层形成有关，棉花蕾铃脱落前，果胶酶作用于果胶钙侧链，使钙游离出来，果胶成为可溶性，细胞间失去黏合力，蕾铃即脱落。

植物从氯化钙等盐类中吸收钙离子，植物体内的钙有以离子态存在，也有以钙的草酸盐、碳酸盐等形式存在，在种子中钙主要以肌醇六磷酸盐的形式存在。棉株体内各器官的含钙量为叶＞蕾＞根＞茎。因钙是一个比较不易移动的元素，所以存在于叶子或老的器官中相对较多。值得注意的是，蕾的含钙量并不低，这反映出钙对生殖器官的发育有着重要作用。

二、土壤中的钙

钙是二价碱土金属元素，在地壳中是第五位丰富的元素，平均含量为 3.64%，土壤中的钙来源于土壤岩石中。钙长石是钙的最主要的原生矿物，其他一些矿物也提供少量的钙，包括钠长石、辉石、闪石、黑云母和一些硼硅酸盐。方解石是半干旱、干旱地区土壤的主要钙源。

土壤中含钙量决定于土壤母质、质地、风化程度、pH、淋溶作用的强烈和施用石灰与否。质地轻，有机质贫乏，淋失严重的土壤，有效钙供应不足。土壤中代换性钙含量在 $20\sim30mg/kg$ 时，即不至于缺钙。在成土过程中，降雨是影响土壤钙的主要因素，其次是母岩和生物作用。含钙量大于 3％时一般表现土壤中存在碳酸钙，含游离碳酸钙的土壤称为石灰性土壤。尤其在北方干旱和半干旱地区的石灰性土壤，钙的含量在 1％～10％以上，发生相对富集。由酸性火成岩或硅质砂岩发育的土壤，以及强酸性泥炭石和蒙脱石黏土，含钙量较低。我国南方的赤红壤、砖红壤、红壤，由于风化和淋溶作用强烈，含钙的硅酸盐矿物已经遭到强烈分解，盐基也受到淋失，因此其含钙量较低，代换性钙平均含量仅为 $10\sim20mg/kg$。用 $1mol/L$ 的 NH_4OAC 提取土壤有效钙作为指标，南方酸性红壤交换性钙小于 $56mg/kg$，果树容易缺钙。

土壤中钙有 4 种存在形态，即有机物中的钙、矿物态钙、代换态钙和水溶性钙。有机物中的钙主要存在于动植物残体中，占全钙的 $0.1％～1.0％$。矿物态钙占全钙量的 $40％～90％$，是主要钙形态。土壤含钙矿物主要是硅酸盐矿物，矿物态钙是土壤钙的主要来源。代换性钙占全钙量的 $20％～30％$，占盐基总量的大部分，对作物有效性好。水溶性钙指存在于土壤溶液中的钙，含量为每千克几毫克到几百毫克，是植物可直接利用的有效态钙（表 7－1）。

表 7－1　土壤水溶性钙分级标准

等级	土壤水溶性钙含量（mg/kg）
低钙土壤	<90
中钙土壤	90～120
高钙土壤	>120

钙在土壤中的移动速度比想象中快得多，土壤钙的淋失远大于施钙量，每年每公顷达数百千克，减少施钾量可增加钙的淋

失。钙进入土壤中还可以发生交换吸附、专性吸附，形成离子对或生成难溶性沉淀，土壤中钙的移动与转化将直接影响到肥料钙的有效性。在水溶态钙、代换态钙、有机态钙及矿物态钙4种土壤钙形态中，水溶态钙和代换态钙是作物可实时利用的有效态钙，矿物态钙和有机态钙一般作为作物钙营养的供应潜力看待，其含量的多少与土壤有效钙无关。土壤供钙水平主要取决于代换性钙的供应容量大小，水溶态钙在土壤溶液中虽然浓度不低，但只有代换态钙的2％以上，水溶态钙与代换态钙在土壤中两者是动态平衡的关系，溶液中钙量下降，代换态钙又可被代换出来进入土壤溶液，反过来也一样，溶液中钙量增加，又被吸附为代换态钙。因此，通常以代换态钙的量作为衡量土壤钙肥力的水平。

三、钙与棉花品质

钙是棉花植株细胞的重要组成物质，是棉花生长不可缺少的元素之一。钙能中和植物新陈代谢过程中所形成的有机酸，有调节体内 pH 的作用。钙对植物体内氮的代谢有一定影响，能使植物维持正常的生理活动，并能降低钠、镁、铁等离子的毒害作用。

棉株缺钙一般较少见，但与缺钾、缺镁和缺磷的植株相比，缺钙的症状最为严重，植株出现死亡的时间最早。

缺钙棉株生长点受抑制，呈弯钩状，株型矮小，叶片易老化脱落，叶片萎垂，高温下易腐烂，果枝数及蕾铃数量均稀少，严重时上部叶片及部分老叶叶柄下垂并溃烂，老叶提前脱落，植株矮，果枝少，结铃少。根少、色褐，主根基部出现胖胀状组织。

四、钙的施用

农业上常用的钙肥主要有石灰和石膏等。石灰的主要成分是氧化钙（CaO）。一些化学氮肥如硝酸钙、硝酸铵钙、石灰氮等都含有钙。石膏是主要钙肥之一，既含钙又含硫，对缺钙缺硫的土壤更适宜使用。一些磷肥中常有含钙的成分，如普通过磷酸钙、钙镁磷肥、重过磷酸钙也都是重要钙肥来源。一些工矿的副产品或下脚废渣中，如炼铁的高炉渣，炼钢的炉渣，热电厂燃煤的粉煤灰，小氨厂的碳化煤球渣，磷肥厂的副产品磷石膏等都含有钙的成分。此外，各种农家肥中也含有一定量的钙，用量大，使用面积广，是不可忽视的钙源。其中骨粉、草木灰则是含钙丰富的农家肥。

石灰的改土作用表现在：

（1）中和酸性、消除铝毒　酸性土施用石灰可中和土壤的活性酸（H^+）和潜性酸（Al^{3+}），施用石灰生成氢氧化物沉淀可消除铝毒。

（2）增加有效养分　酸性土壤施用石灰，常能加强土壤有益微生物活动，从而促进了有机质的矿化和生物固氮作用，增加有效养分给源。也可使固磷作用减弱，促进无机磷的释放。

（3）改善土壤物理性状　酸性土施用石灰后，土壤胶体由氢胶体变为钙胶体，使土壤胶体凝聚，有利于水稳性团粒结构的形成。

（4）改善作物品质，减少病害　因大部分致病性真菌适于在酸性环境生长，但施用过多又会带来不良的后果，土壤有机质迅速分解，腐殖质难于积累，土壤结构受到破坏，土壤中有效 P、K、Fe、Mn、B、Zn、Cu 养分减少。

钙肥或石灰施用应根据土壤酸碱性、作物耐酸性、肥料性质及气候条件等因素决定。棉花是耐酸性差的作物，长江流域红壤棉田酸性强，含钙少，铁铝多，固定磷的作用强，宜适当多施石灰，一般作基肥施用，用量 150～250kg/亩。酸性土壤施用石灰能起到治酸增钙的双重效果，旱地红壤等酸性强的土壤施用石灰效果较好，用量多一些，酸性小的土壤石灰用量宜适当减少。质地黏的酸性土应适当多施石灰，砂质土应少施。此外，随着土壤熟化程度的提高，土壤酸性减小，石灰用量亦应减少，棉花是不耐酸的作物可以多施。

注意基施石灰时，一般不可与化肥尤其是磷肥同时施用或混合施用，在石灰施用 7～10 天后再施用化肥。

第二节　棉花镁素营养

一、棉花中的镁

棉花是需镁较多的经济作物，镁是叶绿素的组分，是叶绿素分子中唯一的金属元素。叶绿素是植物光合作用的核心，植物缺镁，叶绿素必然减少，外观出现缺绿症。镁是多种酶的活化剂，由镁所活化的酶已见报道的有 30 多种，镁还参与其中一些酶（如丙酮酸激酶、腺苷激酶、焦磷酸酶）的构成。镁能促进作物体内维生素 A、维生素 C 的形成，从而提高棉花的品质。

水培棉株各器官中的镁含量是叶＞蕾＞茎＞根，在田间条件下，成熟棉铃 MgO 含量，铃壳占 0.52%，种子占 0.83% 和纤维占 0.35%。镁在植株体内是一个可移动的元素，缺素症始于老叶，随后转移到嫩叶。

二、土壤中的镁

地壳中镁的平均含量为 2.35%，占第八位，土壤含镁量可从 0.1% 至 4%，大多数土壤含镁 0.3%～2.5%，平均土壤含镁量只有 0.6%，低于地壳含镁量，这是由于镁属于易被淋洗的元素。土壤含镁量受母质、气候、风化程度、淋溶和耕作措施等的影响变化很大。岩浆岩平均含氧化镁（MgO）3.49%，沉积岩含镁少得多，平均含氧化镁（MgO）2.52%，其中石灰岩含镁较高，平均含氧化镁（MgO）7.89%。含镁较多的基性矿物一般较易风化，高温、湿润的南方地区风化更甚，含镁不高。而北方地区寒冷、干燥、淋溶弱，土壤含镁普遍较高。所以我国土壤含镁量有自北向南、自西向东逐渐降低的趋势。我国南方热带、亚热带湿润地区是土壤低含镁区，易发生作物缺镁。

土壤中存在着 4 种形态的镁，即有机物中的镁、矿物态镁、水溶态镁和代换态镁，其中镁主要以无机态存在，有机态很少。

1. 有机物中的镁　一般有机物含镁在 1% 以内，主要来自秸秆和施入的农家肥。土壤有机质中的镁除了结合在有机成分中尚未分解的以外，其余的多数以络合或吸附形态存在于有机物中。

2. 矿物态镁　即包括在原生矿物和次生矿物晶格中的镁，是土壤镁的主要形态和给源，占土壤全镁量的 70%～90%。主要存在于含镁的硅酸盐矿物（如橄榄石、辉石、角闪石等）和非硅酸盐矿物（如菱镁石、白云石等），矿物态镁不溶于水，但大多数可溶于酸中，其中用低浓度的酸提取的酸溶性镁（非代换镁）是矿物中较易释放的镁，可看做植物有效镁的补充（或称缓效性镁），这部分镁可占全镁量的 5%～25%，数量不亚于代换性镁。近年来对酸溶性镁的研究已引起重视。

3. 水溶态镁　存在于土壤溶液中，一般每克土中含几个微克到几十个微克，其含量与钾不相上下，水溶态镁只占代换性镁的百分之几，两者是动态平衡关系。

4. 代换态镁　是吸附在土壤胶体表面并能被其他离子代换出来的镁，代换态镁占土壤全镁量的 1%～20%，平均 5%。土壤代换性镁含量一般在 0.1～5cmol/kg，红壤等酸性土壤的代换性镁 0.08～2.08cmol/kg，棕色森林土等中性土壤 1.65～4.70cmol/kg，水稻土 0.27～1.70cmol/kg。代换性镁是作物可以利用的主要有效镁，是土壤镁肥力的重要衡量指标。

土壤中的代换性镁和水溶性镁合称为土壤有效态镁，由于水溶性镁一般含量很少，因此通常以代换性镁作为有效镁的供应指标。

三、镁与棉花品质

镁存在于叶绿素、胞间层和果胶中，是叶绿素的重要组成成分,缺镁植株无法进行光合作用。镁还是多种酶的成分和活化剂,能促进植物体内糖类的转化和维生素的形成及其他代谢过程;镁还能促进脂肪蛋白质的合成,提高产品质量。

棉花缺镁通常在花铃期及继后的生育期发生,症状为老叶脉间失绿,网状脉纹清晰,叶片主脉与支脉仍保持绿色,呈红叶绿脉状,下部叶脱落早。症状自上而下发展,老叶上有紫色斑块甚至全叶变红,新定型叶片随后失绿变淡,棉桃亦变为浅绿色,苞叶最后呈黄色枯焦。

四、镁的施用

镁肥的效应与土壤供镁水平密切相关,土壤交换性镁饱和度(交换性镁占阳离子交换量的百分数)6%~10%以下,或是交换性镁 6mg/100g 土以下,许多作物感到镁不足。氮肥的形态也会影响镁的肥效。引起缺镁严重程度的顺序为:

$$(NH_4)_2SO_4 > CO(NH_2)_2 > NH_4NO_3 > Ca(NO_3)_2$$

镁肥的种类可分为水溶性固体镁肥、微溶性固体镁肥和液态镁肥。水溶性固体镁肥品种主要有硫镁矾、泻盐、无水硫酸镁、硫酸钾镁等,其中泻盐、硫镁矾应用最广泛。微溶性固体镁肥中白云石应用最广泛,液态镁肥是用于无土栽培和叶面施肥的品种,主要是泻盐和硝酸镁的不同浓度的水溶液。

在酸性土壤中,镁肥的效果大小为碳酸镁>硝酸镁>氯化镁>硫酸镁,在中性或碱性土壤中,碳酸镁<硫酸镁的肥效。

镁肥可做基肥、追肥或叶面喷肥,可一次性基施,也可基追结合施用,基施可与氮肥、钾肥、磷肥及有机肥同时施用。做追肥要早施,采用沟施或对水冲施。镁肥的用量应根据棉田土壤缺镁的程度确定。基施一般每亩用硫酸镁或氯化镁、硼镁肥 5~10kg。基追结合施用,基肥亩用量 4~8kg。追施用水溶性镁肥溶液叶面喷施效果较好,每亩每次用硫酸镁 0.5~1kg,对水50kg,于棉花苗期至现蕾前喷雾 1~2 次。

镁肥应优先用于缺镁严重的土壤。酸性土、砂土、高度淋溶和阳离子代换量低的土壤施镁肥后效果显著。镁肥施用必须考虑土壤碱度。酸性土壤施用磷肥用钙镁磷肥效果较好，可不必另施镁肥，中性或碱性土壤施氯化镁或硫酸镁效果较好。一般来说，酸性强、质地粗、淋溶强烈、母质含镁量低以及过量施用石灰或钾肥的土壤容易缺镁，应优先考虑施用镁肥；同一种作物，产量和生物量高的品种容易缺镁，也应优先考虑施镁肥。

镁肥施用时应注意与其他养分的比例。钾、钙等阳离子的大量存在影响作物对镁的吸收，应补充镁养分。酸性土壤施用石灰、钾肥应注意施镁肥。氮肥的形态对镁的吸收也有影响，NH_4^+对Mg^{2+}有拮抗作用，NO_3^-可促进作物对Mg^{2+}的吸收。

第三节　棉花硫素营养

一、棉花中的硫

硫在大量养分范畴中为第六种元素。植物根几乎只吸收硫酸根离子SO_4^{2-}，低浓度气态SO_2可被植物叶片吸收并在植株内利用，但高浓度气态硫有毒害作用。少量单质硫一旦尘落在枝叶上，便即刻进入植物体内，这种非水溶性硫渗入植株内的机制尚不清楚。植株中硫浓度一般介于0.1%～0.4%之间。如同氮一样，大多数SO_4^{2-}能够在植株内还原，硫是含硫氨基酸如胱氨酸、半胱氨酸和蛋氨酸的组成原料，植物体内功能硫大多以还原型的巯基（—SH）和二硫（—S—S—）化合物状态存在。大量硫酸盐态硫也出现于植物组织和胞液中。棉花只能利用硫酸根离子中的硫元素，硫进入棉株之后，大部分都被还原了。硫在棉花体内分布较均匀，棉花属于SO_2敏感植物，其允许毒害的浓度较低。

二、土壤中的硫

硫在土壤中以无机和有机状态存在，土壤全硫含量依土壤形成条件、土壤中黏土矿物和有机物含量的不同而有很大的变化。在温暖多湿的地区，土壤风化程度较深，淋溶较强，含硫矿物大部分分解淋失，土壤中可溶性硫酸盐很少聚集，因此土壤硫主要存在于有机质中；相反，在干旱地区，土壤中钙、镁和钾、钠的硫酸盐常大量沉积在土层中。含有 1∶1 黏土矿物和水化氧化铁、氧化铝的土壤，可以吸收一定量的吸附性 SO_4^{2-}。土壤全硫含量只能作为土壤硫的贮量指标，通常用有效硫指示土壤硫的养分水平，它与作物产量有关，不同作物有效硫（S）的临界值约 6～12mg/kg。土壤中无机态硫主要是 SO_4^{2-}，干旱地区可积累大量的 $CaSO_4$、$MgSO_4$ 和 Na_2SO_4 等，然而在湿润地区，SO_4^{2-} 或存在于土壤溶液中，或被土壤胶体所吸附。

土壤吸附硫酸盐的能力变化很大，主要依据土壤活性氧化物的表现性质、黏粒含量、黏土矿物的类型以及土壤的 pH 等。通常黏土比砂土吸附能力强，黏土矿物的吸附能力依次是：高岭石＞伊利石＞蒙脱石，当土壤 pH 降低时，吸附硫酸盐的能力增强。在高雨量地区，土壤吸附硫酸盐的作用是一个有益的现象，它将减少硫肥和土壤硫的淋失。土壤吸附硫酸盐的量，受土壤溶液中阳离子和土壤代换性阳离子的影响。当土壤中阳离子以钾、钠占优势时，对硫酸盐的吸附能力最小；当酸性土壤中存在大量交换性 Fe^{3+}、Al^{3+} 时，吸附能力最大。土壤吸附不同阴离子的能力，次序如下：磷酸盐＞硫酸盐＝醋酸盐＞硝酸盐＝氯化物。土壤中施用磷肥时将置换硫酸盐，因此对硫酸盐的吸附能力下降。在排水良好的土壤，硫酸盐是硫的稳定形态，但也存在着少量的硫化物。在淹水的情况下，硫化物是硫的稳定形态，一些元素硫和与有机质结合的还原态硫存在于自然界嫌气的环境中。硫养分以 SO_4^{2-} 的形态为作物根系吸收。多数土壤中，有机结合态硫是主要存在形式，有机硫通过微生物活动转化为有效硫。土壤有机硫与有机氮相似，需要经过微生物的分解，转化成无机态，以利于根系吸收。

三、硫与棉花品质

棉花施硫能增加叶面积，增长株高，蕾铃脱落减少，干物质产量增加，施硫对籽棉产量产生影响。

硫参与固氮过程，构成固氮酶的钼铁蛋白和铁蛋白均含有硫。作物体中硫的移动性很小，较难从老组织向幼嫩组织运转，缺硫时，作物生长受到严重阻碍。棉花对缺硫反应较敏感，缺硫时生长受阻，营养生长期缺硫症状类似缺氮，症状在幼嫩部位表现明显。棉花缺硫的症状与缺氮近似，但以顶部叶片变黄更明显，叶面常现紫红或棕色病块，严重缺乏时，叶脉、叶柄和茎均为紫色。棉花缺硫时，植株变小，全株呈淡绿或黄绿色，生长迟缓，叶肉增厚，叶缘枯焦，叶易脱落，棉桃小，吐絮差，产量和品质下降。

过量的 SO_2 会使棉花中毒，其典型症状是叶片间隔失绿、黄化、溃烂和脱落。

第八章
棉花的微量元素营养

内 容 提 要

　　微量元素是指植物需要量极少，但是又是生命活动所必需的元素，包括铁、锰、硼、锌、铜、钼、氯等元素。微量元素在植物体内的作用具有很强的专一性，既不可缺少也不能代替。在农业生产中，满足了农作物对微量元素的需要，作物就会较好地生长，产量和品质就会提高和改善。在此我们主要介绍各种微量营养元素在棉花和土壤中的含量、分布、形态和功能，以及对棉花品质的影响，由此讲述微量元素在棉花生长发育中的重要性。微肥是目前农业生产中较为关注的一个话题，施用微肥对棉花有明显的增产效果。应根据棉株的生长状况和生育时期，在保证大中量元素正常供应的前提下，适时补充微量元素肥料，使棉花营养状况均衡，以提高棉花产量和改善纤维质量。

Brief

Trace elements refer to a rare plant requirements, but necessary for plants, including iron, manganese, boron, zinc, copper, molybdenum, chlorine and other elements. The function of trace elements in plants has strong specificity, indispensable and cannot replace. If crops were satisfied with trace elements in agricultural production, they will grow better, and will get more yield and quality will improve. In this chapter we mainly introduced the content，distribution，shape and function of each micro elements in cotton and soil，as well as to the cotton quality's influence，so that narrate the importance of trace elements in cotton growth. Micronutrient fertilizer is a topic more concerned in current agricultural production，cotton yield will be increased significantly after applying micronutrient fertilizer. Trace elements fertilizer should be supplied in proper time according to the cotton's growth and reproductive period on the premise of macroelement and secondary element normally supplied，in sure that cotton nutritional balance to increase yield and improve fiber quality.

第一节 硼

一、棉花中的硼

棉花属于中等需硼的作物，对硼素中等敏感。在缺硼土壤上，棉花生长不良，科学地施用硼肥能促进棉花的生长发育，显著提高棉花产量，提高产品品质。棉花为双子叶植物，需硼量比单子叶植物多，植株体内含硼量高。一般来说水溶性硼含量小于1.0mg/kg 的土壤即为缺硼的土壤，小于 0.25 mg/kg 的土壤即为严重缺硼的土壤。我国种植棉花的地区大部分属于缺硼地区，部分地区属于严重缺硼地区，因此在棉花的施肥中尤其要注意硼素的补充。棉花从幼苗期即开始吸收硼营养，至结铃期吸收的硼占全生育期累计总量的 45%，棉花吸收的硼有 66% 分布在生殖器官中。因此，棉花叶面喷施硼肥的最佳时期为蕾期、初花期和花铃期。

硼素不是作物体内各种有机物的组成成分，但能加强作物的某些重要生理机能。

硼的主要功能有：①促进细胞伸长和组织分化；②加快酶代

谢和木质素形成；③碳水化合物运输和蛋白质代谢；④促进根系生长发育；⑤增强作物抗逆性；⑥促进作物早熟改质；⑦促进花粉萌发和花粉管生长。

硼与甘露醇、甘露聚糖和其他细胞壁成分组成复合体，参与细胞伸长、核酸代谢等，所以硼属于植物能量贮存和结构完整性的微量营养元素。硼对植物生殖过程有影响，植物各器官中硼的含量以花最高，蕾和叶片中等，根、茎枝和叶柄最低。缺硼时，花药和花丝萎缩，绒毡层组织破坏，花粉发育不良。硼具有抑制有毒酚类化合物形成的作用，所以缺硼时，植株中酚类化合物含量过高，嫩芽和顶芽坏死，丧失顶端优势，分枝多。

植株对硼的吸收的主要动力是质流，因此，硼在植物体内相对来说是不移动的，缺硼的症状先发生在新生器官上。蒸腾作用对硼的运输起决定作用，干旱时有可能诱发缺硼。

二、土壤中的硼

植物吸收的硼主要来自土壤，土壤的含硼量对植物至关重要。地壳的所有岩石都含有硼，含量因岩石性质而异：基性火成岩（玄武岩等）为 1～5mg/kg；酸性火成岩（花岗岩、流纹岩等）为 3～10mg/kg；变质岩（片岩）和陆相沉积岩（黏土、砂土、冲积物、石灰石等）为 5～12mg/kg；海相沉积岩的含硼量非常高，为 ≥500mg/kg；地壳的平均含硼量约为 50mg/kg（Kovda 等，1964 年）；世界土壤平均含硼量 20～40mg/kg 左右。20 世纪 70 年代以来，我国普遍开展了土壤微量元素的调查，结果表明土壤缺硼面积达 40％以上。硼在土壤中的含量高低变幅很大，呈带状分布，与成土母质和土壤类型等因素有密切关系。我国土壤含硼量根据现有资料是从痕迹到 500mg/kg 之间，平均含量 64mg/kg，总的趋势是由北向南逐渐降低（云南、西藏除外）。总体看西部内陆干旱地区含硼量较丰富，东部湿润地区含硼量低。缺硼地区主要有南方红壤区，分布于广东、福

建、江西南部和浙江西部等，水溶性钾低于 0.25mg/kg。含量
最高地区是西藏，平均 154mg/kg，陕西关中地区也不低，平均
80mg/kg。四川盆地土壤含硼量范围在 17～370mg/kg 之间，平
均为 81mg/kg。河南省土壤全硼在 10.5～86.2mg/kg 之间，平
均为 43mg/kg，较全国平均含量为低。江苏北部土壤含硼量高
于苏南地区，华中丘陵区红壤的含硼量一般比较低，如浙江西
部、江西中部和福建北部，平均约 62mg/kg。华南的砖红壤及
赤红壤中含硼较华中红壤更低。广东、广西、云南的土壤一般少
于 15mg/kg，部分沉积物、砂页岩发育土壤也有高达 100～
200mg/kg 的（表 8-1）。

表 8-1 我国土壤的硼含量

土 类	硼含量（mg/kg）	平均含量（mg/kg）
白浆土	45～69	63
棕 壤	31～92	63
草甸土	32～72	54
黑 土	36～69	54
黑钙土	49～64	50
暗棕钙土	35～57	42
褐 土	45～69	63
娄土、黑垆土、黄绵土	44～145	88
红壤（华中）	<4～145	62
红壤（华南）	痕迹～300 （包括部分滨海土壤）	71
砖红壤及赤红壤	5～500 （包括部分滨海土壤）	60
黄 壤	10～50	78
红色石灰土	20～200	88
棕色石灰土	40～150	87
紫色土	40～50	45

　　土壤含硼量多少与成土母质、土壤类型及气候条件等有密切的关系，根据作物对土壤中硼的吸收、利用情况，通常将土壤中的硼分为水溶态硼、酸溶态硼和全硼。能被植物吸收利用的硼称为有效态硼，主要包括水溶态硼和酸溶态硼，其中水溶态硼又是有效态硼的主体。水溶态硼占土壤全硼的百分数因土壤类型而异，在酸性土壤（例如红壤）只占 1％左右，在盐土中可占全硼的 90％左右，但平均处在 5％左右。水溶态硼指在进行土壤分析时，用沸水 5 分钟所溶解的硼，包括土壤溶液中的硼和可溶性硼酸盐中的硼。酸溶态硼除了可溶的硼酸盐以外，还包括溶解度较小的硼酸盐以及部分有机物中的硼。对于砂质土，则水溶态硼与酸溶态硼含量无多大差别。黏土，则酸溶态硼多于水溶态硼。全硼的大部分是电气石中的硼，是酸不溶态的，存在于矿物晶格之中。电气石是一种抗风化较强矿物，硼不易释放出来，不能代表对植物有效的硼量。

　　影响土壤硼有效性的因素如下：

　　1. 土壤酸碱度（pH）　土壤 pH4.7～6.7 之间，硼的有效性最高，水溶性硼与 pH 成正相关，但 pH7.1～8.1 之间，硼的有效性降低，水溶性硼与 pH 成负相关。现已证明，土壤中硼的有效性主要受吸附固定的影响，而吸附固定又与土壤 pH 密切相关，酸性土壤中硼的有效性高，但容易淋洗损失，施用大量石灰，硼的吸附固定增加，会产生诱发缺硼。

　　2. 土壤有机质　有机物质多的土壤有效性硼较多。因为与有机质结合或被有机质所固定的硼，有机质分解后释放出来，对酸性土来说，有机质使硼固定可避免淋失，起了保护作用，有机物矿化后又会增加有效性硼。对于石灰性土壤来说，有机物对硼有效性的影响不及土壤 pH 的影响明显。

　　3. 气候条件　干旱使土壤中硼的有效性降低，一方面是由于有机物的分解受到影响而减少硼的供应，干旱地区的固定作用增强，温度愈高愈甚，从而降低水溶性硼的含量，特别是轻质土壤尤为明显。

4. 土壤质地　土壤质地影响硼在土壤中的移动。在轻质土壤上硼易遭淋失，使水溶性硼减少；而在黏质土壤上，由于黏粒的吸附作用，能保持较多的有效硼，因此，在其他条件一致的情况下，轻质土壤的有效硼含量常少于黏质土壤，缺硼往往出现在轻质土壤中。

容易发生缺硼的土壤，施用硼肥往往会取得良好的经济效益。据调查，下列土壤容易缺乏硼素，应注意施用硼肥：

①含全硼量低的土壤，例如，由酸性火成岩发育的土壤。

②石灰性土壤，特别是含游离碳酸钙多的土壤。

③淋溶强烈的酸性土壤。

④质地较轻的土壤。如砂土、风沙土等。

⑤有机质含量低或很少施用有机肥料的土壤。

⑥大量施用石灰的酸性土壤，时间一长就会导致缺硼现象的出现。

⑦酸性的腐泥土、泥岩土等有机质土、沼泽土。

三、硼与棉花品质的关系

有机质少的土壤，砂性土及保肥、保水性差的土壤，及长期持续干旱和雨水过多的，易诱发缺硼。硼素有助于根系和生殖器官发育，促进元素吸收，还可促进花粉形成和受精过程。棉花缺硼的症状特点是子叶肥厚，叶色深绿，严重时生长停止，不发真叶。现蕾期发病则叶柄变长，基部叶柄出现环带，色深绿而肥大，下部叶萎垂，现蕾少，果枝粗短，叶柄上出现绿色环节。花铃期发病则蕾铃稀少而小，多数花蕾失绿，苞叶张开，严重时脱落或结瘦小棉铃，严重影响棉花产量。土壤有效硼含量低于 0.5mg/kg，棉花严重缺硼，施用硼肥可以大幅度提高产量。土壤有效硼含量在 0.5～0.8mg/kg，棉花施硼有显著增产效果。田间调查叶柄环带作为看苗诊断指标，虽不很精确，但形象直观简便易行。缺硼叶柄比正常的短而粗，表面粗糙多毛，是明显的缺硼症状。棉花前期缺硼形成蕾铃脱落，形成的铃小而尖，成熟时开裂不良，吐絮不畅，棉花产量与品质均有较大幅度下降。

1. 苗期 子叶变小，叶柄较长，叶片增厚，颜色变深，脆而易折，萎蔫下垂呈"个"字形（正常叶子上挺呈"Y"字形）；顶芽发育停滞，腋芽萌发，形成多头、叶小的畸形苗。发病轻的棉株节短枝密，株型紧凑。

2. 蕾期 缺硼时叶柄较长，幼蕾发黄，苞叶张开，直观似被虫蛀过，极易脱落，中下部坐蕾极少甚至不坐蕾，上部幼蕾随着生长也相继脱落。棉花缺硼易感染黄萎病。

3. 花铃期 开花少，花型小，长势弱，花瓣不能完全展开，花冠被苞叶包着，花粉粒活力差，易败育，授粉后棉桃小而长，顶端尖而弯曲，铃基部呈黑褐色，成熟时开裂不良，吐絮不畅。

4. 环带识别 缺硼棉株在现5～8片真叶时，叶柄上会出现较多的暗绿色环带，环带部组织肿胀，手摸时有凹凸不平的感觉，纵向切开病株叶柄，可见环带处内部组织有明显的褐变。环带颜色越深，分布越密，肿胀突出越明显，缺硼情况越严重。据调查，黄河流域缺硼棉田，叶柄环带率可达3%。

四、硼的有效施用

我国目前施用的硼肥主要是硼砂，其次是硼酸和硼泥，其他硼肥较少，硼镁肥由于制作方法不同，其中的成分含量也有些不同。硼泥是工业废料，其成分含量也不相同（表8-2）。

表8-2 常用硼肥的成分与性质

名 称	分子式或成分	含硼（%）	溶解性（在水中）	适用范围
硼 砂	$Na_2B_4O_7 \cdot 10H_2O$	11	在40℃水中易溶	基肥、追肥、种肥
硼 酸	H_3BO_3	17	易 溶	基肥、追肥、种肥
硼 泥	含B、Mg、Ca等	0.5～2.0	部分溶	基肥

（续）

名　　　称	分子式或成分	含硼（%）	溶解性（在水中）	适用范围
含硼玻璃肥料	—	2.0～6.0	不溶	基肥
硼镁肥	含 B、Mg（Ca）	0.5～1.0	部分溶	基肥、追肥

综合各地棉花硼肥试验结果，缺硼土壤（土壤有效硼低于0.5mg/kg）和潜在缺硼土壤（土壤有效硼低于 0.8mg/kg），棉花施用硼肥都可获得较好增产效果。

1. 基肥　棉花播种前结合整地施入，亩用硼砂 0.5kg 左右，可与氮、磷、钾等肥料混合均匀后一起施用，也可拌细干土后施用。

2. 种肥　在棉花播种时，将硼肥条施于播种沟内，亩用硼砂 0.5kg 左右，与细干土拌匀。特别注意避免硼肥与种子接触，不能用硼肥拌种。

3. 叶面喷施　喷施优点一是硼素在植物体内不易从老组织向新组织转移，喷硼可及时满足新生组织的需要，二是可与药、肥混喷节约劳力。严重缺硼时，可从现蕾开始每隔 10 天喷 1 次，共喷 4～6 次，可收到较好的增产效果。轻度缺硼时，可在棉花蕾期、初花期、花铃期各喷 1 次。喷施浓度以 0.2％硼砂溶液效果较好。喷液量：蕾期每亩 30～40kg，初花期每亩 40～50kg，花铃期每亩 60kg 左右。

第二节　锌

一、棉花中的锌

棉花是对锌比较敏感的作物，正常棉株含锌量为 20～150mg/kg。棉花含锌量受品种、环境和器官的影响，锌在植物体内的分配在现蕾前以叶片含量最高，其次是根，以茎最低。结铃期的含量顺序是蕾＞根＞叶＞铃＞茎。锌在植株各器官的积累量恰恰相反，以生殖器官最高，营养器官最低。

锌是棉花体内一些酶的组分，也是许多酶在功能、结构及调节方面的辅助因子，可以促进作物生长、提高产量，增加干物质积累。主要存在于叶绿体中的碳酸酐酶，其活性与体内含锌量有关，它参与叶绿素形成，在光合作用和碳水化合物的形成中起重要作用。锌参与棉花体内生长素的合成，棉花缺锌时生长素含量下降，导致生长迟缓停顿，叶片变小，节间缩短、形成小叶粗沙状。锌与作物碳、氮元素的代谢密切，缺锌时影响蛋白质和淀粉生成。锌影响作物生殖器官的发育，尤其对雌花器官的形成有重要影响。锌调节作物呼吸作用，协调库源关系，增加维生素含量，提高品质。锌可以调节作物对磷的吸收与利用，提高作物抗病、高温、干旱、冻害等抗逆能力。

锌能促进棉花对养分的吸收，协调养分运转，增强光合作用，延长功能叶寿命，减少蕾、铃脱落，增加铃重和衣分，提高产量和品质。锌的主要功能可归纳为促进 CO_2 固定、促进生长素的合成与保护细胞生物膜的完整性。据研究，不施锌肥，每株 14.7 个铃，脱落率为 45.4%，霜前花为 65.3%，百铃重为 385g，衣分为 35.07%，绒长为 30.15mm。施锌肥的为每株 15.2 个铃，脱落率 44.5%，霜前花 70.4%，百铃重 409g，衣分 35.14%，绒长 30.7mm。锌可以提高棉花的抗逆性，如在 40～45℃下，施锌的比不施锌的叶片组织坏死率降低 1.6%～2.2%，在 55～60℃的高温下，降低 9.5%～10.6%，还可以增强棉花抗黄、枯萎病的能力。

二、土壤中的锌

土壤中锌处于不同的形态：①水溶态锌；②交换态锌；③吸附于黏粒、有机质、碳酸盐和氧化物表面的锌；④有机络合态锌；⑤黏土矿物晶格中取代镁（Mg^{2+}）的锌。因土壤中锌含量少，所以很难鉴别出这些不同的形态，同时也不清楚控制土壤 Zn^{2+} 溶解度的特定矿物。植物以 Zn^{2+} 形态吸收锌，土壤中 Zn^{2+} 的移动性对植物营养很重要。扩散被认为是 Zn^{2+} 从土壤向根转移的主要机制。

在许多土壤中，大部分锌存在于铁镁矿物如辉石、角闪石和黑云母中。锌在这些矿物中同晶置换了原来的 Fe^{2+} 和 Mg^{2+}。

影响土壤中锌的有效性因素中，除了成土母质和土壤类型外，首先是 pH。一般情况下，随着土壤 pH 的升高，有效态锌含量降低，pH 高的土壤容易缺乏锌。据有关文献报道，土壤 pH 对有效态锌的影响最为突出，因为 Zn^{2+} 的溶解度对 pH 很敏感。土壤 pH 在 6.0～8.0 之间极易诱发缺锌，但不是说碱性土壤一定缺锌。因为土壤中天然存在的有机质有螯合锌的作用。土壤 pH 对锌有效性的影响可能是多方面的。在高 pH 条件下，锌形成 Zn (OH)$_2$ 和 $ZnCO_3$ 等难溶化合物，Zn^{2+} 的可溶性下降。对酸性土壤施石灰，一方面提高 pH 降低 Zn^{2+} 的可溶性，另一方面还可能 $CaCO_3$ 等石灰物质颗粒表面吸附 Zn^{2+} 而使 Zn^{2+} 的可溶性下降。黏土矿物和各种铁、铝、镁氧化物组分对 Zn^{2+} 的吸附作用是 pH 依变的，随土壤 pH 的提高，Zn^{2+} 被固定的数量增加。有机质吸附的 Zn^{2+} 也受 pH 影响。例如腐殖质络合 Zn^{2+} 的数量随 pH 上升而增加。随着 pH 的增加，锌有机复合体的稳定性也增加，此后复合物就分解形成氢氧化物。

第二是碳酸钙与黏土矿物。土壤中碳酸钙与锌结合成溶解度较低 $ZnCO_3$，降低了有效锌含量。同时，吸附在碳酸钙矿物表面的锌也不易被作物吸收利用。因此缺锌症常发生在石灰性土壤上。但酸性土施用石灰过量，也会诱发缺锌。锌容易被黏土矿物固定，降低有效性。

第三是质地。据分析，黄淮海平原土壤有效锌含量顺序：黏土＞壤土＞砂土，这与成土母质中土壤全锌高低有关。北京市农业科学院土壤肥料研究所研究报告中也指出：土壤机械组成与土壤中有效锌含量高低，十分密切。一般说来，土壤质地越砂，锌含量越低，质地越黏，含量越高。北京土壤中的锌含量，黏质土＞轻壤土＞中壤土＞砂壤土＞砂质土。

第四，锌—磷的拮抗作用。土壤中锌与磷酸会形成难溶性磷酸锌沉淀，这是引起作物中磷锌比例失调之缘故，在实践中，我们常观察到含磷高的土壤中，表现出缺锌症状。随着磷肥施用量增加，会引起作物严重缺锌，这一点务必注意。土壤中有机质与有效态锌含量成正相关，即有机质含量高的，有效锌的含量一般都比较高。

当土壤淹水时，土壤中大多数养分元素含量增加。而锌却不然，淹水土壤中锌的有效性下降。气温和土温也增加土壤锌的有效性。通常冷凉潮湿的春季缺锌最明显。Cu^{2+}、Fe^{2+} 和 Mn^{2+} 可抑制植物吸收锌，或许是它们竞争同一载体位点，特别是 Cu^{2+} 和 Fe^{2+} 对水稻吸收锌有拮抗作用。硫酸盐与锌形成活动性高的化合物 $ZnSO_4$，它是土壤锌的重要形态，对溶液中全锌贡献很大。施用产酸的氮肥可促进植物对锌的吸收，相反，中性或碱性氮肥会降低植物对锌的吸收。

三、锌与棉花品质的关系

棉花是对锌敏感的作物之一，施锌处理的棉花，促进了棉花生长发育，加快了生育进程，棉花早发、早现蕾、早结铃，单株结铃增多，而且提早成熟，明显提高皮棉产量和质量。

当磷肥施用量过大，以及施用氮肥过多，会导致土壤有效锌的不足。棉花缺锌时，植株矮小，节间变短，叶小而簇生，叶面两侧出现斑点，大多从第一片真叶开始出现症状，脉间失绿，呈"青铜色"并有坏死小点，叶片增厚、发脆、边缘向上卷曲，节间缩短，生育期推迟。棉花叶片含锌量低于 15mg/kg 或土壤有效锌低于 0.5mg/kg，都会出现缺锌现象。大多数碱性土壤都易缺锌。

四、锌的有效施用

（1）土壤基施　中度至严重缺锌的土壤，宜用锌肥作基肥施用，用七水硫酸锌 0.75～1kg/亩，或一水硫酸锌 0.5～0.75kg/亩。棉花作物施用时，用锌肥拌干细土 10～15kg，沟施或穴施，直播棉花在播种时施用，移栽棉花在移栽时施用。注意锌肥不能与磷肥混合，以免降低锌肥的有效性。

（2）作种肥施用　缺锌土壤可用锌肥作种肥施用。直播棉花锌肥作种肥施用与土壤基施方法相同，注意锌肥不宜与种子直接接触，应先施肥后下种。棉花营养钵育苗，可用七水硫酸锌 5～7.5g 拌 1000kg 营养土后制钵播种育苗。

（3）中前期追施　棉花基施锌肥或营养土拌施锌肥后，植株生长苗期至蕾期，表现缺锌症状的，应及时追施锌肥。采用对水浇灌追施用七水硫酸锌 0.2～0.3kg/亩，对水 50～100kg，或对入稀粪水，在植株行间条形浇灌或灌兜。或采用叶面喷雾追施，用 0.1%～0.2% 的七水硫酸锌溶液，每次用液 50kg/亩，棉花在苗期至蕾期喷施 2～3 次，每次间隔 5～7 天。配制浇灌或喷雾锌肥溶液如加入 10～20kg 熟石灰水效果更好。轻中度缺锌的棉田土壤，可采用营养土拌施和中前期追施相结合的方法施用锌肥；中度至严重缺锌的棉田土壤，宜采用基施和中前期追施相结合的方法，可适当减少基施用量，又可相对完全喷雾施用减少用工，且比单独使用一种施用方法的效果好。轻度缺锌的土壤，只叶面喷施即可。

叶面喷施硼肥和锌肥，从蕾期到花铃期以 0.2% 硼砂或硫酸锌溶液连续喷 2～3 次。也可将硼砂和硫酸锌混合一起喷施，每次间隔 7～10d，喷至叶面布满雾滴为度。喷施肥液量约为：初花期 40～50L/亩，盛花期 50～60L/亩，喷施时间以下午 4 时以后或阴天时为好。如果喷施后遇到下雨，应当重新补喷。

施用锌肥应注意以下几点：

①施用锌肥应因地而异，不可盲目施用。对缺锌的地块施用锌肥，效果较好。一般来说，当土壤有效锌含量低于 0.5mg/kg 时，施用锌肥增产效果显著；当土壤有效锌含量高于 1.0mg/kg 时一般不需要再施用锌肥。

②锌肥是微肥，作物对它的需要量较少。施用锌肥量过大会对作物产生毒害作用或影响人畜健康。锌肥作基肥时，根据土壤缺锌程度不同，一般施硫酸锌 0.5～2kg/亩。作追肥时用硫酸锌 0.75～1kg/亩掺适量细土撒施；根外喷施，用硫酸锌 90～180g/亩对水 60kg 于晴天喷施。

③不要与磷肥同时施用。因锌与磷肥混合施用，容易形成磷酸锌沉淀物，不仅降低锌的有效性，而且也降低磷肥的有效性。

④不要与碱性肥料、碱性农药混用。锌肥与石灰、草木灰、氨水等碱性肥料混合，表现为带酸性的离子与碱性离子发生化学反应而降低肥效。同样，锌肥与波尔多液、石硫合剂、松脂合剂等碱性农药混合，锌和农药的有效性均随之下降。

⑤另外锌肥有后效，不需要连年施用，一般隔年施用效果较好。

第三节　铜

一、棉花中的铜

铜以离子态（Cu^{2+}）和络合态被植物吸收，根系吸收铜是主动过程。棉花对铜的吸收速率相当慢，但一生都在吸收铜。棉花成熟时，各部位积累的铜含量占总含量的比例为：茎占 17.8%、叶片占 31.5%、种子占 32.4%、铃壳占 17.9%、纤维占 0.4%。叶片中的铜有 2/3 集中在线粒体上，这是铜的生理功能所决定的。铜对植物光合作用和呼吸作用产生影响，铜是质体蓝素的组成成分，缺铜棉花光合作用强度降低，速率减慢。铜也是呼吸作用中的一些酶的组成成分，缺铜棉花呼吸作用受影响。

棉花植物体中的铜与其他元素之间的平衡关系，有时可能比铜自身的绝对含量重要。在缺铜的酸性土壤上施用石灰和铜肥，叶片中的磷、铁、铝、锰和锌等元素浓度显著降低。铜对植物氮代谢也产生影响，铜可能是亚硝酸还原酶和次亚硝酸还原酶的活化剂，缺铜硝态氮还原过程受阻。

二、土壤中的铜

我国土壤全铜量 $3\sim300mg/kg$，平均为 $22mg/kg$，但大多数土壤含量介于 $20\sim40mg/kg$。母质对土壤中痕量元素总量和形态的影响，随着土壤形成过程的进展而呈不同程度的改变。土壤形成过程可导致土壤剖面内和相邻土壤之间铜的移动和再分布。铜很容易在风化过程中形成，而且因为它在酸性氧化态溶液中能维持相当高的浓度，所以它在地表环境中是几种重金属中较易移动的一种，但在非酸性和非氧化的环境中铜的移动是很有限的。调节铜在土壤剖面中再分布的主要因素有生物富集、灰化、淋溶、土壤排水、氧化还原电位、有机质状况、pH、母质的物理化学性质、原生和次生矿物类型以及当地环境特点如气候、地形和土地利用等。土壤质地也对铜的垂直分布有明显影响，一般是黏质土壤表层中铜含量较高，而在砂质土壤中因其对铜的吸附能力较低，铜在下层积聚。

关于土壤中铜的存在形态，有的是与土壤中腐殖质形成络合物存在，有的在土壤溶液中呈阳离子溶解，有的与土壤黏粒结合形成交换性铜，有的与土壤中的硫化物结合形成沉淀，有的与铁锰氧化物结合形成包蔽态铜，还有的存在于土壤矿物晶格中。铜的各种形态中能为植物吸收的是溶解于土壤溶液中的水溶性组分，属于这个组分的铜的浓度一般都较低。当水溶性组分因植物吸收而减少时，就会从其他组分，主要是从黏土粒和腐殖质吸附的组分中得到补充。因此，植物摄取的铜量不仅限于水溶性组分，而且也包括易转化为水溶性离子的一部分由黏粒和腐殖质吸附施用肥料盐、活性铝等的铜（表 8 - 3）。

表 8 - 3 土壤有效铜含量及其分级

分级	DTPA 提取适于中性石灰性土壤	0.1mol/L HCl 提取适于酸性土壤
很低	＜0.1mg/kg	＜1.0mg/kg
低	0.1～0.2mg/kg	1.0～2.0mg/kg
中等	0.2～1.0mg/kg	2.1～4.0mg/kg
高	1.1～1.8mg/kg	4.1～6.0mg/kg
很高	＞1.8mg/kg	＞6.0mg/kg
临界值	0.2mg/kg	2.0mg/kg

影响土壤中铜的有效性因素有：

（1）土壤 pH 土壤 pH 是影响土壤有效性铜的重要因素，土壤中铜的溶解度随着 pH 的降低而增高。土壤 pH 越低，铜在土壤中溶解度越大，而且有利于铜在土壤中迁移。

（2）有机质含量 铜易与有机质形成稳定的络合物而降低铜的有效性。因此，在有机质较多的泥炭土和沼泽土上，作物常出现缺铜症。

（3）碳酸钙的含量 在石灰性土壤中，有效性铜可能作为铜的碳酸盐沉淀，影响铜的有效性。

（4）磷的含量 长期地大量施用磷肥，铜与磷会形成不溶的磷酸盐，铜的活性降低。随着磷肥用量的增加，应该密切注意铜的有效含量变化。

易于发生缺铜的环境条件有：

①高有机质土壤如泥炭土、腐泥土。

②本身含铜低的土壤，如花岗岩、钙质砂岩、红砂岩及石灰岩等母质发育土壤，表土流失强烈的粗骨土壤。

③氮、磷及铁、锰含量高的土壤。

④种植敏感作物，常见敏感及较敏感作物主要有燕麦、小麦、菠菜、烟草以及柑橘、苹果和桃等。

三、铜与棉花品质的关系

铜是棉花体内多种氧化酶的组成成分，对于棉花体内氧化还原有重要作用。含铜酶是叶绿体的组成成分，铜参与叶绿体内光化学反应。铜与植物的碳素同化、氮素代谢、吸收作用以及氧化还原过程均有密切联系。

铜在植物体内的功能是多方面的。①铜有利于作物生长发育。铜素的存在能促进蔗糖等碳水化合物向茎秆和生殖器官的流动，从而促进植株的生长发育。铜肥有利于花粉发芽和花粉管的伸长。在缺铜情况下，常因生殖器官的发育受到阻碍，而使植株发生某些生理病害，产量显著降低。②影响光合作用。植物叶片中的铜几乎全部含于叶绿体内，对叶绿素起着稳定作用，以防止叶绿素遭受破坏。可见，铜素供给充足能提高植物的光合作用强度，能减轻晴天中午期间光合作用所受到的抑制。铜素能增加叶绿素的稳定，对蛋白质的合成能起良好作用。铜素不足，叶片叶绿素减少，出现失绿现象。铜与铁一样能提高亚硝酸还原酶和次亚硝酸还原酶的活性，加速这些还原过程，为蛋白质的合成提供较好的物质（氨）条件。③铜能提高作物的抗寒、抗旱能力，用硫酸铜来处理种子，在低温条件下，对提高棉花种子的发芽率有极好的反应，并能增强其抗御冻害能力。铜能提高植株的总水量和束缚水含量，降低植物的萎蔫系数，因此，铜素营养充足有利于抗旱性的提高。铜还能提高氧化酶的活性，还能促进细胞壁的木质化，从而提高棉花的抗病性，也能提高棉花纤维的强度。另外，铜能增强茎秆的机械强度，起到抗倒伏的作用。④铜能增强植株抗病能力。铜能提高植物抗病能力作用最为突出，铜对许多植物的多种真菌性和细菌性疾病均有明显的防治效果。使用含硫酸铜的波尔多液来防治作物的多种病害，已成为普遍采用的植保措施之一，从这一侧面可以看到铜素对提高植物抗病力的重要作用。

对棉花施用铜肥，有促进棉花早发、早结铃、提早成熟的作用。硫酸铜有防病治病的作用，使棉花生长健壮，有效提高棉花产量和改善棉花品质。

缺铜时植株生长发育受到抑制，植株矮小，叶片失绿，抗逆性差。植株顶端有时呈簇状，严重时，顶端枯死。而且棉花缺铜容易感染各种病害，缺铜症状易发生于植株新生组织。

缺铜的诱发条件：有机质含量低、土壤碱性，铜的有效性降低；氮肥施用得过多，也会引起缺铜。

四、铜的有效施用

常用的铜肥品种有硫酸铜、氧化铜、螯合态铜、含铜矿渣等，其中最常用的是硫酸铜。硫酸铜的施用方法有基施、喷施和作种肥。

1. 基施 用硫酸铜 $0.7 \sim 1.0 kg/$ 亩，拌细干土 $10 \sim 15 kg$，开沟施在播种行两侧，每隔 $3 \sim 4$ 年施一次即可。

2. 种肥 ①拌种，每 1 千克种子拌硫酸铜 1g，先用少量水溶解，然后均匀地喷在种子上，阴干即可播种。②浸种，取硫酸铜加水配成 $0.01\% \sim 0.05\%$ 的溶液，将种子放入浸泡 $12 \sim 24$ 小时，捞出阴干后播种。

3. 喷施 将硫酸铜配成 $0.02\% \sim 0.2\%$ 的溶液，在作物苗期—开花期喷施 $2 \sim 3$ 次，每次间隔 $7 \sim 10 d$，每次用肥液 $50 \sim 75 kg/$ 亩。

铜肥极易毒害作物，因此，只有在有资质的检测机构确诊为缺铜时方可施用，用量宁少勿多，浓度宁稀勿浓。在过量施用石灰的酸性土壤（如砖红壤、赤红壤等）或供肥能力弱的土壤（如石灰岩土、黄壤等）上大量施用氮肥和磷肥，易发生缺铜症状，应注意施用。砂质土壤一般应少施，铜肥后效期长，一般每隔

3～5年基施 1 次即可。

第四节 铁

一、棉花中的铁

作物充足含铁量一般是 $50 \sim 250mg/kg$，铁以低铁离子（Fe^{2+}）形态被植物根系吸收，并以螯合态铁被运移到根表面。含高铁离子（Fe^{3+}）的化合物可溶性低，这严重限制了 Fe^{3+} 的有效性和植物对 Fe^{3+} 的吸收。一般认为，扩散和质流是铁从土壤向根表面转移的机制。土壤中铁的溶解度主要受氧化铁控制，水解作用、土壤酸度、螯合作用和氧化作用都影响铁的溶解度。棉花根系能吸收离子态铁和有机络合态铁，当硫酸亚铁的螯合物在叶面施用时，叶子也可以吸收铁。植株从土壤中吸收的铁以柠檬酸 Fe^{3+} 形式向上运输，二价铁对植物生理活性比三价铁强。棉花对铁的吸收主要在生理季节的前期，且吸收量较大。铁的吸收和运输受植物激素如生长素的控制，铁的吸收主要在能产生生长素的根尖，植物吸收铁靠不断长出的根尖来完成。

铁是植物氧化还原过程的多种反应剂，在细胞氧化还原过程中以有机配位体的复合体形式进行电子传递，铁对植物光合作用和呼吸作用的效应明显。另外，铁是叶绿素的形成的必需元素，对棉花有较大生理作用的是 Fe^{2+} 而不是 Fe^{3+}。铁还是亚硝酸还原酶和次亚硝酸还原酶的活化剂，能加强植物体内的硝酸还原作用。植物中大部分铁是以铁磷蛋白的形式储存，称为植物铁蛋白。细胞中约 75％的铁与叶绿体结合，叶片中高达 90％的铁与叶绿体和线粒体膜的脂蛋白结合，叶子中植物铁蛋白储存作为形成质体用，是进行光合作用所必需的。

二、土壤中的铁

地壳中大约含铁 5％，是岩石圈中第四个含量丰富的元素。

含铁矿物通常有橄榄石、黄铁矿、菱铁矿、赤铁矿、针铁矿、磁铁矿和褐铁矿。土壤中大多数铁存在于原生矿物、黏粒、氧化物和氢氧化物中，赤铁矿和针铁矿是土壤中最常见的含铁氧化物。无机铁在土壤溶液中可能被水解为 $Fe(OH)_4^{2+}$、Fe^{3+}、$Fe(OH)^{2+}$、$Fe(OH)_3^0$、和 $Fe(OH)_4^-$。在酸性条件下以前 4 种形式为主，在 pH 大于 7 时主要为后两种形式。植物吸收这些离子中任何一种都将引起其他离子解离，所有这些离子之间将重新恢复平衡关系。

影响土壤中有效铁的因素较多，其中有：

（1）土壤 pH　　pH 高的土壤含有较多的氢氧根离子，与土壤中铁生成难溶的氢氧化铁，降低了土壤有效性，pH 每增加 1，Fe^{3+} 和 Fe^{2+} 的溶解度就各降低 1 000 倍和 100 倍。在 pH 等于 3 时，可溶性铁总浓度将会高得足以全部由质流为根系充分供铁。在正常土壤 pH 条件下，即使铁以扩散、根系截获和质流全部 3 种方式向根系转移，有效铁的数量也远远低于植物所需。土壤溶液中铁的溶解度在 pH 介于 7.4～8.5 时达到最低点，这是常见的土壤缺铁范围。土壤中碳酸氢根离子（HCO_3^-）多最易出现缺铁。

石灰性土壤中形成难溶的碳酸铁，在中性和微酸性土壤中铁主要形成氢氧化铁沉淀。酸性土壤尤其是长期淹水时铁被还原为速效性的亚铁，亚铁离子过多使植物发生铁中毒。形成亚铁还与氧化还原作用有关，土壤空气中氧分压的改变引起铁离子的氧化还原反应，显著影响土壤溶液中可溶性铁的数量。排水良好的土壤中铁以 Fe^{3+} 形式存在，而土壤因水分过多缺氧时，可溶性 Fe^{2+} 水平则显著提高。要与土壤 pH 同时考虑氧化还原电位，氧化还原电位低时可溶性 Fe^{2+} 水平高。

（2）氧化还原条件　　长期处于还原条件的酸性土壤，例如，豫南淹水条件下的水稻土，铁被还原成溶解度大的亚铁，有效铁增加。相反，在干旱、少雨地区土壤中氧化环境占优势，使三价铁增多，从而降低了铁的溶解度。

（3）土壤有机质 据分析，土壤有机质含量高的土壤，有效铁的含量也较高。

（4）碳酸钙含量 碱性土壤中，铁能与碳酸根生成难溶的碳酸盐，降低铁的有效性。

（5）成土母质 成土母质决定全铁含量，对有效铁的影响也极为深刻。从河南省不同类型的土壤中有效铁含量分布可以看出，相似母质来源的不同类型土壤，有效铁含量水平也极为相似。例如：潮土、褐土、风沙土和盐碱土，它们的母质来源相似，有效态铁的水平也十分接近。

根系分泌物、土壤有机质、微生物活动代谢产物等可溶性有机复合物在溶液中与铁发生络合或螯合反应。在土壤溶液中，这些天然螯合铁保持的铁浓度一般远高于仅与无机铁化合物处于平衡状态的离子铁浓度。土壤腐殖质中的富啡酸和胡敏酸具有络合和转移的能力，这些螯合物有助于增加土壤溶液中铁的浓度，促使铁向植物根系扩散。

铜、锰、锌、钴等养分会引起缺铁，过多的磷或钼也会造成缺铁。植物吸收硝酸盐导致根区附近和植物体内的碱化作用，显著降低铁的溶解性；而当植物利用铵态氮时，铵盐产出的酸有利于铁的溶解，提高其有效性。缺钾和缺锌可扰乱铁在植物体内的移动，造成铁在玉米茎节内的积累。在淹水土壤中，还原含硫化合物释放的硫化氢以硫化铁沉淀，如果土壤缺铁，硫化氢不能沉淀会引起水稻落秋。

从上述可知，容易发生缺铁的土壤有以下几种：盐碱土、碱性反映强烈土壤、施用大量磷肥的土壤、风沙土和肥力较低的砂土。

三、铁与棉花品质的关系

由于铁是叶绿素形成所必需的元素，并且铁以配位体形式存在于一些分子中，转运速率较慢，缺铁首先是新生叶片出现失绿症。棉花缺铁，表现为缺绿症或失绿症，开始时新叶表现为叶脉间失绿，每一片叶均比下一片叶稍微变黄，叶脉仍保持绿色，并与失绿部分有显著的差异，失绿部分为黄白色，最后叶缘向上卷曲，但不呈杯状。以后完全失绿，有时一开始整个叶片就呈黄白色。茎秆短而细弱，多新叶失绿，老叶仍可保持绿色。症状易发生于新生叶片。

最常用的铁肥主要有七水硫酸亚铁（$FeSO_4 \cdot 7H_2O$），俗称绿矾。虽然它的溶解性很好，但因施入土壤后立即被固定，所以一般不土壤施用，而采用叶面喷施，对果树也采用根部注射法。螯合铁肥既可土壤施用，也可叶面喷施。

第五节　锰

一、棉花中的锰

锰是一个植物需要的过渡金属微量养分，锰对植物体内的多种生理生化过程有很大影响。它参与光合作用，与二氧化碳的同化作用有关。与植物的呼吸作用和氧化还原过程也有联系，并且是植物氮素代谢中的活跃因子，还是合成维生素丙和核黄素的重要因素之一。锰在植株中正常浓度一般为 $20\sim500mg/kg$。通常植株地上部锰的水平在 $15\sim25mg/kg$ 时则表现缺锰。植物以锰离子 Mn^{2+} 及其与某些天然及合成的络合剂结合成的分子形式吸收，叶面施用其中的任何一种形式的锰肥都能被叶片直接吸收。锰与铁一样为较不活动元素，一般缺素症首先表现在幼叶上。阔叶植物表现为叶脉间失绿，一些禾本科作物上有时也出现这种现象，但不太明显。

棉花是一种需锰量较高的作物，对锰供应不足表现出中等耐性。营养器官中分布是叶片＞根＞茎，生殖器官铃壳＞种子＞纤维。棉花一生中，苗期锰含量最高，蕾期急剧下降，花铃期以后根茎含锰量下降趋于平缓，叶片含量虽有回升，但幅度很小。棉株中锰量的这种变化，只表明苗期棉花对锰的吸收能力相当强，以后则弱。锰在植物体内存在高度再分配现象，也反映出苗期含量大大超过生理需要。

棉铃发育过程中铃壳、种子和纤维的含锰量发生很大变化。锰以 Mn^{2+} 离子形式被植物吸收，锰吸收受代谢控制。锰吸收与等价阳离子存在竞争，过量 Mg^{2+} 降低 Mn^{2+} 离子的吸收，铁和锌与锰具有相同的化学性质，物体内这些离子都影响锰的吸收和转运。被转运的 Mn^{2+} 离子随叶面蒸腾作用产生的水流向上运输，在韧皮部中，锰向主茎顶端和幼嫩叶片移动，因而分生组织富含锰，缺锰症状可能先出现在下部叶片上。

二、土壤中的锰

锰在地壳中是一个分布很广的元素，地壳的所有岩石都含有锰，其含量比其他微量元素高得多。酸性火成岩（花岗岩、流纹岩等）、变质岩（片岩等）以及某些沉积岩中，锰含量变化很大，在 200～1 200mg/kg 之间，基性火成岩像玄武岩、辉长岩的含量最高在 1 000～2 000mg/kg，石灰岩中的含量接近平均值为 400～600mg/kg，而砂岩中的锰含量低，一般为 20～500mg/kg。地壳中锰的平均含量为 900～1 000mg/kg（Kovda 等，1964）。世界土壤的全锰含量变幅很大，大多数土壤含量在 500～1 000mg/kg之间，一般认为平均含量 850mg/kg。我国土壤含锰量通常在 42～3 000mg/kg 之间，但有个别高达 5 000mg/kg，平均为 710mg/kg。

成土母质在很大程度上影响了土壤中锰的含量。以红壤为例，玄武岩发育的红壤锰含量 2 000～3 000mg/kg；砂岩、片岩、页岩发育的红壤则在 200～500mg/kg。又如黄河中游地区广大的黄土性土壤，全锰含量在 405～676mg/kg 间，平均为 550mg/kg。这一含量与河南土壤全锰平均含量 510mg/kg（变幅在 218～121mg/kg）非常接近，其原因是成土母质基本接近。四川省土壤平均全锰量在 641mg/kg，但变幅很大（41～1 550mg/kg之间），基性岩发育土壤含量最高，沉积岩次之。成土条件也是影响锰含量的一大因素。

土壤中锰以多种形态存在，有水溶态锰、代换态锰、还原态锰和矿物态锰。前 3 种形态锰的总量称为活性锰，即有效性锰，作物能够吸收利用，我们用 DTPA 浸提的是代换态锰。但全锰与农作物的生长并无相关性，而土壤中的有效锰对农作物的生长和结实起着极其重要的作用。锰不仅参与农作物中氮的代谢过程，而且与合成叶绿素有关。因此，施用锰肥对农作物有显著的增产效果。如果土壤有效锰供应不足时，叶绿素含量降低，农作物就会出现斑状失绿的现象，产量就会降低。但当土壤中有效锰含量过高时，植物的生长也会受到阻碍。这就需要了解土壤中有效锰的含量，土壤中微量锰的测定方法，主要用比色法和原子吸收光谱法。

锰是一种常见的变价元素，其土壤中的锰主要以二、三、四价的状态存在。不同形态的锰在土壤中保持动态平衡，影响其平衡的因素较多，因此影响有效态锰含量的因素也就多，择其主要叙述：首先，是受 pH 的影响。当 pH 增高时，平衡向氧化锰的一方移动，则锰的有效性下降；当 pH 降低时，平衡移向二价锰的一方，锰的可给性升高。第二，是土壤氧化还原电位，当电位愈低，即强度还原条件下，二价锰就愈多。疏松的质地、良好的通透性、氧化还原电位高的土壤是降低锰可给性的土壤条件。水稻土由于长期处于淹水条件，以致有效态锰含量较高。第三，土壤有机质含量也影响锰的活性，有机质含量高的土壤，往往有效锰含量亦高，因为有机质的存在，可以促进锰的还原而增加活性锰。由此可知，不同土壤类型理化性状不同，锰的含量及其有效性也不会一样。锰在土壤中的有效性主要依赖于土壤总锰量、pH、有机质含量、通气状况及微生物活性等。其中，最直接的是土壤通气状况和 pH。在自然状态下，锰以多种氧化物形式存在，土壤体系中的氧化还原状况显著地影响着土壤锰的溶出和生物有效性。

湿润地区土壤较易缺锰，大多数中性或碱性土壤有可能缺锰。石灰性土壤，尤其是排水不良和有机质含量高的石灰性土壤易缺锰，长年一贯施用粪肥和石灰的老菜园黑土上较易缺锰。极砂的酸性矿质土壤天生含锰低，而且有限的有效态锰已从根区淋出。因 Mn^{2+} 有移动性，所以能从土壤中淋失，尤其是在酸性灰壤中更易淋失。在排水不良的矿质土壤和有机土壤经常出现的缺锰现象往往是可溶性 Mn^{2+} 的过分淋失造成的。

三、锰与棉花品质的关系

缺锰棉花叶片脉间失绿，严重时节间缩短，叶片脱落，其症状与缺锌相似。如果缺锰持续时间过长，顶芽将坏死。石灰性土壤中，代换性锰的临界值为 $2\sim3mg/kg$，还原性锰的临界值为 $100mg/kg$。棉花施锰不仅能减轻蕾脱落现象，而且使收获较早的一级籽棉显著增多。棉花施锰肥增产是通过增加单铃数、单铃重实现的，并对植物性状如株高、叶片数、果枝数也产生一定影响，施锰还可以促进棉花早熟。另外，施锰对纤维长度有增加的趋势，但对种子含油量和蛋白质含量没有大的影响。棉花缺锰幼叶首先在叶脉间出现浓绿与淡绿相间的条纹，叶片的中部比叶尖端更为明显。叶尖初期呈淡绿色，在白色条纹中同时出现一些小块枯斑，以后连接成条的干枯组织，并使叶片纵裂。症状易发生于现蕾初期到开花的植株上部及幼嫩叶片。

在酸性土壤上棉花可能出现锰中毒症，过量锰对植物生长有害，美国南部棉花带高酸性红壤和黄壤上时常发现棉花卷叶就是锰毒害现象。锰毒害症状首先出现在幼叶，叶脉间失绿，叶片伸展受阻，节间缩短。锰中毒引起棉花一系列生理代谢变化，呼吸作用提高，多酚氧化酶、过氧化物酶活性加强，氧化过程加快，棉花易衰老。

有关实验证明，施用锰肥后，棉株叶色较深，叶片较厚，株型较紧凑，果枝、蕾铃数明显增加，脱落率有所降低，现蕾、开花、吐絮提早，霜前花增多，有利于改善棉花品质。

四、锰的有效施用

目前常用的锰肥主要是硫酸锰（$MnSO_4 \cdot 3H_2O$），易溶于水，速效，使用最广泛，适于喷施、浸种和拌种。其次为氯化锰（$MnCl_2$）、氧化锰（MnO）和碳酸锰（$MnCO_3$）等。它们溶解性较差，可以作基肥施用。

四水硫酸锰（$MnSO_4 \cdot 4H_2O$，含锰 $26\% \sim 28\%$）等水溶性速效锰肥施用到中性或碱性土壤上，很容易转化为难溶性形态，因此，采用叶面喷肥，其效果往往比土壤施肥效果好。水合硫酸锰含锰量一般为 23% 左右，可拌种也可浸种，可基施也可追施和叶面喷施。做基肥时硫酸锰用量为 $1 \sim 2kg/$亩，也可用 $0.05\% \sim 0.1\%$硫酸锰溶液浸种或叶面喷施，喷施以苗期和生殖生长初期使用效果较好，隔 $7 \sim 10$ 天再喷一次。锰与氮、磷、钾配合使用，能发挥更大的效果。种子处理一般用 $4 \sim 8$ 克硫酸锰与每千克种子拌种，或用 0.1%硫酸锰溶液浸种半天至一天。锰肥的残效不明显，可以年年施。

第六节　钼

一、棉花中的钼

钼以钼酸形式被植物吸收，棉花从幼苗期就开始吸收钼，随着生育进程而下降。棉花器官含钼量和分配在不同研究者的结果中差异很大，但总的趋势都是叶片＞根＞茎＞种子，棉铃发育期间含钼量有很大变化，以 25 日龄棉铃含量较高，成熟时较低。

钼是硝酸还原酶的活化剂，在硝态氮还原过程中起电子传递作用。棉花缺钼时体内积累较多的硝态氮，使氨基酸和蛋白质合成速率降低，氮代谢受阻。钼对棉花磷素代谢也产生影响，对缺钼的棉花供钼，能促进无机磷向有机磷转化。供钼适宜，能提高棉株体内铁的转运。

二、土壤中的钼

土壤中的钼来自含钼矿物，而主要含钼矿物是辉钼矿。含钼矿物经过风化后，钼则以钼酸离子（MoO_4 或 $HMoO_4$）的形态进入溶液。土壤中的钼从目前资料可区分成四部分：

（1）水溶态钼　包括可溶态的钼酸盐，其含量甚微，一般不容易测定出来。

（2）代换态钼　MoO_4 离子被黏土矿物或铁锰的氧化物所吸附。

（3）难溶态钼　包括原生矿物、次生矿物、铁锰结核中所包被的钼，植物是难以吸收的。

（4）有机结合态的钼　钼原子价很多，最重要的是六价钼，是植物能吸收的；低价钼包括五价和五价以下的钼，则植物不能吸收利用。各种形态的钼互相转化，在酸性条件下，水溶态钼常转化成氧化钼。

土壤的各种矿物的组成直接来源于各种成土母质，因此决定土壤中钼含量多少的第一个因素是成土母质的含钼量，其次才是成土因素的各种作用。世界各国土壤中全钼的含量高低差异较大，但世界土壤正常含钼量是 0.5～5mg/kg，平均是 2.0mg/kg。据现有资料，我国土壤全钼含量介于 0.1～2.5mg/kg，平均为 1.7mg/kg，低于世界土壤平均含钼量。我国土壤中钼的分布，在空间上有逐渐递变的特征。从西北向东北方向，成土母质由砂性岩石过渡到黄土松散物，再过渡到花岗岩、安山岩和玄武岩为主的含钼较高的成土母质，土壤则由荒漠土壤（棕色荒漠土）、高寒土过渡到草原土壤（黑土、粟钙土、棕钙土），再过渡到森林土壤。因此，土壤中含钼量从西北到东北越来越高。

土壤中绝大部分是难溶性钼，存在于矿物晶格、铁锰结核、氧化铁铝内，是植物不能直接吸收的。有效态钼包括水溶态、代换态钼，能被植物吸收利用的。因此，国内外对有效钼分析研究较多。就我国目前资料分析，有效钼缺乏的土壤分布面积很广，主要分布范围在我国中部，包括北方的石灰性土壤，主要是黄土、黄河和淮河冲积物发育的各种土壤，如黄绵土、黄潮土、砂姜黑土等，究其原因是土壤母质中全钼含量偏低。易缺钼的土壤有：

①酸性土壤，特别是游离铁、铝含量高的红壤、砖红壤。淋溶作用强的酸性岩成土、灰化土及有机土。

②北方土母质及黄河冲积物发育的土壤。

③硫酸根及铵、锰含量高的土壤，抑制作物对钼的吸收。

三、钼与棉花品质的关系

棉花缺钼起初表现叶脉间失绿，接着叶脉间加厚，表面油腻状，最后叶片上卷，失色或灰色，且出现枯斑或叶缘干枯。缺钼对棉花生殖生长产生明显影响，如蕾、花脱落增加，棉铃发育不正常，发育成所谓的"僵硬铃"。种子发芽率降低，活力差，幼苗瘦弱，抗病能力大大下降，不利于棉花全苗。由于钼与氮代谢有关，植物缺钼时，叶脉间叶色变淡、发黄，与缺氮和缺硫的症状相似，但缺钼时叶片容易出现斑点，叶边缘发生焦枯并向内卷曲。一般老叶先出现症状。

四、钼的施用

常用的钼肥有钼酸铵和钼酸钠、三氧化钼、二硫化钼，含钼玻璃等也可作为钼肥。水溶性钼肥通常做种子处理和叶面喷肥，商品钼肥主要为钼酸铵，钼酸铵肥料一般含钼 50% 左右，微黄色结晶或粉末，溶于水。用钼酸铵浸种，浓度一般为 0.05％～0.1％，浸 12 小时左右。常用的施用方法一般采用根外喷肥，用 0.1％的钼酸铵溶液，在苗期、蕾期、花铃期各喷一次，每次喷肥液 50～75kg/亩，能促进棉株的生长发育。若用钼酸铵作基肥，用量一般为 250g/亩左右，可与其他肥料如磷肥等混合均匀后施用。钼肥和磷肥配合施用有良好的正连应效应，施用磷肥明显地增强棉花对钼的吸收能力。

第七节　氯

一、棉花中的氯

氯是高等植物必需的营养元素，以 Cl^- 离子形式被植物根部吸收，据研究，氯的吸收是主动方式。植物体含水量高的器官氯含量也高，因为氯是一种重要的渗透剂。氯在作物营养平衡中的主要作用是参与光合作用，氯能促进叶片气孔开放，调节植物细胞渗透压，并影响作物对氮、磷、钾、钙、镁和硅的吸收，增强作物对病虫害的抵抗能力，调节气孔运动。氯能促进碳水化合物的新陈代谢，加速作物茎和叶组织的发育。氯对土壤硝化细菌有抑制作用，能延缓铵态氮向硝态氮的转化，保持有较多量的铵离子吸附在土壤胶体上，可使铵离子较多地保存在土壤中不流失，有利于氮的保蓄。棉花对氯化铵肥料的吸收量比烟草、水稻和茶树的高，以叶片分布最多，棉花属于强耐氯作物，棉株体内含氯量高达 1％～3％，远远超过生理需要。棉花缺氯会出现水分亏缺、叶缘干枯等现象，但过量的氯也会对棉花产生毒害，由于空气污染和使用含氯化肥等原因，人工很难诱发缺氯，所以棉农较关心的是过量氯引起的中毒问题。

二、土壤中的氯

氯离子在土壤中的转化主要有：在酸性土壤中，氯离子与氢离子结合生成盐酸，能增强土壤的酸度，在中性和石灰性土壤里，残留的氯离子与钙离子结合生成溶解度较大的氯化钙。所以，长期单独施用氯化铵、氯化钾等生理酸性肥料，一方面会引起土壤变酸，使土壤有益微生物活动受影响；另一方面，肥料中副成分能与土壤钙结合，生成氯化钙。氯化钙溶解度大，能随水流失，而钙是形成土壤结构不可缺少的元素，钙盐流失过多会破坏土壤结构造成板结。近年来，由于含氯肥料的大量使用，土壤中的氯含量有所增加。

三、氯与棉花品质的关系

氯与棉花光合作用有密切联系，氯能促进和保证光合作用的正常进行。缺氯时，棉株光合作用将受到抑制，叶片失绿坏死。然而氯离子过量也会影响光合产物及其运转，并能降低棉株体内叶绿素的含量和叶绿体的光合强度。棉株体内的某些酶类必需要有氯离子的存在和参与才可能具有酶活性。如 α-淀粉酶只有在 Cl^- 离子的参与下，才能使淀粉转化为蔗糖从而促进种子萌发。在原生质小泡及液泡的膜上存在的一种质子泵 ATP 酶，同样要靠氯离子来激活，激活后的酶在液泡膜上起着质子泵的作用，将 H^+ 从原生质转运到液泡中，以维持细胞的正常代谢活动。氯离子过量会提高植物体内过氧化物酶的活性，影响细胞的分裂，限制细胞的伸长，从而使植物生长受到抑制。

氯是植物体内化学性质最稳定的阴离子，能与植物体内的阳离子保持电荷平衡，维持细胞渗透压，提高植物细胞和组织对水分的束缚能力，进而起到调节植物体内渗透压的功能。

棉花是一种强耐氯作物，但过多的氯同样会危害棉花的生长，比如幼苗生长受阻，有时不能出土，叶缘和叶尖似火烧状，叶片失绿而坏死，叶小，早熟而脱落。缺氯时，棉花出现水分亏缺，有凋萎症，叶色暗色。严重缺乏时，叶缘干枯，边缘卷曲，幼叶症状比老叶和成熟叶严重得多。

四、氯的施用

常用的含氯肥料有氯化铵（含氯 66.3%）、氯化钾（含氯 47.5%）。氯元素少则有益，多则有害，所以正确施用含氯化肥，对于提高化肥施用效果有重要意义。

氯离子能抑制种子萌芽，降低发芽率和出苗率。所以含氯化肥应早施、深施，以便土壤吸附，氯离子被淋失，可降低作物根层受氯害的程度。作物根系大多集中分布在 10～25cm 土层内，因此，含氯化肥作基肥层施、条施、穴施应在 8～12cm 以下。

用含氯化肥与尿素、磷酸二铵、重过磷酸钙或过磷酸钙、钙镁磷肥、硫酸钾、硝酸钾等肥料加工制成复混肥，不仅可减少氯离子的危害，而且氮、磷、钾配合施用，可起到相得益彰的效果。

氯离子的积累与年降水量、土壤质地和种植制度关系密切，在干旱少雨地区施用含氯化肥，氯离子在土壤中积累较多，残留量高达 30%～80%；在南方多雨地区，每季施氯量 300～1 450 kg/hm²，5 年中土壤中的氯离子也无明显增加。据研究，在降水量为 1 500mm 条件下，被认为是"忌氯作物"的甘蔗、甘薯、马铃薯，施氯量 332～135kg/hm²，对产量和质量并无不良影响。所以在降水量大的地区，棉花适于使用含氯化肥，但不宜做种肥，也不宜在苗期使用，以避开幼苗敏感期。

第九章

棉花营养的其他问题

内 容 提 要

　　棉花的生育期长，养分消耗大，为获得棉花高产、优质，必须在了解棉花需肥规律的基础上，进行科学合理的施肥。目前，平衡配方施肥技术正在推广实施，其核心是"测、配、产、供、施"一体化服务，使氮、磷、钾、微肥配合施用，从而增加产量，改善品质。本章主要从测土配方施肥的原理、技术、工艺的选择与配方施肥效的关系、肥料施用量的确定、施肥时间与施肥方式等方面介绍了棉花平衡配方施肥的要览。在棉花的一生中，易发生真菌病害、细菌病害、病毒性病害和虫害，使其萎蔫、腐烂坏死，另外，由于大量使用杀虫剂、除草剂等，使棉花遭受药害，必须对其进行诊断识别，采取积极有效的方法加以防治。施肥对棉花病虫害有直接或间接的影响，在种植棉花时，要注意合理施肥的原则，根据不同气候条件和土壤性质，灵活巧施，既能增产增收，又能防虫抗病。

Brief

　　Cotton has a long growing season and consume much nutrient，in order to obtain high yield and quality，you must conduct a scientific and rational fertilization on the basis of understanding the fertilizer requirement law of cotton. At present，the balanced formula applies fertilizer technology is promoting the implying, its core is "measures, matches, produces, provides, executes" the integrated service, make sure nitrogen, phosphorus, potassium and micronutrient fertilizer coordinate employment, thus increase yield and improve quality. This chapter mainly introduced the compendium of cotton balanced formula applies fertilizer from fertilizer theory, technology, the relation between process selection and fertilizer efficiency, determination of the fertilizer amount, fertilization time and fertilization methods, etc. Cotton is prone to infecting fungal diseases, bacterial diseases, viral diseases and pests, wilt, rotten necrosis, in addition, a positive and effective diagnosis and identification must be taken due to heavily use of pesticides, herbicides, etc. Fertilization on cotton has directly or indirectly effect on pests and diseases, it is necessary to pay attention to the principle of reasonable fertilizer according to different climatic conditions and soil properties, flexible application, it can increase production and income, and pest and disease resistance.

棉花的生育期长，养分消耗大，一般150～200d。生长发育经过苗期、蕾期、花铃期、吐絮期等阶段，不同生育时期棉花的营养代谢特点也不同。因此，为获得棉花高产、优质，必须在了解棉花需肥规律的基础上，进行科学合理的施肥。

科学施肥是取得棉花优质、高产的关键。据棉区调查，目前棉田的施肥量较大，棉农都舍得下肥，但有些棉农施肥盲目性大，科学生产差，施肥不当，造成棉株"高、大、空"，植棉效益下降。棉花的科学施肥，首先在于了解和掌握棉花的需肥规律，棉花的需肥取决于其生理特性。

第一节　棉花的平衡配方施肥

一、测土配方施肥原理

测土配方施肥技术是指根据棉田土壤测试结果、田间试验、棉花需肥规律、土壤供肥特点和农业生产要求等，提出有机肥与化肥，氮肥与磷、钾、中量元素、微量元素等肥料适宜施用数量、配比及其适时施用的合理施肥方法，从而达到增加产量、改善品质、防病治病、节约成本、保护环境的目的，完成"土壤养分归还学说"。平衡配方施肥是根据"木桶效应"的原理实施的，是对地力分区配方施肥技术的改进和提高，通过测定土壤养分值和利用系数，结合地力基础产量分析优化出平衡施肥技术方案，并由生产厂家按方案设计生产各种作物的专用肥而应用于生产的全过程。其核心是："测、配、产、供、施"一体化服务。依据区域内的田间试验和测土结果，提出区域适应性更强的配方，氮、磷、钾、微肥的配合，实现科学施肥的技术配套和技物配套，提高实施率，达到节约肥料，降低成本，提高肥效，高产、优产、高效的目标。

测土配方施肥的核心是确定最经济的肥料养分用量。测土配方施肥主要包含测土、配方和施肥建议 3 个方面的内容。"测土"是在棉田田间，进行基本情况调查和采集耕层土壤样品，在化验室测试分析，获取土壤养分含量等数据结果。"配方"是根据棉花作物需肥特性、目标产量、试验结果及土壤养分的测定结果计算，或根据不同棉区土壤肥力、产量水平下的土壤养分丰缺指标和肥料养分施用指标判别确定氮、磷、钾等肥料的适宜用量。如果土壤缺少某种微量元素，作物对该元素反应敏感，要适量施用该微量元素肥料。"施肥建议"是根据测土配方确定的区域肥料或肥料养分的施用量和棉花各生育期营养特性等，合理安排基肥和追肥的品种、比例或用量，以及施用追肥的次数、时期、用量和施肥方法。施肥必须与当地的高产栽培技术相结合，使肥效充分发挥。同时，要按照肥料的特性，采取最有效的施肥方法，如氮肥深施、磷肥集中施、钾肥早施、微肥作种肥或根外追肥等，以发挥肥料的最大增产作用。

注意要点：

①以作物的产量目标定配方施肥方案。

②以测定的地力情况作为配方施肥的基础，缺啥补啥，缺多少补多少。

③在具体肥料的配合过程中，要按各种肥料的化学成分注意能否配合或混合，配合以后是否及时挥发，是否产生肥效损失。

④注意施肥方式，宜撒施则撒施，宜深施则深施，宜喷施则喷施。

⑤注意施肥时间，做到底肥、追肥比例适宜，合理配置。

⑥调查农民的施肥习惯、施肥数量、施肥种类、施肥时间、施肥方式等，根据当地试验结果和土壤分析数据调整施肥用量和配比。

棉花的配方施肥，也称棉花的平衡施肥，就是根据棉花生育特性和需肥规律，根据本地土壤养分状况以及对棉花产量水平的要求，施入不同种类和不同数量的肥料，使土壤中有效养分处于平衡状态并符合棉花需肥要求。经农业科研单位多年的研究和农业推广部门的实际经验，棉田氮、磷、钾的比例一般以 1：0.5：0.8 为宜，同时如果能配合施用锌、硼等微量元素则效果更佳。

合理施肥原则如下：

①有机肥料为主，无机肥料为辅，有机无机相结合。有机肥属完全肥料，含有较完全的营养元素，能够较完全地满足棉花对营养元素的需要，其分解缓慢，肥效长而稳，使棉花生长稳健。能增加土壤耕作层有机质，促进微生物活动，改善土壤结构，增强土壤保肥、供肥能力。无机肥料的肥效快，对棉花促进和控制

有较大的灵活性。有机肥与无机肥配合使用，能起到迟效与速效相结合，完全肥料与单一肥料相结合，发挥各种肥料的优点，利于高产。

②施好基肥，分期合理追肥，基肥追肥相结合，基肥一般占总用肥量的 1/4 左右，可用堆肥、栏肥、复合肥等。做到"早施轻施苗肥，稳施蕾肥，重施花铃肥，补施长铃肥"。

③根据土壤肥力情况，合理搭配氮、磷、钾肥和硼肥。

④"看天、看土、看苗、看肥"相结合，进行合理追肥。棉花施肥还要根据天气情况、土壤、肥料特性和当时棉花生长状况全面考虑，因地制宜施好棉花肥料。

二、测土配方施肥技术要览

(一) 土样和植物样采样调查与测试

1. 土样采集　土壤样品的采集是土壤测试的一个重要环节，采集有代表性的样品，是真实反映客观情况的先决条件。因此，应选择有代表性的地段和有代表性的土壤采样，并根据不同分析项目采用相应的采样和处理方法。土样采集是工作量比较大的工作，采集时可由土肥技术推广部门或单位有组织、有计划地安排取样，涉及取样区域的乡镇和村组干部、农技人员及农民应积极协助与配合。农民也可按规程自行取样、送样。

(1) 采样单元　采样前要详细了解采样棉区的土壤类型、肥力等级和地形等因素，将测土配方施肥区域划分为若干个采样单元，每个采样单元的土壤要尽可能均匀一致。确定采样单元可采用数据化的土壤图（或地块片图）和利用现状图叠加，叠加后较小（小于 100 亩）的图斑可予以合并，较大（大于 500 亩）的图斑则再续分等，在室内确定取样单元和点位（经纬度）。取样时依据图纸和用 GPS 导航，到所确定取样单元采集土样，记录实际的经纬度，如有偏差，则以实地勘测为准，并在图上标记。一个取样单元采集一个耕层土壤农化样。

（2）采样单元与代表面积　平均采样单元为100亩（平原区大田作物每100～500亩采一个混合样，丘陵区大田园艺作物每30～80亩采一个混合样）。为便于田间示范追踪和施肥分区需要，采样集中在位于每个采样单元相对中心位置的典型农户，面积为1～10亩的典型地块。

（3）采样时间　一般在秋后上茬作物已经基本完成生育进程，下茬作物还没有施肥前取样。棉田在棉花吐絮采摘盛期后即可取样。

（4）采样周期　根据实际情况，同一采样单元，一般每3年或4年采样测试一次。如条件许可，也可每年采样测试一次。

（5）采样点数量　要保证足够的采样点，使之能代表采样单元的土壤特性。采样点的多少取决于采样单元的大小、土壤肥力的一致性等，一般7～20个点为宜。

（6）采样点定位　采样点采用GPS或县级土壤图定位，记录经纬度，精确到0.1。

（7）采样路线与采样方法　采样时应沿着一定的线路，按照随机、等量和多点混合的原则进行采样。一般采用S形布点采样，能够较好地克服耕作、施肥等所造成的误差。在地形较小、地力较均匀、采样单元面积较小的情况下，也可采用梅花形布点取样，要避开路边、田埂、沟边、肥堆等特殊部位。每个采样点的取土深度及采样量应均匀一致。取样器应垂直于地面入土，深度相同。用取土铲取样应先铲出一个耕层断面，再平行于断面下铲取土；测定微量元素的样品必须用不锈钢取土器采样。棉田采样深度一般为0～20cm。

（8）土样重量　一个混合土样以取土1kg左右为宜（用于推荐施肥的0.5kg，用于试验的2kg），如果一个混合样品的数量太大，可用四分法将多余的土壤弃去。方法是将采集的土壤样品放在盘子里或塑料布上，弄碎、混匀，铺成四方形，划对角线将土样分成四份，把对角的两份分别合并成一份，保留一份，弃去一份。如果所得的样品依然很多，可再用四分法处理，直至所需数量为止。

（9）样品标记 采集的样品放入统一的样品袋，用铅笔写好标签，内外各一张，一份折叠放入袋内，一份扎在袋口绳索上。采标签应填写野外编号（如野外取样为多个组取样，按 A、B、C……组别编号，如 A001、B001……）、取样地点（省、县、乡镇、村、组）、地块名、耕地类型、耕作制度、采样深度（cm）、取样人、取样日期（年、月、日）等内容。

2. 棉田田间基本情况调查

（1）调查记录内容 在田间取样的同时，调查田间基本情况。主要调查记录内容包括取样地块前茬、后茬作物种类、产量水平和施肥水平等。每个取样单元内相应调查 5～10 个有代表性的田块和所属的基本情况。

（2）调查方法 询问陪同取样调查的村组人员、田间作业的农民或到农户家调查。同一取样点代表区域的耕种制度等基本上相同。调查表野外编号与土样标签野外编号一致。室内编号在室内统一编写，可按："年份（4 位）＋邮编（6 位）＋村编码（2 位）＋样品编号（2 位）"编制。

（3）调查结果统计 统计各取样单元所调查 5～10 个农户的各茬作物肥料养分施用量时，一般仅计算施用化肥养分量，施用的有机肥养分量不计入其中。因多数有机肥少施或不施，施用的有机肥实物量以农家肥料鲜重计，每年多不超过基础用量 2 000kg/亩。

3. 棉花植株样品采集 棉花植株全量分析样品主要采集从田间带走的收获物即籽棉和茎叶，散落和遗留在田间的枝叶等不必采集。采样时，在棉花生育截止后采集植株整株样品。可任选有代表性的 5～10 株或任选一行中 3～5m 内的棉株作为取样植株，分别采集籽棉和茎叶，籽棉多次采摘分次记录风干重量，茎叶一次性拔秆风干称重（计算单株籽棉产量和茎叶产量）。籽棉和粉碎后的茎叶分别按四分法留取 0.5～1kg 样品。一般一个棉花品种采集 2～3 个样品，同一品种可按不同的种植区域采集。

棉花植株组织分析样品主要在各生育期分别采集有代表性的 3～5 株全株鲜样，供测试分析。

4. 样品测试

（1）土样测试 根据需要测试相关的项目。长江流域棉田土壤一般测试土壤有机质、全氮、碱解氮或硝态氮、有效磷、速效钾、pH、有效硼、有效锌等，酸性土壤还可测试有效钙和有效镁等。土样测试方法一般采用化验室常规测试方法。常规测试方法的土壤测试结果指导施肥与棉花作物生长和产量有较好的相关性，这是我们研究与应用得最多的方法。具体测试方法可参照相关测试标准或《土壤分析技术规范》。考虑到测试的工作量、成本和需要性，土壤中量和微量元素养分的测试，可按土样总数量的 10%抽样测试。

（2）植株样测试 植株分析包括组织分析、全量分析和品质分析。组织分析是快速测定新鲜组织液中的养分元素，属半定量测定，主要测定未同化的氮、磷、钾。全量分析针对整株或植株某部分，可全面测定所有必需元素和有益元素，一般测定氮、磷和钾。品质测定则测定与棉花品质相关参数，如棉纤维长度、籽棉衣分、棉籽蛋白质、脂质、维生素等。植株分析可以明确需要施用什么养分，施用多少。虽然植株分析结果和产量有一定的相关性，但在正确解释植株分析结果方面还不太完善，需进一步改进提高，仅可以作为施肥推荐的参考依据。具体测试方法可参照相关测试标准或《土壤分析技术规范》。

5. 测土配方施肥效果校正（或研究）试验

测土配方施肥效果校正试验，包括多个方面，如不同的肥料养分施用量（或配比或配方）、肥料养分、肥料品种、施肥时期和施用方法等。就粮、棉、油等主要农作物而言，相关的试验研究是比较多的，如肥料品种、施肥时期和施用方法等方面的可继续应用相关的试验研究成果。针对不同区域、不同土壤肥力及不同作物品种，实行测土配方施肥，目前主要是进行不同肥料养分施用量效果试验。目前试验研究应用较多的是"3414"田间肥效试验方案。

"3414"田间肥效试验方案是 3 因素（N、P、K），4 水平（每个因素 4 个水平），按不完全处理设计的 14 个处理的试验方案。可为肥料效应函数、确定土壤养分测试方法、确定养分施用量的方法、确定土壤养分丰缺指标、养分施用指标、土壤养分利用率和肥料养分利用率等提供可靠依据。根据需要和供试验的代表性田块的面积大小，可采用不同的具体试验方案。

（1）"3414"完全试验方案　"3414"完全试验方案即有 14 个处理试验方案。4 个水平的含义：0 水平指不施肥，2 水平指该试验田块的最佳施肥量，1 水平＝2 水平×0.5（低量或不足量水平），3 水平＝2 水平×1.5（高量或过量水平）。各处理一般设 2 次重复。各处理氮、磷、钾水平间的组合见表 9-1。

该方案除了可应用 14 个处理的试验结果进行氮、磷、钾三元二次效应方程的拟合以外，还可分别挑选其中相关处理的试验结果分别进行氮、磷、钾其中的任意二元或一元效应方程的拟合。

表 9-1　"3414"完全试验方案各处理设计

处理编号	处理水平	氮用量水平	磷用量水平	钾用量水平
1	$N_0P_0K_0$	0	0	0
2	$N_0P_2K_2$	0	2	2
3	$N_1P_2K_2$	1	2	2
4	$N_2P_0K_2$	2	0	2
5	$N_2P_1K_2$	2	1	2
6	$N_2P_2K_2$	2	2	2
7	$N_2P_3K_2$	2	3	2
8	$N_2P_2K_0$	2	2	0

（续）

处理编号	处理水平	氮用量水平	磷用量水平	钾用量水平
9	$N_2P_2K_1$	2	2	1
10	$N_2P_2K_3$	2	2	3
11	$N_3P_2K_2$	3	2	2
12	$N_1P_1K_2$	1	1	2
13	$N_1P_2K_1$	1	2	1
14	$N_2P_1K_1$	2	1	1

例如，进行氮、磷二元效应方程拟合时，可选用处理1、2～7、11、12，可求得在以 K_2 水平为基础的氮、磷二元二次肥效应方程；选用处理2、3、6、11可求得在 P_2K_2 水平为基础的氮肥效应方程；选用处理4、5、6、7可求得在 N_2K_2 水平为基础的磷肥效应方程；选用处理6、8、9、10可求得在 N_2P_2 水平为基础的钾肥效应方程。

此外，通过处理1，可以获得基础地力产量，即空白区产量。还可通过测试各处理作物生育截止时单位面积养分吸收总量，计算土壤养分利用率和肥料养分利用率，为确定肥料养分施用量提供依据，或校正参考应用的相关参数，修订施肥建议方案。

"3414"试验关键是2水平的最佳施肥量的确定。一是假定一个最佳的施肥量，这个假定量也不是随意假定，至少有一定的符合性；二是以该试验田的土壤测试为依据，按本节"确定养分施用量的方法"确定养分施用量，并假定它是最佳施肥量。这就要求在试验前采集土样和测试。

如按养分丰缺指标法确定的氮、磷、钾养分施用量，作为适合土壤和所种植作物的最佳施肥量进行试验。如处理6产量是最高，且某一因素的2水平处理相对该因素其他水平（另两个因素的水平均一致）的增产差达显著水平，说明确定该因素用量的参照指标是合理的，也说明该因素的测试方法的测试值与肥效之间具有较好的相关性；如 1 水平处理是最高的，说明施用肥料养分指标或土壤养分丰缺指标偏高，应向低调整校正，如 3 水平处理是最高的，说明施用养分指标或土壤养分丰缺指标偏低，应向高调整校正。如调整肥料养分施用量后，翌年再在土壤养分含量相当的田块进行试验，可以获得更准确的结果。进行多个试验，即各因素均相应在不同丰缺程度土壤养分的田块中进行试验，试验结果更具指导作用。

如用养分平衡法，用土壤养分测试值和已试验获得比较可靠的土壤养分和当季肥料养分利用率等参数，确定的施肥量作为 2 水平最佳施用量进行试验。按上述同样分析，处理 6 最好，说明测试结果较准确，测试方法与肥效具有较好的相关性，否则，说明测试值精确度差，或应改进或改用测试方法，如多点多次的试验结果都有相同的不吻合性，则在用一个经验系数校正或校正"0.15"这个系数。

其具体操作和统计分析，可参阅全国农业技术推广服务中心主办的中国肥料信息网。其中统计分析也可用 EXCEL 电子表分析。

（2）"3414"的部分试验方案　对于不同试验目的和要求，如要试验氮、磷、钾某一个或两个养分的效应，或因其他原因无法实施"3414"的完全实施方案，可在"3414"方案中选择相关处理，即"3414"的部分实施方案，进行田间试验，达到相应的试验目的。这样既保持了测土配方施肥田间实验总体设计的完整性，又考虑到不同区域土壤养分的特点和不同试验目的的具体要求，满足不同层次的需要。如有些区域重点要检验氮、磷效果，可采用表 9-2 处理进行氮、磷二元肥料效应试验，在 K_2 施用量的基础上建立肥料效应方程，但应设置 3 次重复。具体处理及其与"3414"方案处理编号对照列于表 9-2。参照此方案，还可设计氮与钾、磷与钾的二元肥料效应试验。

表 9 - 2　氮、磷二元二次肥料试验设计与
对应的"3414"方案部分处理

"3414"方案 处理编号	处理水平	氮用量水平	磷用量水平	钾用量水平
1	$N_0 P_0 K_0$	0	0	0
2	$N_0 P_2 K_2$	0	2	2
3	$N_1 P_2 K_2$	1	2	2
4	$N_2 P_0 K_2$	2	0	2
5	$N_2 P_1 K_2$	2	1	2
6	$N_2 P_2 K_2$	2	2	2
7	$N_2 P_3 K_2$	2	3	2
11	$N_3 P_2 K_2$	3	2	2
12	$N_1 P_1 K_2$	1	1	2

（3）"3414"的常规五处理试验方案　在施肥试验中，为了取得土壤养分供应量、作物吸收养分量、土壤养分丰缺指标等参数，一般把试验设计为 5 个处理：无肥区（CK）、氮磷钾区（NPK）、无氮区（PK）、无磷区（NK）和无钾区（NP）。这 5 个处理分别是"3414"完全实施方案中的处理 1、2、4、8 和 6。如要获得有机肥料的效应，可另加一有机肥处理区（M）。如果检验某种中（微）量元素的效应，则需要在 NPK 基础上进行加与不加该中（微）量元素处理的比较。

试验要求测试土壤养分和植株养分含量进行考种和计产。设计中，氮、磷、钾、有机肥用量应接近效应函数计算的最高产量施肥量或用其他方法推荐的合理用量。各处理水平见表 9 - 3。

表 9 - 3　常规 5 处理与"3414"方案处理编号对应表

处理名称	"3414" 处理编号	处理	氮用量 水平	磷用量 水平	钾用量 水平
无肥区	1	$N_0 P_0 K_0$	0	0	0

（续）

处理名称	"3414"处理编号	处理	氮用量水平	磷用量水平	钾用量水平
无氮区	2	$N_0P_2K_2$	0	2	2
无磷区	4	$N_2P_0K_2$	2	0	2
氮磷钾区	6	$N_2P_2K_2$	2	2	2
无钾区	8	$N_2P_2K_0$	2	2	0

还可进行 4 处理的试验。如不同氮水平的试验："3414"处理编号为 2、3、6、11；不同磷水平试验："3414"处理编号为 4、5、6、7；不同钾水平试验：8、9、6、10。这些试验也可达到相应的试验目的，适宜田块较小的区域应用。

如按丰缺指标法确定养分施用量，则可用肥料养分施用指标进行试验，其中养分的 2、3、4 水平对应于潜在缺乏、缺乏、严重缺乏的养分施用量。如某块棉田，根据测试结果按丰缺指标法查得养分施用水平为 $N_3P_2K_3$，进行钾肥试验，各处理分别设计为：$N_3P_2K_0$、$N_3P_2K_2$、$N_3P_2K_3$、$N_3P_2K_4$；若查得为 $N_3P_2K_2$，各处理分别设计为：$N_3P_2K_0$、$N_3P_2K_1$、$N_3P_2K_2$、$N_3P_2K_3$，其中 $K_1 = K_2 \times 2 - K_3$；若查得为 $N_3P_2K_4$，各处理分别设计为：$N_3P_2K_0$、$N_3P_2K_3$、$N_3P_2K_4$、$N_3P_2K_5$，其中 $K_5 = K_4 \times 2 - K_3$。其他，如此类推。这种试验可直接用于验证或校正养分施用指标。

三、工艺的选择与配方肥肥效的关系

测土配方施肥是根据作物目标产量和具体土壤的养分含量来进行的，平衡施肥是根据农家肥和化肥的特点，合理搭配使用，农家肥做基肥，化肥做追肥。有机质肥 50％～60％、钙镁硫硼锌等中微量元素肥 10％～20％、氮磷钾大量元素肥 30％～40％

比例的配方平衡施肥技术，满足作物所需的全面营养，从而有力的保证了农作物的正常生长及产量与品质的提高。其平衡施肥技术应用要点如下：

1. 多施有机肥　有机肥通过充分发酵，营养丰富，肥效持久，利于植物吸收，可供作物整个生长期营养。如腐熟的人畜粪、沼渣沼液、杂草制沤肥、生物菌堆制发酵肥、有机生物商品肥及各种农家肥等。

2. 合理追施化肥　根据目标产量和土壤养分含量，并掌握好各种化肥的养分含量和性能，以确定使用化肥的种类、数量和配比。追施的化肥尽量采取少量多次的施肥方法。根据不同的作物类型和品种，确定追施不同的化肥。

3. 结合喷施叶面营养液肥　配合使用叶面营养液肥，方便简单，省工省事。一般农作物在生长前期与后期使用效果明显，特别是在干旱季节使用，对抗干旱、抗病虫害、抗早衰效果更显著。

棉花的生长特点是无限生长，再生能力强，株形可控性强，需肥量大。一般讲足够的农家肥是棉花高产、优质的基础，充足的磷肥能促进棉株健壮生长，增加铃重，提早成熟，钾肥在植物体内是多种酶的催化剂，促进光合作用和纤维素的合成。棉花的平衡施肥技术应实行"调氮、增钾、补磷、喷硼"的八字配方肥法。

四、肥料施用量的确定

1. 养分丰缺指标法　养分丰缺指标法是应用区域内某一取样单元的土壤养分测定结果，对照所分析确定该区域的土壤养分丰缺评判指标和该区域内不同土壤养分丰缺状况下的作物（棉花）达到一定产量所需施用肥料养分量的指标，确定肥料养分合理施用量的一种方法。丰缺指标法相对其他方法具有很强的优越性和实用性，且便于操作和推广应用。这种方法是最早测土配方施肥确定肥料养分合理施用量的方法，也是生产实际中用得比较多的方法。按丰缺指标法确定的肥料养分施用量，是作物生长发育应施用肥料养分的总量，直播栽培即从播种至生育截止时大田基追施用肥料养分的总量，移栽作物是移栽后至生育截止时大田基追施用肥料养分的总量。但有人认为，这种方法用来确定除氮以外的磷、钾、镁、硼、锌等肥料养分施用量较为合理、方便和可行；用来确定氮肥养分施用量不太合适，因土壤碱解氮是不稳定的，其测试值与土壤供氮水平的相关性较差，认为棉田等旱地土壤确定氮肥养分施用量用土壤无机氮（硝态氮）测试值，或按目标产量法比较合适。

这种方法的关键是确定测土区域内的土壤养分丰缺评判指标和肥料养分施用指标。养分丰缺指标的具体确定方法包括4个步骤。第一步，先针对具体植物种类，在各种不同速效养分含量的土壤上进行，施用氮、磷、钾肥料的全肥区和不施氮、磷、钾肥中某一种养分的缺素区的植物产量对比试验。第二步，分别计算各对比试验中缺素区植物产量占全肥区植物产量的百分数（此值亦被称为缺素区相对产量）。第三步，利用缺素区相对产量建立养分丰缺分组标准，通常采用的分组标准为，相对产量小于55％为极低，55％～75％为高，75％～95％为中，95％～100％为高，大于100％为极高。第四步，将各试验点的基础土样速效养分含量测定值依据上述标准分组，并据之确定速效养分含量丰缺指标。土壤养分丰缺评判指标和肥料养分施用指标是基于化验室土壤常规测试法下所建立的，不同的测试方法可能有不同的指标体系。指标应用时效应随土壤测试的周期而定，一般3～4年。如某棉田土壤碱解氮、有效磷、速效钾测试值分别为82mg/kg、19mg/kg 和56mg/kg，对照指标查得氮、磷、钾肥料养分总施用量分别为22kg/亩、3.6kg/亩和12kg/亩。

2. 目标产量法 根据作物产量的构成由土壤和肥料两方面供给养分的原理计算肥料施用量。一般认为，在目前条件下，按产计肥是确定施肥量的较好方式。但这种方法计算施肥量时，需要有足够的参数，如单位产量养分吸收量、土壤养分利用率和肥料养分当季利用率等。但不同的土壤类型、土壤有机质含量、土壤养分含量、肥料养分施用、作物及产量等，这些参数都不相同或一致。在实际应用中，这些参数都难以掌握。一般通过田间试验研究来获取这些参数，或参考已研究报道的这些参数。有些计算结果根本不能用，如负数或很大、很小的数。目标产量法目前有以下两种方法：

（1）**养分平衡法**　根据作物带走养分量和以土壤养分测定值计算出的土壤养分供应量，确定肥料养分施用量。肥料养分施用量按下式计算：

某肥料养分施用量（kg/亩）＝（$X \times M - S \times 0.15 \times T$）/$F$

式中：X 为作物单位产量某养分吸收量（kg）；M 为目标产量（100kg/亩）；S 为土壤某养分测定值（mg/kg）；T 为校正系数（土壤养分利用率）；F 为某肥料养分当季利用率。

此法的优点是概念清楚，掌握容易。缺点是土壤养分处于动态平衡中，测试值是相对含量，不能直接计算出"土壤供肥量"。通常要根据试验取得校正系数加以调整，而校正系数的变异大，难以校准。

（2）**地力差减法**　作物在不施任何肥料的条件下所得的产量称为空白田产量。目标产量减去空白田产量就是施肥所得的产量。肥料养分施用量按下式计算：

某肥料养分施用量（kg/亩）＝［$X \times (M - K)$］/F

式中：X 为作物单位产量某养分吸收量（kg）；M 为目标产量（100kg/亩）；K 为不施任何肥的空白田产量（100kg/亩）；F 为某肥料养分当季利用率。

此法的优点是不需要进行土壤测试，但空白田产量不能预先获得。同时，空白田产量是构成产量诸多因素的综合反应，无法表达若干营养元素的丰缺状况，只能以作物吸收量来计算需肥量。

3. 效应函数法 通过某区域某作物多点田间试验，选出最优的处理，或统计、回归分析得出该区域该作物产量与肥料养分施肥量的函数关系式，从而确定相关肥料养分施用量。一般通过多因子正交或回归设计，进行单因素或多因素多水平试验，将结果进行数理统计，求得产量与施肥量之间的函数关系。根据方程式，不仅可以直观地看出不同元素肥料的增产效应及其配合施用的连应效果，而且还可以分别计算出最佳施肥量、施肥上限和施肥下限，作为建议施肥的依据。此法的优点是能客观地反映影响肥效诸因素的综合效果，精确度高，反馈性好。缺点是有地区局限性，要在不同土壤上布置多点试验，积累不同年度的资料，费时较长，可作为试验研究，不便于大面积推广应用。

以上三类确定肥料养分合理施用量的方法可以相互补充，而形成一个较为合理的测土配方施肥建议方案。一般以一种简便、实用方法为主，参考其他方法，配合运用。

4. 几个重要参数说明

（1）**目标产量** 即计划产量，是决定需肥量的原始依据，根据土壤肥力、作物品种特性等确定。一般按当地前 3 年的平均产量为基础，再增产 $10\%\sim15\%$ 的产量作为目标产量。

（2）**肥料养分当季利用率** 即施用的肥料养分中被当季作物吸收利用养分量的百分率。影响肥料养分利用率的因素很多，如作物特性、施肥量、土壤肥力、肥料性质、施肥方法、气候条件等，其中起主导作用的是作物的吸收量和肥料的投入量。利用率可通过田间试验求得。

某肥料养分利用率（%）＝（$X-K$）$\times100\%/F$

式中：X 为施肥区作物带走该养分总量（kg/亩）；K 为空白区作物带走该养分总量（kg/亩）；F 为施肥区施用该养分的总量（kg/亩）。

（3）**换算系数（0.15）** 是将土壤测定值换算成每亩土壤养

分含量（kg），通常使用换算系数 0.15。它是把 20cm/亩耕作层土壤总量计为 15 万 kg，养分测定值用 mg/kg 表示，按下式计算得到：

$$0.15 = 150000 \times 1/1\ 000\ 000$$

（4）土壤养分利用率（或校正系数） 即土壤养分总量中被作物吸收利用养分量的百分率。影响土壤养分利用率的因素很多，不同的土壤肥力水平、作物、气候条件等都不尽相同，可通过田间空白试验求得。

$$某土壤养分利用率（\%）= K \times 100\%/S$$

式中：K 为空白区作物带走该养分总量（kg/亩）；S 为每亩耕地提供该养分的总量（kg/亩）。

棉花平衡施肥应抓好以下 5 项技术。

①重视农家肥的施用：农家肥能改良土壤，培肥地力，供给作物各种营养元素，并配施一定数量化肥，是对农家肥的补充与增效。在此基础上施用微肥，才有显著的增效作用。如果农家肥或氮、磷、钾化肥得不到满足，微肥的效果就不显著。

②调节氮素比例：农民长期偏施氮肥，其结果不仅造成氮素养分的流失与浪费，而且使氮、磷、钾比例严重失调。根据不同土壤地力，将施用氮肥调节到 10～15kg/亩（包括有机肥氮素）。

③增加钾肥施用量：棉花从出苗到现蕾吸收钾素约占整个生育期钾量的 24%，现蕾到开花约占 42%，开花到成熟约占 34%。因此，钾肥应基施或在现蕾前追施，以利于棉花早期生长，重点满足蕾、花、铃生长发育的需要。钾肥用量增加到 10～15kg/亩。

④补充磷肥：磷在土壤中不易移动，且溶解释放缓慢，不易被根系吸收，所以磷肥应作为基肥施用，使其在生育前期发挥肥效。生长中，常将磷肥与氮肥混合施用，其肥效大大超过单独施用磷肥。磷肥用量应补充到 20～30kg。

⑤喷施硼肥：充足的硼不但可以促进花器发育，有利于授粉

和提高结实率，还可以加速植株体内碳水化合物的运输，增加单桃重和衣分率。所以应在蕾期、初花期、盛花期各喷施一次0.2%的硼砂溶液。

为了方便棉农操作，棉花生产专用肥厂家，将氮、磷、钾和微量元素按棉花生长发育的需要进行优化配置组合，棉农只要根据自己的产量要求，采取科学的施肥方法和施肥量就能达到预期目的。以产棉花（皮棉）100~125kg/亩为目标，要求棉田有机质含量为1%~1.2%，同时施用有机质肥4 000~5 000kg，施纯氮15kg，纯磷12kg，纯钾9kg，再加上硫酸锌1.2kg，硼砂0.5~1kg。如果要求棉田产棉花（皮棉）75kg/亩，则要求棉田地力有机质为0.8%~1%，施纯氮7.5kg，纯磷6kg，纯钾4.5kg，再加上硫酸锌、硼砂各0.5~1kg。为了提高肥料的有效利用率，棉田施肥要讲究施肥方法，一般要求将有机质、磷钾肥、微量元素和1/3的氮肥混合施用作底肥，结合整地进行沟施，其余2/3氮素化肥，结合浇水，在棉花盛蕾期或初花期进行追肥。

应施肥数量＝（标准施肥量÷化肥的有效含量）×100

例如：棉花标准氮肥量是15kg，纯磷5.5kg，纯钾12kg；应施入46%尿素为（15÷46%）×100＝32.6（kg）；施入过磷酸钙肥为（5.5÷12%）×100＝45（kg）；应施入氯化钾（12÷60%）×100＝20（kg）。

复合肥计算方式：（标准施肥量－已施入肥量）÷准备施入化肥的有效含量＝增补施肥数量。

五、施肥时间与施肥方式

综合我国各地棉区历年来积累的成功经验，棉花增施肥料、合理施肥必须正确掌握。

（1）要以增施农家肥料为主，配合使用速效的化学肥料　可多年连作、土壤瘠薄的老棉田应该增施厩肥、圈肥、堆肥等有机质的农家肥料，以增强土壤团粒结构，提高保水、保肥能力。

（2）以使用基肥为主，早施、深施、分期施用追肥　耕地时把基肥深翻入土中，可以在较长时间内不断供给棉株养分，保证棉花稳定增产。在棉花生长期分期追肥，可以保证棉花每个生长发育阶段对肥料的需要，减少蕾铃脱落，增加产量。

（3）在增施氮肥的基础上，适当配合使用磷钾肥　在薄地和中等肥力的棉田，增施氮肥增产效果很显著，但肥地增施氮肥，有时会造成生长过旺，晚熟减产，需要配合使用磷钾肥料，以增强棉花生长技能，加强抗病能力，更充分发挥氮肥的作用。

（4）看天看地看棉花，灵活掌握施肥时间和技术，达到合理巧施　施肥时根据不同季节和气候条件土壤性质，土壤含水率，以及棉花不同生长阶段和不同生长情况来进行施肥。以花铃肥为例：在棉花生长的中后期，花铃肥应根据桃和叶色的变化准确施用。一般地力好，苗蕾肥多，蕾花期长势旺，叶片大，叶色深，节间稀，苞叶包不紧花蕾，结桃少，初花时叶色不退淡，这样的棉田花铃肥不能早施，应推至结桃增多，叶色转淡时再施用。反之，地力差，苗蕾肥用量少，蕾花期长势弱，叶片小，叶色淡，节间短细，苞叶色淡，花蕾少，初花期叶色淡黄的，可每亩补施5～8kg尿素接力肥，到花铃期再及时追施花铃肥。

花铃肥的施用要依品种而异。结铃集中，早熟易衰的品种，花蕾肥应早施，使肥效高峰与开花结桃高峰相吻合。另外，如果伏旱早，气温高，土壤水分蒸发量大，对桃、叶色正常的棉花也要提前施用。对土质差、长势弱、前期施肥少的地块不能等到花铃期，看桃、叶色，应提前到初花期施肥。而对晚发棉花，只要长势好、结桃少也不能早施，且用量不能多，确保稳长早结桃。地力好、前期肥多长势旺的，花铃肥可推迟到结桃后叶色褪淡时再施肥。

花铃肥的用量，要看桃、看叶色而定。一般结桃多、叶色退得快、施肥时间早的用量要多；结桃少、叶色退得慢、施肥时间迟的用量要少，以选用肥效长的尿素为好，施 10～15kg/亩。

花铃期正是高温季节，深施花铃肥可提高肥效，一般要求施深 10～12cm，离开棉株 15cm 左右。已施用花铃肥的地块，如果后期发现早衰趋势，可用 1kg/亩尿素加 150～200g 磷酸二氢钾对水 80～100kg 进行叶面喷施，以增加铃重、促早熟、提高质量和产量。

（5）必须与其他一系列农业技术密切配合起来　如施用基肥，要结合冬耕深翻入土内，播种时结合施用种肥使棉苗生长健旺，追肥可以结合灌溉，才能充分发挥肥效。追肥结合中耕可以减少杂草对养分的消耗等等。如山东高密棉区群众所创造的上下兼顾（即基肥施在下层，追肥施在上层的分层施肥方法）和左右开弓（即追肥分次追施在棉株两侧）的施肥经验是可以吸取的。

由于施肥的时间数量是随着土壤特性、土壤类型、前作物及施肥技术水平等的不同而有所不同，因此必须因地制宜正确掌握以上 5 项施肥原则来确定施肥时间和施用量，才能提高施肥效果，确保棉花丰产。

针对棉花不同生育期的营养特点确定施肥方法和施肥用量：

①苗期：棉花从出苗到现蕾为苗期，约 40～45d。棉花苗期以长根和茎、叶为主，并开始花芽分化，但由于气温低，这个时期的棉株体小，叶小、叶少，光合作用较弱，制造的有机养分不多，根系是营养吸收的中心。

苗期的营养特点为：吸收氮、磷、钾的量较少，分别占总量的比例为：氮 5%、磷 3%、钾 3%；棉花苗期，三要素中以氮的吸收数量最多，为氮素代谢旺盛期，棉花一生中的含氮水平以这个时期为最高，这一时期如果氮素不足，棉株生长缓慢，植株矮小，叶片小且叶色淡，导致以后果枝数和总果节数减少。

出苗 10～20 天，还是磷肥敏感期，由于这个时期储藏在种子子叶的磷已经耗尽，而根系吸收磷的能力又弱，所以苗期供给磷肥有良好的作用，能促进根系的生长。土壤缺磷时，根系生长发育不良，棉株生长缓慢，叶色暗绿，棉株矮小。甚至会成为人们常说的小老苗。

②蕾期：从现蕾到开始开花为蕾期，一般25～30d。这个时期是棉株生长最快的时期，吸收的氮、磷、钾的量分别占一生总量的11%、7%、9%；棉花蕾期茎叶增多，根系也基本形成，吸收养分的能力大大加强，是营养生长和生殖生长并进时期，这个时期如氮素供应过多，常会引起棉株徒长，蕾铃脱落增加，应避免施用过多氮肥。

化学调控：开花时株高在50cm左右的棉花，为稳长类型，不宜进行化学调控；花期株高有可能超过60cm的棉花，属于旺长类型，每亩可用50%矮壮素1～1.5ml或缩节胺1～2g，或25%助壮素3～4ml，对水25～30kg喷施；开花前主茎生长速度连续几天超过3cm的徒长棉花，化学调控时要适当增加用药量。

③花铃期：开花盛期到吐絮开始为花铃期，一般50～60d，是形成产量的关键时期。棉株在盛花期营养生长达到高峰后转入以生殖生长为主，吸收的氮、磷、钾的量分别占一生总量的59.8%～62.4%、64.4%～67.1%、61.6%～63.2%，吸收强度和比例均达到高峰，是棉花养分的最大效率期和需肥最多的时期。

氮肥不足时衰老早，铃少、铃轻，脱落多，纤维短，产量低。

这一时期如果缺磷，棉花叶色暗绿，背面呈紫色，严重时下部叶片出现紫红色斑块，棉花生殖生长受阻，结铃性降低，铃轻籽小，不孕籽增多，蕾、铃易脱落，后期棉铃开裂，吐絮不畅，籽指低。棉铃成熟时间拉长，纤维成熟度变差，产量和品质下降。

土壤缺钾时，棉花在苗期或蕾期，主茎中部叶片首先出现叶肉失绿，进而转为黄色，以后叶尖和边缘枯焦，向下卷曲，最后整个叶片变成红棕色，严重时，叶片干枯脱落，通常称之为"红叶茎枯病"。凡发生这种病的棉田，后期常常出现棉株早衰，棉铃瘦小，吐絮不畅，纤维成熟度差，棉花的产量也较低。

这一时期，棉株体内营养物质主要供棉铃生长，新叶出生减少，原有叶片逐渐衰老，中下部叶片由于荫蔽，光合效能降低。保证花铃期充足的养分供应对实现棉花高产极其重要。

④吐絮期：开始吐絮到收花结束为吐絮期。一般 75d 左右。吐絮期棉花长势减弱，由于根系开始老化，吸收能力降低，吸肥量减少，吸收强度也明显下降。棉株吸收的氮、五氧化二磷、氧化钾数量分别占一生总量的 2.7% ~ 7.8%、1.1% ~ 6.9%、1.2% ~ 6.3%。养分供应不足容易引起棉花早衰，导致减产。

棉花各个生育阶段对肥料的要求不同，要保证棉花生育期正常生理活动所需的养分必须合理施肥，做到"足、轻、稳、重、补"，即掌握五字施肥法。

1. 足施基肥 旱薄棉田用有机肥作基肥，对棉花稳产、高产尤为重要。对土壤肥力好的棉田施基肥要适量，可将大部分有机肥在棉花苗期作当家肥施用，以便掌握主动权，防止雨水过多造成棉株旺长。用于基施的有机肥，一般有厩肥、堆肥、土杂肥、饼肥、塘泥、墙土以及绿肥等。粗肥多在冬耕春耕时施用，精肥多在播前整地时施用。一般绿肥可推迟到 4 月底掩青，以增加鲜草产量，基肥施用的数量要根据肥料种类、土壤肥力高低确定。一般地力较薄的用肥量多些，地力较好的用肥量可少些，精肥如饼肥要匀施，一般可掺粗肥施。施用有机肥要注意质量：一是肥料要腐熟，二是施得早，三是施得深，四是撒得匀，五是防虫，六是掩青田防止烧苗。旱薄棉田养分少，在农家肥不足的情况下，可用氮、磷、钾化肥混合作基肥，使棉花发芽扎根后很快吸收到养分，出苗快，齐苗早。土壤含钾量大的，只用氮、磷两种化肥掺入过筛的土壤施入播种沟内。

2. 轻施苗肥 苗肥以速效肥为主，要早施轻施。一般棉苗出土后普遍追一次"黄芽肥"，用硫酸铵或腐熟的人粪尿，对水浇施。对水要多，防止烧苗，促使芽苗早转青，增强抗力，以后根据天气、地力、苗生长状况追肥。棉田肥力较高，基肥又足，棉田能长得起来，要以锄为主，苗肥要少施或不施，防止过旺；肥力中等偏低的棉田要根据苗情适当追肥，一般苗势弱的，在三叶期要追"断奶肥"，用硫酸铵；小苗赶大苗的，要追"偏心肥"，套种棉花在麦收前后抢追"壮身肥"，苗肥干旱带水近施，力求速效；沿江肥地，苗肥应以水粪为主，尽可能少施化肥，注意促中有控，避免苗旺不壮，容易引起蕾期疯长。

3. 稳施蕾肥 蕾期是棉花生育阶段的转折点，这时棉花开始由单纯的营养生长转为营养生长与生殖生长同时并进，需肥量逐渐增多。此时气温升高，雨水增多，棉花生长速度转快，如果施肥不当，容易导致棉花疯长，所以蕾肥必须稳施。一般用氮素化肥或人粪尿对水浇施，如化肥用量过多，容易造成营养生长与生殖生长失调。棉花蕾期长势差的，可施化肥，促进发棵。用有机肥作当家肥，必须保证数量，提高质量。一般施厩肥或饼肥或夏播绿肥，用夏播绿肥作当家肥，可以解决当家肥的肥源。施有机肥再掺施速效氮肥，效果更好，做到稳而不脱，保证蕾期及花期的需要，要坚持"四看"施肥。一看天：蕾期南方多梅雨，淮北麦后多干旱，要掌握天控人促、天促人控。天旱要早施，且带水施、多雨水施或迟施；二看地力：地力肥以控为主，可不施或少施，地力薄以促为主，可早施、多施；三看苗：苗旺以控为主，可不施，苗壮可少施。苗弱以促为主，要早施、多施；四看肥料种类：有机肥要在施后 15d 左右才能发挥肥效。根据蕾施花用的要求，结合苗情和天气，在早发、天旱的情况下，以 6 月中、下旬施为宜，在晚发、多雨的情况下，以 6 月底至 7 月初施为宜。蕾肥要深施，一般开沟深 13cm 以上。肥深施在墒土层，容易分解，减少流失，同时促使根系深扎，有利于蕾期稳长。

4. 重施花铃肥 花铃期是棉花一生中生长发育最旺盛的时期，需肥量大，盛花期施一次肥料是保伏前桃、主攻伏桃、力争秋桃的一次关键性肥料。为了充分利用有效结铃期，争取早结桃、多结桃、集中结桃，追肥以速效肥为宜，施肥量要多些，施标准氮肥。施肥时间在 7 月中、下旬，棉花坐 1～2 个大桃时施，有利控制疯长，防止脱落。施好花铃肥必须根据"五看一为主"（即看苗、看天、看地、看肥、看棉花品种，其中以看苗为主）的原则。旱情早，前期施肥少，棉株长势弱的应早施，重施；雨水多，前期施肥多、棉株长势旺的适当迟施、轻施；成熟早、前期结铃多易早衰的品种要适当晚施。花铃期棉花根系深，范围大，这阶段施肥要离主茎远些、深些，做到深施、穴施，天旱带水施。

5. 补施盖顶肥 8 月 20 日以前的蕾一般是有效蕾，为了防止早衰，争取多结秋桃，要看棉补施盖顶肥。施肥时间一般在 8 月上旬为宜。补肥不能过晚过量，以避免造成贪青晚熟，后期化肥数量不足可采取根外追肥，如喷尿素、磷、钾和 10％～20％腐熟尿液等，均有增产效果。

六、化肥使用的几种误区

误区一：化肥是人造化工产品，施用化肥对环境、野生动物和人类有害。化肥实际上是植物可以吸收的物质，又称为"植物营养"。化肥中氮、磷、钾、硫等营养元素与我们体内存在的和食物中的营养元素是相同的，化肥也是无毒的。

误区二：自然界中既然有氮、磷、钾等元素，就不需要施用化肥。自然界中的营养元素不全面，也不完全是植物所需要的。如果在天然土地上种植，一个季节的耕种就可能消耗掉土地几十年的养分积累。所以，施用化肥是补充土壤中养分的必要手段。

误区三：有机农业不使用肥料，尤其不能使用化肥。有机农业目前还没有公认的、严格的定义。有机农业也使用肥料，主要使用天然有机肥料。实际上，天然矿物经过化学加工，其中重金属等杂质大部分已随废渣排出，有害物质含量大大降低，化学肥料比天然矿物要纯净得多，对环境的危害更小。

误区四：化肥与有机肥养分相同，应该完全使用有机肥。如果仅使用有机肥，难以满足作物的全面、充足的养分需求，也就难以实现作物的高产、高质，或者需要大量地增加耕地面积。另外，有机肥料中氮、磷、钾比例差异很大，仅使用有面肥料难以达到平衡施肥的要求，例如，玉米仅施用有机肥，要满足氮的要求，则磷养分要超过玉米需求量的4～5倍，而化肥是最易实现平衡施肥的补充养分措施。有机肥与化肥的配合使用效果更好。

误区五：有机农业保护环境和野生动植物，常规农业对环境影响大。不论是有机农业还是党规农业，正确有效地使用肥料都不会对环境构成威胁，而常规农业的高产使我们在有限的土地上获得了充足的食物，如果全部依赖有机农业，全世界的土地也不能养活世界人口，这就需要大面积地开垦耕地，将对环境和野生动物造成更大的影响。

误区六：有机食品更加安全、健康、品质更好。世界上目前还没有确切的证据表明有机食品和常规食品的品质差异，即使是世界有机食品协会和负责有机食品生产商也从未宣称有机食品品质高于常规食品。而正确施用化肥可提高作物品质是公认的。

误区七：化肥损失污染了河流、海洋、造成富营养化虽然化肥的淋失可造成水体污染，但是水体污染的因素很多，化肥并不是主要因素。如果在化肥施用时，控制好施肥时机和氮、磷、钾施用量，采用科学的施肥手段，则化肥的损失很容易控制。

误区八：没有化肥，也能养活世界人口。如果没有化肥，全世界将减产1/3的粮食；所有森林、野生动物保护区草地等都必须被用作耕地；化肥工业在提高农业产量、农产品品质、人民生活水平等方面发挥了重要的作用。我国化肥生产和使用部门有义务积极宣传化肥的作用，消除人们对化肥的负面印象；同时，也应该大力开展科学施肥和农化服务，指导农民科学施肥，将化肥对环境的影响降低到最低程度。

第二节　棉花的营养抗性

一、真菌病害

真菌侵染部位在潮湿的条件下都有菌丝和孢子产生，产生出白色棉絮状物、丝状物，不同颜色的粉状物、雾状物或颗粒状物，这是判断真菌性病害的主要依据。

通常情况下真菌病害的症状有以下几种：

（1）坏死　这是一种常见的症状，它表现为局部细胞和组织的死亡。如棉花苗期炭疽病、立枯病都造成叶片或根部坏死而出现死苗。

（2）腐烂　腐烂是在细胞或组织坏死的同时伴随着组织结构的破坏。

（3）萎蔫　农作物由于受到病原体的侵染造成根部坏死或造成植株维管束堵塞而阻止水分的向上运输，使农作物缺水而引起植株萎蔫，这种萎蔫往往经过几次反复而使植株死亡，而有的症状轻微的则可缓和，如棉花的枯萎病。

侵染和传播途径：真菌病害的侵染循环类型最多，许多病菌可形成特殊的组织或孢子越冬。在温带，土壤、带病种子、病残组织和果树林木的病枝常是越冬场所；在热带和亚热带，不少病菌不越冬而越夏。冬季生长的寄主在侵染循环中往往起重要作用，有些病菌的分生孢子可越冬，有的病菌终年有危害性。大多数病菌的有性孢子在侵染循环中起初侵染作用，其无性孢子起不断再侵染的作用。在热带、亚热带许多病菌不产生有性阶段，只以无性阶段完成其生活史和侵染循环。田间主要通过气流、水流传播；此外，风、雨、昆虫也可传播真菌病害，但传播真菌病害的昆虫属种与病原真菌属种间绝大多数没有特定关系。真菌的菌丝片段可发育成菌株。真菌可直接侵入寄主表皮，有时导致某些寄生性弱的细菌再侵入，或与其他病原物进行复合侵染，使病症加重。

发病规律：棉铃病菌多以孢子黏附在种子表面菌丝体潜伏于种子内部越冬，也能随病残体在土壤中越冬，翌年春季侵染棉苗或其他寄主植物引起发病，病部产生孢子则借风雨、流水及昆虫传播进行再侵染，至棉铃期间即传播至棉铃上危害引起初次发病，以后棉铃病部产生的孢子又借风雨、昆虫等传播到棉铃上进行再侵染。棉铃病害的病菌依其致病强弱及侵入方式可分为两类：棉炭疽病菌、疫霉菌和黑果病菌的侵染力较强，从角质层与苞叶直接侵入棉铃危害；红腐病菌、药粉病菌等侵染力较弱，常从铃尖裂口、缝隙、虫孔或机械伤口等侵入。直接侵入的病菌新造成的病斑，往往为伤口侵入的病菌开阔了途径，导致多病并发。凡棉花结铃吐絮期间，阴雨连绵，田间湿度大，特别是久雨伴随低温，铃病发生严重。棉铃虫等钻蛀性害虫为害严重的棉田，铃病也重。一切不利于棉田通风透光、增加田间湿度的栽培措施都会增加铃病的发生。

防治：

①加强栽培管理，合理施肥排灌，清沟排水，及时整枝、打顶、摘叶，抢摘早剥病铃。

②选育抗病品种。

③及时防治苗期叶病及铃期虫害。

④喷药保护：目前药剂可选用 40％乙磷铝可湿性粉剂 500倍液，41％保铃丰 500 倍液，25％粉锈宁乳油 500 倍液，50％多菌灵可湿性粉剂 800 倍液，14％络氨铜 500 倍液喷雾，用药液量50～75kg/亩，每 10 天喷一次。

一般的防治措施有：用杀菌剂进行拌种；清洁田园及时将病叶、病果清出园外，深埋或烧毁；轮作换茬，增施有机肥和磷钾肥；大棚或保护地加强通风，膜下浇小水，禁止漫灌，降低湿度；利用药剂代森锰锌、多菌灵、百菌清等防治，有一定的防治效果。

1. 棉花立枯病

症状：棉籽受害，造成烂籽和烂芽；幼苗茎基部受害，出现黄褐色。水渍状病斑，并渐扩展围绕嫩茎，病部缢缩变细，黑褐色、湿腐状，病苗倒伏枯死。子叶受害，多在中部发生不规则形黄褐色病斑，易破裂脱落成穿孔。

防治方法：在苗期阴雨连绵，棉苗根病初发时，及时用40％多菌灵胶悬剂、65％代森锌可湿性粉剂或50％退菌特可湿性粉剂500～800倍液，25％多菌灵或30％稻脚青可湿性粉剂500～800倍液，25％多菌灵或30％稻脚青可湿性粉剂500倍液，70％托布津或15％三唑酮可湿性粉剂800～1 000倍液喷洒，隔1周喷1次，共喷2～3次。

2. 棉花炭疽病

症状：棉籽和幼芽受害，变褐腐烂；棉苗受害，幼茎基部初呈红褐色斑，渐呈红褐色凹陷的梭形病斑，病重时病斑包围茎基部或根部，呈黑褐色湿腐状，棉苗枯萎而死。子叶受害，叶缘产生褐色半圆形病斑，病斑边缘紫红色。

防治方法：在苗期阴雨连绵，棉苗根病初发时，及时用40％多菌灵胶悬剂、65％代森锌可湿性粉剂或50％退菌特可湿性粉剂500～800倍液，25％多菌灵或30％稻脚青可湿性粉剂500～800倍液，25％多菌灵或30％稻脚青可湿性粉剂500倍液，70％托布津或15％三唑酮可湿性粉剂800～1 000倍液喷洒，隔1周喷1次，共喷2～3次。

3. 棉花枯萎病

症状：病株一般不矮缩，多由下部叶片先出现病状，向上部发展，病叶叶缘和叶脉间的叶肉发生不规则的淡黄色或紫红色的斑块。

发生规律：发病与温、湿度有关，枯萎病一般土温在20℃左右时开始显症，土温上升到25～28℃时形成发病高峰，当土温上升到 33℃以上，病菌受抑，出现暂时性隐症，入秋后待土温下降到 25℃左右，又出现第二次发病高峰。

防治方法：在轻病田和零星病田，采用 12.5％治萎灵液剂 200～250 倍液，于初发病后和发现高峰各挑治 1 次，每病株灌根 50～100ml。

4. 棉花黄萎病

症状：现蕾期病株症状是叶片皱缩，叶色暗绿，叶片变厚发脆，节间缩短，茎秆弯曲，病株畸形矮小，有的病株中、下部叶片呈现黄色网纹状，有的病株叶片全部脱落变成光秆。

防治方法：在轻病田和零星病田，采用 12.5％治萎灵液剂 200～250 倍液，于初病后和发病高峰各挑治 1 次，每病株灌根 50～100ml。

5. 棉花红粉病

症状：红粉病是由玫红单端孢菌侵染引起的真菌病害。多在棉铃裂缝处产生红色霉层，厚而疏松，色泽较淡（分生孢子梗及分生孢子）。整个铃壳表生松散的橘红色绒状，比红腐病的霉层厚，病铃不能开裂，僵瓣上也长有红色霉粉。

防治方法：可喷用 50％多菌灵、70％托布津、75％百菌清或 65％代森锌等可湿性粉剂 500～1 000 倍液。

6. 棉花黑星病

症状：黑果病是由棉色二孢侵染引起的真菌病害。病铃黑色而僵硬，不易开裂，铃壳表面密生许多小黑点状的分生孢子器，铃尖、铃壳裂缝或铃基部发生。病斑初呈墨绿色、水渍状小斑点，迅速扩展而呈黑褐色腐烂，病部表面产生粉红或粉白色霉层，致密而薄（分生孢子梗及分孢子）。全铃受害，铃壳变黑、僵硬，不开裂，铃壳上密生小黑点，高湿下全铃满布烟煤状粉末，病铃棉絮烃黑色僵斑。

防治方法：在烂铃病原较复杂的棉区，可喷洒 50％多菌灵、70％托布津、75％百菌清或 65％代森锌等可湿性粉剂 500～

1 000倍液；为提高防治效果，可用波尔多液或铜皂液加入上述药剂混合施用

7. 棉花红腐病

症状：在棉苗未出土前受害。幼芽变棕褐色腐烂死亡，幼苗受害，幼茎基部和幼根肥肿变粗，最初呈黄褐色，后产生短条棕褐色病斑，或全根变褐腐烂。

防治方法：在苗期阴雨连绵，棉苗根病初发时，及时用40％多菌灵胶悬剂、65％代森锌可湿性粉剂或50％退菌特可湿性粉剂 500～800 倍液，25％多菌灵或 30％稻脚青可湿性粉剂 500～800 倍液，25％多菌灵或 30％稻脚青可湿性粉剂 500 倍液，70％托布津或 15％三唑酮可湿性粉剂 800～1000 倍液喷洒，隔 1 周喷 1 次，共喷 2～3 次。

8. 棉花曲霉病

症状：在铃壳裂缝处和虫孔处产生黄绿色或黄褐色的粉状霉层，高湿时呈绒毛状褐色霉层，棉絮也霉变，铃不开裂。

发生规律：在高温多湿条件下发生，8、9 月份的雨量将成为铃病发生轻重的关键因素。

防治方法：可喷用 50％多菌灵、70％托布津、75％百菌清或 65％代森锌等可湿性粉剂 500～1 000 倍液。

二、细菌病害

细菌病害症状主要有：

腐烂：由于细菌分泌的果胶酶的分解作用而使受害植物的根、茎、块根、块茎、果实、穗等肥厚多汁器官的细胞解离、组织崩溃腐烂，如白菜软腐病。

坏死：主要发生在叶片和茎秆上，出现各种不同的斑点或枯焦，前者如棉花角斑病，后者如水稻白叶枯病。

萎蔫：因细菌寄生在维管束内堵塞导管或因细菌毒素而引起，如青枯病。

肿瘤：由于细菌刺激，使寄主细胞增生、组织膨大而形成，如癌肿病。

黄化矮缩：在木质部寄生的细菌使植株表现黄化、萎缩，如葡萄皮尔氏病、杏叶焦病、苜蓿矮化病、甘蔗矮化病和桃幼果病等。

细胞性病害没有菌丝、孢子，病斑表面没有霉状物，但有菌脓（除根癌病菌）溢出，病斑表面光滑，这是诊断细菌性病害的主要依据。

侵染和传播途径：病原细菌可在种子或其他繁殖材料、病残体、土壤、粪肥、杂草寄主或昆虫体内越冬或越夏，成为下一个生长季的初侵染源，多数细菌病害都能发生再侵染。一般高温、多雨、潮湿天气有利于细菌病害的发生。细菌通过寄主的伤口或气孔、水孔、皮孔等自然孔中侵入；田间主要通过雨水、灌溉流水、介体昆虫或农事操作等传播。台风、暴雨等不良条件不但易使植物表面产生伤口，而且利于细菌的传播及削弱寄主植物的抗病性，诱发细菌病害流行。有些介体传播细菌病害有一定的专化性，如玉米细菌性萎蔫病由玉米叶传播，小麦蜜穗病由小麦粒线虫传播。

1. 棉花角斑病

症状：棉花细菌性角斑病是由油菜黄单胞菌锦葵致病变种侵染引起的细菌病害。棉花整个生育期均可发病，病菌能为害种芽、子叶、真叶、茎秆、蕾铃、苞叶等各部位，带菌种子播种后易发生烂种、烂芽。各部位受害初出现水渍小圆斑，后扩大成不规则形或多角形病斑，叶片上病斑对光呈半透明，有沿叶脉扩展，形成黑褐色长条状病斑。高温、高湿天气，病部常分泌出露珠状黏液，为病原细菌的菌脓。

发生规律：该病带菌棉籽是主要初侵染源，其次是病残体和土壤中残余的病菌。病部产生菌脓借风雨、昆虫传播引起再侵染，从气孔侵入。此病发生与温、湿度有密切关系，暴风雨、害虫所造成的伤口多，有利于病菌的传播和侵染，容易引起病害的流行。苗期土壤含水量较高，7、8 月份的铃期雨量较大，尤遭暴风雨侵袭时，角斑病易流行。

防治方法：

（1）清洁棉田　清除棉田病残体，集中烧毁、深埋。

（2）加强栽培管理　早间苗、晚定苗，合理施肥，苗期要早中耕，勤中耕。

（3）选用抗病品种　棉花品种间抗病性有明显差异。

（4）棉种消毒　硫酸脱绒，温汤浸种拌药，即先用 55～60℃的热水浸种 30min，捞出后晾干，再用种子重量 10%的敌克松草木灰（敌克松 250g 加草木灰 4.75kg 拌匀即成）拌种，随拌随播，或用种子重量 0.5%的 20%三氯酚酮可湿性粉剂拌种。

（5）喷药保护　苗期用 0.5%等量式波尔多液喷洒，用药液 50～70kg/亩。

2. 棉花软腐病

症状：我国长江流域有发生，主要为害棉铃。病铃初生深蓝色或褐色病斑，后扩大软腐，产生大量白色丝状菌丝，渐变为灰黑色，顶生黑色小粒点即病菌子实体。剖开棉铃，呈湿腐状，影响棉花质量和纤维强度。该病多发生在被玉米螟蛀食的棉铃上，病情扩展较快，造成全铃湿腐或干缩。

传播途径和发病条件：病菌寄生性弱，分布十分普遍，除寄生在棉铃上外，可在多汁蔬菜的残体上以菌丝营腐生生活，翌春条件适宜产生孢子囊，释放出孢囊孢子，靠风雨传播，病菌则从伤口或生活力衰弱或遭受冷害等部位侵入，该菌分泌果胶酶能力强，致病组织呈浆糊状，在破口处又产生大量孢子囊和孢囊孢子，进行再侵染。气温 23～28℃，相对湿度高于 80%易发病；雨水多或大水漫灌，湿度大，整枝不及时，株间郁闭，棉铃伤口多发病重。

防治方法：

①加强肥水管理，适当密植，及时整枝或去掉下部老叶，保持通风透光。

②雨后及时排水，严禁大水漫灌，防止湿气滞留。

③发病初期喷洒 30％碱式硫酸铜（绿得保）悬浮剂 400～500 倍液或 77％可杀得可湿性微粒粉剂 500 倍液、50％琥胶肥酸铜可湿性粉剂 500 倍液、14％络氨铜水剂 300 倍液、50％混杀硫悬浮剂 500 倍液、36％甲基硫菌灵悬浮剂 600 倍液、56％靠山水分散微颗粒剂 700～800 倍液、47％加瑞农可湿性粉剂 800～1 000倍液，每亩喷对好的药液 60L，隔 10 天左右 1 次，防治 2～3 次。

三、病毒病害

棉花病毒病主要有小叶病毒病、花叶病毒病、曲脉病萎病、紫叶病毒病、落叶、落花、落果病毒病，病毒病称为植物的艾滋病，传播快捷，危害严重，减产于无形之中，是植物第一大敌人。在棉花生长前期用病毒医生、抗毒素、病毒立灭、枯病灵均可防治。

如何区分真菌、细菌和病毒病害，方法如下：

首先是看症状类型。通常我们把生病植物变化分成五大类型，就是腐烂、坏死、变色、萎蔫、畸形。由于真菌的种类很多，不同真菌能够造成以上五类病状，其中最常见的是坏死和腐烂，如玉米大小斑病、小麦叶枯病、大白菜黑斑病等各种形状的叶斑病，坏死发生在根部或茎秆上就形成枯萎病、根腐病；细菌通常破坏细胞壁，让细胞内的物质外渗或阻塞水和营养物质在植物体内运输，所以主要造成腐烂、萎蔫症状；而病毒侵入植物一般不会立刻杀死植物，主要是改变植物生长发育过程，引起植株颜色或形状的改变，称为变色和畸形。

真菌和细菌都可以造成腐烂病，区分的方法为：细菌造成的腐烂往往出水很多，烂成一滩泥，而真菌造成的腐烂有的较干有的湿润，上面常常长出各种颜色的霉层或小黑点、小黑粒。另一个区别是细菌造成的腐烂发出臭味，真菌病害无臭味，有衣物发霉或发酵的香味。

同样是叶斑病，如何区分呢？由于细菌破坏植物的细胞壁、细胞膜，使细胞内物质渗到细胞间，这样就变得透明，所以细菌病害的病斑很像水渍或油渍状，边缘有点透明。湿润条件下，能够在发病部位看到亮黄色小珠子，是细菌的菌脓。真菌病害会长一些霉层或小黑粒，病毒病斑的表面什么东西都不长。由于传播方式的差异，他们在田间的分布也会不同。细菌和水关系密切，细菌病害的分布常与流水、淹水、雨滴飞溅有关；病毒病害常和传毒昆虫的活动有关。观察病害田间分布情况，也可以间接推测病害种类。

四、虫害

棉花生育期比较长，且具有无限生长的习性。在棉花一生漫长的生育过程中，常会遭受到多种虫害的侵袭。棉花虫害以棉铃虫、棉蚜、棉花叶螨、棉盲蝽、红蜘蛛、地老虎（地蚕、土蚕）等为主。

1. 苗期 棉花苗期防治的重点是苗期病害和苗蚜、地老虎等虫害。苗期要中耕松土，破坏土壤板结层，这样不但可提高地温，减轻苗期病害发生，而且可清除杂草，消灭部分地老虎的卵和刚刚孵化的幼虫。

（1）苗蚜 当蚜株率达到30％、卷叶株率为5％时可选用内吸性药剂滴心。药剂可选用40％的氧化乐果100倍液、20％的灭多威250倍液。将工农16型喷雾器的喷头用纱布包住，开关开1/3，将药液滴在棉株顶尖上，3片真叶前每株滴1～2滴，4片真叶后滴2～3滴。每亩也可施用2.5％的辉丰菊酯乳油30ml，对水30kg喷雾防治。但当田间瓢虫等苗蚜的天敌与苗蚜的比例大于1：120时，靠天敌就可以控制苗蚜为害。

（2）地老虎　防治3龄前地老虎，可撒毒土。每亩用5％的毒死蜱颗粒剂3kg，加适量细沙土混合均匀，或每亩用48％的乐斯本乳油300ml，加细沙土20kg混合均匀，于傍晚顺垄撒施。如地老虎超过3龄，要用敌百虫毒饵防治。用90％的晶体敌百虫100g，加水1kg，拌10kg麦麸或棉子饼，于傍晚顺垄撒施，2～3kg/亩，防效80％以上。

2. 蕾铃期至吐絮期　此期的防治重点是棉铃虫、伏蚜、棉盲蝽、棉叶螨、枯萎病、黄萎病及棉铃病等。

麦收后及时浅耕灭茬，杀死一代棉铃虫蛹。结合整枝、打杈，进行人工抹卵，捉老龄幼虫，把疯杈、顶尖、边心及无效花蕾、烂铃等带出田外，并将其集中处理。棉花生长后期，要及时去除老叶、空枝。

（1）棉铃虫　抗虫棉不需喷药防治二代棉铃虫。常规棉防治二代棉铃虫要掌握在成虫产卵盛期进行。当有效天敌总量与棉铃虫卵量的比例为1：2～1：3时，天敌可以控制棉铃虫，不需施药防治。天敌少，棉铃虫百株累计卵量超过100粒时，每亩可选用棉铃虫核多角体病毒（NPV），或1.8％的集琦虫螨克乳油3 000～5 000倍液喷雾防治。防治三、四代棉铃虫，应视田间实际情况进行。当三代棉铃虫百株有1～2龄幼虫5～8头、四代棉铃虫百株有1～2龄幼虫10～15头时，每亩可选用4.5％的氯氰菊酯乳油60～100ml、2.5％的辉丰菊酯乳油40～50ml、25％的速杀王乳油72～80ml，对水50～60kg喷雾防治。防治三、四代棉铃虫时，由于棉株大，棉铃虫产卵分散，喷药时应注意使棉花顶尖、花蕾铃上着药均匀。同时应交替用药和轮换用药，施药后遇雨，要及时补喷。

（2）伏蚜　当百株上、中、下三叶蚜量为1万～1.5万头时要用药剂防治。每亩可选用10％的大功臣可湿性粉剂10～15g、2.5％的辉丰菊酯乳油20～30ml、4.5％的氯氰菊酯乳油30～60ml，对水50kg喷雾防治。

（3）棉盲蝽　当棉花被害株率达到 10％时，每亩可选用 10％的大功巨可湿性粉剂 5～7g、20％的好年冬乳油 15ml、一遍净 10g，对水 40～50kg，于傍晚喷药。

（4）棉叶螨　防治指标是红叶率为 3％。每亩可选用 1.8％的集琦虫螨克乳油 3 000～5 000 倍液喷雾防治。

（5）棉红铃虫　棉红铃虫卵孵化盛期，用 2.5％的功夫菊酯或敌杀死 2 000 倍液喷雾防治。

五、棉花药害

近年来在一些棉花产区，棉花在生长发育过程中，由于病虫草害种类多、危害大，需要反复、多次进行药剂防治，在防治过程中往往出现棉花长得很高、很旺，但花蕾小、落蕾较多，棉花产量低的现象，轻则影响生长发育，严重时植株变态甚至死亡。这种情况的主要原因是棉花药害所造成的。要改变这种状况，必须找出原因，采取必要的措施。

1. 棉花药害的识别

（1）杀虫、杀菌剂类药害的诊断及识别　杀虫、杀菌剂的药害程度不仅与棉花品种、发育阶段及形态特征有关，且药剂种类不同，其危害症状也各不相同。如敌敌畏气化性极强，若以 1 000 倍液喷雾 2 次即可使棉叶熏干；85％三氯杀螨砜若按 500 倍液喷雾棉株后，其叶面会出现不规则、大小不等、中间枯黄、边缘褐色的麻斑点；棉株遭受波尔多液药害后，叶片上会产生大小不等的黑枯斑并硬化、脱落，植株萎缩；受石硫合剂药害后，棉株的叶片、铃壳会产生灼伤斑块，叶片不久即会干枯脱落。石硫合剂是强碱性的药剂，使用后 7～10d 才能使用波尔多液，若在喷洒波尔多液药剂后 1～2 个月内喷洒石硫合剂，棉株的叶片就会产生黑色硫化铜沉淀，引起药害。总之，在使用棉花杀虫、杀菌剂时，几种农药（特别是无机农药）连续使用应有一定的间隔时间，以防不同药理的药剂相互发生反应后而引起药害。此外，棉花药害发生的程度还受环境影响，如在高温情况下喷药，由于高温水分蒸发量大，药剂的浓度就会提高，使棉叶出现斑点、变黄、卷缩，直到枯焦死亡。

（2）除草剂类药害的诊断及识别 棉田常见各类杂草有 30多种。在棉花生产中，若使用除草剂不当常常会诱发药害，且药害症状常呈多变性和多样性，包括生长抑制，茎叶弯曲、扭曲、卷曲，节间缩短，叶片加厚、褪绿、白化、枯斑及畸形等。如敌草隆被棉花吸收后，难以向上传导，若在棉花出现 2 片真叶时使用，则会使棉花的药害率达 90％以上；扑草净药害后，会使棉花的嫩叶片褪色、失绿和枯萎。遭受氟乐灵药害后，可引发棉株第二、三片真叶皱缩、变小，药害严重的还会造成棉花子叶深绿，增厚变脆，茎基部增粗，植株变矮，甚至会造成生长点坏死，侧枝丛生。此外，棉花对 2，4 - D 丁酯极为敏感，在生产中常因用过 2，4 - D 丁酯的喷雾器未洗净又用于棉田喷药而造成药害，受害棉株表现为叶片变小、变窄、脉梗扭曲、皱缩、畸形，呈鸡爪状。

（3）植物生长调节剂类药害的诊断及识别 植物生长调节剂若使用不当，也会对棉株造成人为的药害。如矮壮素具有抑制作物细胞生长（而不抑制细胞分裂）的作用，在适宜的温度下，能有效控制植物营养性生长，促进生殖生长；但棉花对矮壮素比较敏感，如配药浓度过大，用药量过多，即会抑制棉花生长，使棉株过于矮小、通风透光不良、蕾铃容易脱落、棉铃变成畸形等。

2. 棉花药害的发生原因

（1）药物假冒伪劣，杂质多或变质 因药物本身含有对作物有毒的杂质和含量不符合标准，含量过低或过高都很容易对作物产生药害。

（2）使用方法和操作不当 重复使用或 2 次施药间隔太短以及施药后种植下茬作物时间太紧，造成药量或浓度过大，残效期还没有结束而使作物产生药害。用药的时间与作物的敏感期吻合，与其他药剂混合不当都会引起药害。用错药或采用不当的使用方法，包括喷雾器械选择不当、重喷或喷洒在敏感作物上而不采取任何保护性措施等不良的操作技术造成过失而引起药害。

（3）环境因素的影响　作物产生药害与温度、湿度、降雨、风、土壤等有密切关系。一般温度高时，农药活性和作物代谢作用增强，容易引起药害。某些农药，在气温低时虽然降低了活性，但作物对农药的耐药性也相应降低，从而造成作物药害。湿度过大，水分过多，农药的溶解度增加相对增加了药量，容易引起药害。在有风的天气喷施，由于雾滴飘移，造成敏感作物药害。水溶性高的除草剂在砂质土壤中易使作物产生药害，有的在土壤呈酸性情况下易产生药害，有的则在碱性情况下易产生药害。

（4）与作物的敏感性有关　作物不同的种类和品系、不同的生育期、不同的部位、不同的长势对除草剂的敏感程度不同，在它们的敏感期用药易产生药害。

3. 预防及补救措施

（1）预防措施　棉花在使用各类药类剂时，必须严格按照操作规程合理用药（包括用药种类、浓度、方法和时间等），做到既能充分发挥药效又能降低成本，防止药害。

①棉田喷药器械要专用：在棉田或地邻喷药时，杜绝使用曾喷过 2，4 - D 丁酯的喷雾器、量杯等。

②选择适宜的除草剂品种：在棉田上风头，禁止使用含有 2，4 - D 丁酯和二甲四氯成分的除草剂，防止因药液飘移而造成药害。

③用药量要精确：用氟乐灵处理棉田土壤，48％氟乐灵乳油适宜用量为 1 500～1 875ml/hm^2。喷药时一定要均匀，防止重喷或漏喷。

④注意加强防护：用百草枯和草甘膦等灭生性除草剂防除棉花行间杂草时，要选择无风天气，喷头上一定要安装防护罩，喷药时要压低喷头，避免将药液喷到棉上。

（2）**补救措施** 药害发生后，可采用叶面喷大量水进行淋洗，土壤中可采用灌水、排水洗药，或安全剂中和解毒。

①摘除受害枝叶：受 2，4－D 丁酯和二甲四氯等除草剂药害较轻的棉田，要及时打掉畸形叶、枝。如果顶尖受害较重，可打去顶尖，利用下部 2～5 个叶枝来实现一定产量。

②喷施生长调节剂：受 2，4－D 丁酯和二甲四氯等除草剂药害的棉田，根据棉花受害程度，可喷洒 1～2 次 20mg/kg 的赤霉素溶液，以缓解药害，促进棉花生长。

③加强肥水管理：受药害棉田要及时进行灌水，以促进棉花根系大量吸水，降低体内除草剂浓度。结合灌水，比正常情况下增施尿素 $75.0～112.5kg/hm^2$。

④进行叶面喷肥：受药害棉田，喷施 1%～2%尿素溶液，或 0.3%磷酸二氢钾溶液 $450～750kg/hm^2$，对于缓解药害、促进棉花生长有显著作用。

六、棉花热害

棉花适宜生长温度在 24～28℃，但在棉花生长过程中，往往有超过了 33℃以上的高温天气发生，棉花在大于 33℃以上高温时，会由于高温使植株内大量蛋白质分解成二氧化碳、水和氨气，二氧化碳和水可以顺气孔流失，而氨气则在植株体内累积，并导致氨害造成叶片干枯，花铃脱落，果实灼伤，形成日烧病，植株停止生长，造成减产。防治方法：腐烂速康 20g，加食醋 100g，对水 15kg，喷洒叶面即可减轻危害，此方法还可以防治小麦干热风、瓜果灼伤、白菜软腐病、棉花除草剂药害等。

七、施肥对病虫害的直接和间接影响

棉花是需肥量较大的作物，但由于施肥不合理，便出现了棉花的产量不随施肥量的增加而增加的现象，同时导致了防治病虫害的投资随施氮肥量而增加的状况。合理施肥不仅能减轻病理性病害，还能防治生理性病害，合理的氮、磷、钾配合使用，施用硼、锌、锰的元素，可促进棉花的生理代谢，增强其抗逆性，减轻病虫害的发生。

1. 氮肥过量与棉花病虫害 不同肥料对作物的营养结果各有特点，如氮肥的特点是施用后叶色浓绿，给人以地力足、肥效好的感觉，这是氮肥主要侧重于茎叶生长而造成的，但过量使用氮肥有许多坏处：第一，施用过量一方面造成徒长，蕾铃脱落，给管理增加难度，并且防治病虫害困难，另一方面购买缩节胺等激素化控，这是自相矛盾的作法，促进在前控制在后，自己给自己找麻烦，费工费时又费钱。第二，加重病虫害发生。棉田施用过多氮肥，植株高大，叶色浓绿，已引起棉铃虫的集中产卵，导致受害严重，同时也有促使棉花枯萎、黄萎病加重发生的趋势。高水肥旺长的棉田，郁闭、湿度大，棉花铃病和角斑病发生严重。研究发现，棉花随着施氮量的增加，叶片内全氮含量也随着增加，从而提高了棉花红蜘蛛的氮素营养，形成在高氮叶片上生活的棉红蜘蛛种群发育快、生育早、产卵多、危害重。

棉铃虫的大发生与大量施用氮肥成正比；棉花对枯黄萎病的抵抗力与施氮肥量成反比，这是因为枯黄萎病是由真菌侵染引起的，在环境条件优良的情况下（如晴天）光合作用强，吸收的氮及时被合成为蛋白质，棉花植被在低氮高碳状态下抵抗力较强不易被感染，即使被感染，也因病菌繁殖慢不易表现出病症；但在恶劣条件下光合作用弱，根系吸收大量的氮不能立即转化成蛋白质使植物体处于高氮低碳的弱体质状态，此时的氮便被病菌利用而快速繁殖破坏棉花的传导组织，天气转晴，因体内水分供应不上，其他有关营养也供应不及时而立即表现出病态。如果氮肥施用不过量，上述症状将明显减轻，这一结论可以从不施氮肥的地块很少发出枯黄萎病得以验证。

因此，建议种棉花一定要合理施氮肥，切勿过量，如果不慎施入较多，应及时追施一定量的氯化钾并喷施含铁微肥与以调节，这样可以减轻枯黄萎病的发生。

2. 施钾与棉花红叶茎枯病　棉花红叶茎枯病是由缺钾引发的生理性病害。田间棉花一般在现蕾期开始显症，结铃吐絮期发病最重，干旱年份发生和危害更为严重。棉花红叶茎枯病主要表现在叶片上，病叶自上而下、由外向内发展。病叶从边缘开始出现失绿，先为黄色，后产生红色斑点，最后全叶变红，叶肉增厚，皱缩发脆，叶脉仍保持绿色。病重时全株叶片失绿变红、变褐，叶片焦枯脱落成光秆，植株提前枯死。植株维管束一般不变色，这是与棉花枯黄萎病相区别的重要特征。

发病原因：①土壤可供速效钾不足。棉田土壤缺少有机质，如果土壤速效钾偏低，农户又很少施用氯化钾，棉田缺钾严重。②高温干旱影响钾素吸收。棉花养分的吸收与土壤水分状况有关。岗地老旱地、十边地种植的棉花，夏秋高温季节棉花较长时间干旱缺水，会加速土壤钾素固定，造成棉株体内缺钾。特别是久旱后遇暴雨或连阴雨天气，土壤有效钾随水大量流失，棉株根系吸收能力减弱，更易造成红叶茎枯病暴发。③抗虫棉对钾敏感。例如抗虫棉湘杂棉 8 号需钾量较大，高产栽培要求土壤可供速效钾 120mg/kg 以上，土壤速效钾含量较低时容易发生红叶茎枯病。

防治措施：

（1）追施钾肥　在棉花蕾花期扒沟施钾肥，增加土壤可利用的钾素。也可结合施花铃肥，扒沟施氯化钾 15～25kg/亩。还要结合除虫喷施钾肥，用磷酸二氢钾 400g/亩或叶霸 2 号叶面肥 200g/亩对水喷雾。重点喷在中上部叶片背面，每隔 7～10 天喷 1 次，连续喷 2～3 次。

（2）科学灌水　发病初期如果土壤较干应及时灌水抗旱，提倡沟灌，避免漫灌。雨后及时排水，适度中耕，增强土壤通透性，提高棉花根系活力。

3. 适量施用硼肥、锰肥　可减少棉花黄萎病、枯萎病的发生，增加产量。

参 考 文 献

陈奇恩，田明军，吴云康．1997．棉花生育规律与优质高产高效栽培［M］．北京：中国农业出版社．

陈新平，李志宏，王兴仁，等．1999．土壤、植株快速测试推荐施肥技术体系的建立与应用［J］．土壤肥料（7）：6 - 10．

程素敏，吴爱君，张松林．2005．棉花分区平衡施肥技术中氮磷钾对产量的影响［J］．中国棉花，32（12）：8 - 9．

董合林．2007．我国棉花施肥研究进展［J］．棉花学报，19（5）：378 - 384．

高祥照，马常宝，杜森．2005．测土配方施肥技术［M］．北京：中国农业出版社．

郭荣海，齐建俊，李光宗．2009．棉花测土配方施肥技术试验与研究［J］．中国棉花，36（9）．

姜存仓，陈防，高祥照，等．2008．低钾胁迫下两个不同钾效率棉花基因型的生长及营养特性研究［J］．中国农业科学，41（2）：488 - 493．

姜存仓，高祥照，王运华，等．2005．不同基因型棉花苗期钾效率差异及其机制的研究［J］．植物营养与肥料学报，11（6）：781 - 786．

姜存仓，高祥照，王运华，等．2006．不同钾效率棉花基因型对低钾胁迫的效应［J］．棉花学报，18（2）：109 - 114．

金律，陈布圣．1987．棉花栽培生理［M］．北京：农业出版社．

李俊义，刘荣荣．1992．棉花平衡施肥与营养诊断［M］．北京：中国农业科学技术出版社．

李少昆，王崇桃，汪朝阳，等．2000．北疆高产棉花根系构型与动态建成的研究［J］．棉花学报，12（2）：72 - 76．

李文炳，潘大陆．1992．棉花实用新技术［M］．济南：山东科学技术出版社．

李亚兵，张立桢，王桂平．1999．DT - SCAN 在棉花根系研究中的应用［J］．中国棉花，26（5）：37 - 38．

李应升．2009．棉花"3414"试验总结报告［J］．新疆农业科技，（2）：25．

李永山，冯利平，郭美丽，等．1992．棉花根系的生长特性及其与栽培措施和产量关系的研究 I 棉花根系的生长和生理活性与地上部分的关系 [J].棉花学报,4 (1):49-56.

林永增.1993. 棉花基施化肥的生理依据 [J].中国棉花,20 (1):28-29.

刘世全,张世熔,伍钧,等.2002. 土壤 pH 与碳酸钙含量的关系 [J].土壤 (5):279-282.

刘晓丽,马兴旺,许咏梅,等.2007. 典型灰漠土棉田土壤无机磷对不同施肥方法响应动态的研究 [J].新疆农业科学,44 (2):142-148.

鲁剑巍.2006. 测土配方与作物配方施肥技术 [M].北京:金盾出版社.

毛树春.1993. 棉花营养与施肥 [M].北京:中国农业科学技术出版社.

倪金柱.1986. 棉花栽培生理 [M].上海:上海科学技术出版社.

秦遂初.1988. 作物营养障碍的诊断及其防治 [M].杭州:浙江科学技术出版社.

石伟勇.2005. 植物营养诊断与施肥 [M].北京:中国农业出版社.

孙济中,陈布圣.1998. 棉作学 [M].北京:中国农业出版社.

孙羲.1992. 磷对棉花生理效应及产量的影响 [J].土壤,24 (2):93-96.

唐仕芳,王以录,余风群,等.1985. 棉花根系生长特性研究 [J].棉花学报 (试刊),(1):70-75.

王平.2005. 新疆南部地区棉花施肥现状及评价 [J].干旱区研究,22 (2).

王为民.1994. 棉花综合诊断施肥研究 [J].土壤肥料 (5):13-18.

吴维模,郑德明,董合林,等.2002. 新疆棉花干物质和氮磷钾养分积累的模拟分析 [J].西北农业学报,11 (1):92-96.

辛承松,唐薇,翟志席,等.2002. 施肥对滨海盐碱地棉花产量和纤维品质的影响 [J].中国棉花,29 (3):33-34.

杨火发,鲁君明,姜存仓,等.2008. 施用钾肥对棉花枯萎病、黄萎病及产量的影响 [J].湖北植保,2:28-29.

易妍睿,汪航,等.2009. 微量元素水溶肥料在棉花等作物上的应用效果 [J].湖北农业科学,48 (8):1849-1850.

张福锁,陈新平,陈清,等.2009. 中国主要作物施肥指南 [M].北京:中国农业大学出版社.

张学斌，汪立刚，王继印，等．2002．河南省中低产棉区施用钾肥的效果研究［J］．中国棉花，29（4）：7-9.

张炎，毛端明，王讲利，等．2003．新疆棉花平衡施肥技术的发展现状［J］．土壤肥料（4）：7-10.

浙江农业大学．1987．作物营养与施肥［M］．北京：农业出版社.

中国农业科学院棉花研究所．1999．棉花优质高产的理论与技术［M］．北京：中国农业出版社.

中国农业科学院棉花研究所．1983．中国棉花栽培学［M］．上海：上海科学技术出版社.

附录1 国内外棉花相关网址大全

网 址：	机 构
www. ams. usda. gov/cotton/mncs/index. htm	美国棉花市场信息中心
www. cotton. net	棉花王杂志
www. swcgrl. ars. usda. gov	西南棉花加工研究所
www. csrl. ars. usda. gov	卢博克棉花研究所
www. ams. usda. gov/ index. htm	美国农业部棉花处
www. usda. gov/nass/nasshome. htm	美农业部农业统计服务
www. icac. org	国际棉花咨询委员会
www. cottontrade. com	美国棉花贸易网
www. jcotsci. org	美国棉花科学杂志
www. nyce. com	纽约商品交易所
www. itc. ttu. edu	国际纤维交流中心
www. cotton. org	美国棉花协会
www. cotlook. com	棉花展望
www. lca. org. uk	利物浦棉花协会
www. cottoninc. com	美国棉花公司
www. consolidatedcottongin. com	美国联合棉机公司
www. lummus. com	美国拉玛斯棉机公司
www. lbk. ars. usda. gov	美国农业部收获系统研究网
www. coneagle. com	美国大陆鹰棉机公司
www. ers. usda. gov/briefing/cotton	美农业部经济中心棉花部分
www. cotton. org/beltwide	棉花带会议主页
www. cotton. org/resources/media-sites. cfm	美国棉花期刊
www. cncotton. com	中国棉花网
www. cottonchina. org	中国棉花信息网
www. chinacotton. net	中国棉花工业信息网

www. setc. gov. cn	国家经济贸易委员会
www. agri. gov. vn	农业部信息中心
www. drcnet. com. cn	国务院经济发展研究中心
www. moftec. gov. cn/moftec _ cn	中国对外贸易经济合作部

附录 2　棉花种植专业术语

1. 播种期：实际播种日期；出苗期：出苗达到 50% 的日期。
2. 现蕾期：棉株有三角苞长约 3mm 时为现蕾，现蕾植株达到 50% 的日期为现蕾期。
3. 开花期：开花植株达到 50% 的日期。
4. 吐絮期：棉铃开裂、各室均见絮时为吐絮，吐絮植株达到 50% 的日期。
5. 生长势：表示植株生长的活力，在苗期、吐絮期分别记载，分强、中、弱。
6. 绒长：从健全瓢内取出籽棉，每棉瓢 1 粒，取 25~30 粒，分梳法测长度，求平均长度。
7. 株型：上下果枝长短一样为筒型；上面果枝较下面果枝长为伞型；上面果枝较下面果枝长为宝塔型。
8. 株高：在打顶后一个月测量 10 株的高度，求平均数，用 cm 表示。
9. 果枝数：在打顶后一个月数 10 株的果枝数目，求平均数。
10. 铃重：从小区中间行的 10 株棉株上第 4~5 个果枝各摘 2 个霜前吐絮的棉铃，混合晒干后，称总铃重，总铃重被总铃数相除，得到每铃平均重量，用 g 表示。
11. 衣分：是一定重量籽棉中皮棉所占的比率。
    其公式为：衣分（%）＝［（皮棉重）/（种子＋皮棉重）］×100%
12. 籽指：指每百粒种子的重量，实际上反映了种子的籽粒大小和饱满程度。以 g 表示。
13. 衣指：指 100 粒籽棉的皮棉的绝对重量。衣指和种子重量有高度的正相关。
14. 霜前花（%）：霜前收花截止日期前所收的籽棉，在总产量中所占的比例，以 % 表示。
15. 蕾铃受害率：8 月 25 日查一次蕾、花、铃受害情况，计算三、四代棉铃虫为害程度。
16. 被害株：凡有受害蕾、铃、叶均为被害株。

17. 被害株率：被害株占调查植株的百分率。

18. 虫籽率：收获后，随机取 500 粒种子，有虫口的种子的百分率。

19. 病情调查：在枯萎病和黄萎病发生高峰期，各调查一次。每小区查 10 株。采用 5 级分级法进行病情调查，即：0 级：无病状；1 级：病较轻；2 级：中等发病；3 级：病状较重；4 级：死株。计算每品系、每级发病株率和病指。

20. 病情指数（病指）＝ ［（1×1 级发病株数）＋（2×2 级发病株数）＋（3×3 级 发病株数）＋（4×4 级发病株数）］÷［总株数×4（即最高病级）］

21. 发芽率：指百粒棉籽中能发芽的棉籽所占比例。

22. 健籽率：指棉籽中健康籽所占的比例。

23. 含绒率：指棉花轧花后的毛籽含绒重量百分比。

24. 破籽率：指百粒棉籽中破伤籽所占的比例。

25. 打顶：棉株到后期，根据果枝数及长势摘去生长点，以调节植株养分的合理运输和分配。

26. 麦克隆值（micronaire value）：一种表示棉纤维细度的指标。指用一定重量的试 样在特定条件下的透气性测定，指一定长度纤维的重量（g/0.0254m）。细的、不成熟的纤维对气流阻力大，麦克隆值低；粗的、成熟的纤维气流阻力小，麦克隆值大。

附录3　常见的化学肥料种类及性质

肥料名称	化学分子式	传统分类	主要养分含量	其他养分及含量	吸湿性	水溶性	酸溶性	易燃性	酸碱性	产酸性
尿素	$CO(NH_2)_2$	氮肥	N 46%		差	高		差	中性	产酸
碳酸氢铵	NH_4HCO_3	氮肥	N 17%		高	高		差	中性	产酸
硝酸铵	NH_4NO_3	氮肥	N 35%		高	高		强	酸性	产酸
硫酸铵	$(NH_4)_2SO_4$	氮肥	N 21%	S 24%	高	高		差	酸性	产酸
氯化铵	NH_4Cl	氮肥	N 25%	Cl 66%	高	高		差	酸性	产酸
过磷酸钙	混合物	磷肥	P_2O_5 14%	S 12%, CaO 27%	中等	差	中等	差	酸性	
磷酸二铵	$(NH_4)_2HPO_4$	磷肥	P_2O_5 46%	N 18%	差	高		差	微酸性	产酸
磷酸一铵	$NH_4H_2PO_4$	磷肥	P_2O_5 48%	N 11%	差	高		差	微酸性	产酸
钙镁磷肥	混合物	磷肥	P_2O_5 18%	CaO25%, MgO14%	差	差	中等	差	微碱性	
重过磷酸钙	混合物	磷肥	P_2O_5 46%	S 1%, CaO 12%	差	中等		差	微酸性	
硝酸磷肥	混合物	复合肥	N 27%	P_2O_5 13%, CaO 20%	中等	高		差	酸性	
磷酸二氢钾	KH_2PO_4	钾肥	P_2O_5 52%	K_2O 34%	差	高		差	中性	
氯化钾	KCl	钾肥	K_2O 60%	Cl 47%	差	高		差	中性	
硫酸钾	K_2SO_4	钾肥	K_2O 50%	S 18%	差	高		差	中性	
硝酸钾	KNO_3	钾肥	K_2O 45%	N 13%	差	高		差	中性	
硝酸钙	$Ca(NO_3)_2·H_2O$	氮肥	Ca 20%	N 15%	高	高		差	微酸性	

（续）

肥料名称	化学分子式	传统分类	主要养分含量	其他养分及含量	吸湿性	水溶性	酸溶性	易燃性	酸碱性	产酸性
硝酸镁	$Mg(NO_3)_2$	氮肥	Mg 16%	N 18%	差	高		差	微酸	
硫酸镁	$MgSO_4$	镁肥	Mg 20%	S 26%	差	高		差	中性	
硫黄	S	硫肥	S 100%		差	差			中性	产酸
石膏	$CaSO_4$	石灰材料	CaO 29%	S 18%	差	差			中性	
方解石	$CaCO_3$	石灰材料	CaO 40%		差	差	高		微碱性	
生石灰	CaO	石灰材料	CaO 70%		差	差	高		碱性	
熟石灰	$Ca(OH)_2$	石灰材料	CaO 54%		差	差	高		碱性	
硫酸亚铁	$FeSO_4 \cdot 5H_2O$	微肥	Fe 23%	S 13%	中等	高			微酸性	
硫酸亚铁	$FeSO_4 \cdot 7H_2O$	微肥	Fe 20%	S 11%	中等	高			微酸性	
硫酸锌	$ZnSO_4 \cdot 7H_2O$	微肥	Zn 20%	S 10%	高	高			微酸性	
硫酸锌	$ZnSO_4 \cdot H_2O$	微肥	Zn 35%	S 16%	差	高			微酸性	
硫酸锰	$MnSO_4 \cdot H_2O$	微肥	Mn 32%	S 18%	差	高			微酸性	
硫酸锰	$MnSO_4 \cdot 3H_2O$	微肥	Mn 26%	S 15%	差				微酸性	
硫酸铜	$CuSO_4 \cdot 5H_2O$	微肥	Cu 25%	S 12%	中等	高			微酸性	
硼砂	$Na_2B_4O_7 \cdot 10H_2O$	微肥	B 10%		差	高			微碱性	
硼酸	H_3BO_3	微肥	B 16%		差	高			微酸性	
钼酸铵	$(NH_4)_6Mo_7O_{24} \cdot 4H_2O$	微肥	Mo 54%	N 6%	差	高			中性	
钼酸钠	$Na_6Mo_7O_{24}$	微肥	Mo 56%	Na 11%	差	高			微碱性	

附录 4 华中地区棉花施肥指南

（姜存仓）

1 作物特性

棉花是关系国计民生的重要战略物资，我国棉花产量与消费量均居世界首位，约占世界总量的 1/4。我国棉花种植面积占种植业面积的 3%，产值占 10%，是棉花主产区经济发展的重要支柱。棉花的播种时期一般在 5cm 地温 5d 稳定通过 14℃时，华中地区棉花一般于 3 月下旬至 4 月上旬播种，8 月中旬开始收获，10 月下旬收获结束拔秆，生育期通常 140～160d。棉花生育期划分为播种出苗期（播种—出苗，约需 10～15d）、苗期（出苗—现蕾，约需 30～40d）、蕾期（现蕾—开花，约需 25～30d）、花铃期（开花—吐絮，约需 45～55d）、吐絮期（吐絮—收花结束，30～60d 不等）。皮棉产量由每亩总铃数、单铃重及衣分 3 个因素构成。据研究，棉花平均单铃重一般在 4～5g，衣分约为 36%～40%。照此计算，亩产 50kg 皮棉需要 4 万个左右的成铃；亩产 75kg 皮棉需要 5.5 万个左右的成铃；亩产 100kg 皮棉需要 6.5 万个以上的成铃；亩产 125kg 以上的皮棉需要 7.5～8 万个成铃。由此可见，亩铃数是构成皮棉产量的主导因素，产量还取决于铃重和衣分的高低。单位面积基本苗数是调节合理群体结构的基础，当前华中地区棉花生产中，对于大株型的抗虫杂交棉品种基本苗数一般为每公顷 2.25 万～3.0 万株；对株型较紧凑的品种基本苗数一般每公顷 3.75 万～4.20 万株。

2 养分需求

2.1 棉花各生育期养分积累
参见表1。

表1 各生育期棉株养分积累率（%）

生育时期	1 420.5kg/hm²			1 114.5 kg /hm²			940.5 kg/hm²		
	N	P_2O_5	K_2O	N	P_2O_5	K_2O	N	P_2O_5	K_2O
出苗—现蕾期	4.6	3.4	3.7	4.5	3.1	4.1	4.5	3.0	4.0
现蕾期—开花期	27.8	25.3	28.3	29.4	27.4	21.0	30.4	28.7	31.6
开花期—吐絮期	59.8	64.4	61.6	60.8	65.1	62.5	62.4	67.1	63.2
吐絮期—成熟期	7.8	6.9	6.3	5.3	4.4	2.4	2.7	1.1	1.2

（引自陈奇恩，田明军，吴云康主编，《棉花的生育规律与优质高产高效栽培》，稍加修改）

出苗—现蕾期以营养生长为主，生长中心是茎、叶、根，此时体内氮代谢较为旺盛。由于苗小吸收养分总量少，氮、磷、钾均不足全生育期的5%（表1），绝对量不多，但需求很迫切，是营养的临界期，尤其是磷素。

现蕾—开花期是棉花从营养生长向生殖生长过渡期，并以营养生长为主，此期生长加速，吸收养分数量增多，氮素尤为突出，氮占总量的27.8%～30.4%，磷占总量的25.3%～28.7%，钾占总量的21.0%～31.6%左右。

开花—吐絮期营养生长转弱，生殖生长增强，碳氮代谢两旺，对养分的吸收量最大，氮磷钾均占全生育期的60%～70%，该期是营养的最大效率期。

吐絮—成熟期营养生长停止，营养器官中营养物质强烈地向棉铃中转移，根系吸收能力逐渐变弱，仍维持一定的吸收，但氮磷钾吸收仅为总量的 1%～8%。

生育后期通过合理施肥维持棉花根系与叶片的功能对高产有重要的作用。

2.2　棉花氮、磷、钾养分吸收规律

参见表 2。

表 2　不同产量水平棉花对氮磷钾的吸收量

产量水平（皮棉） （kg/hm²）	养分吸收量 （kg/hm²）			每 100kg 皮棉 养分吸收量（kg）			$N：P_2O_5：K_2O$
	N	P_2O_5	K_2O	N	P_2O_5	K_2O	
750	130.8	47.4	116.0	17.71	6.41	15.47	1：0.36：0.87
1 125							1：0.32：1.00
1 500	160.5	48.3	160.5	14.07	4.56	14.07	1：0.34：1.00
1 875							1：0.34：1.01
2 250	200.3	69.8	200.3	13.13	4.57	13.13	1：0.33：1.02
	236.6	87.5	239.6	12.49	4.20	12.60	
	270.0	90.0	276.0	11.84	3.94	11.84	

（引自陈伦寿、李仁岗主编，《农田施肥原理与实践》，稍加修改）

3　推荐施肥技术

氮磷钾等养分的资源特征显著不同，因此应采取不同的管理策略。氮素管理采用实时、实地精确监控技术，磷钾采用恒量监控技术，中微量元素做到因缺补缺。棉花 110kg/亩皮棉，密度 2 000 株/亩，40 个桃/株，争取带桃入伏，伏桃满腰，秋桃压顶。根据棉花的需肥规律，因地制宜的掌握施用种肥、施足基肥、轻施苗肥、稳施蕾肥、重施桃（花铃）肥（就是见桃狠施

肥）和补施秋（盖顶）肥（棉花在 7 月下旬打顶，8 月补施秋肥不是简单的盖顶肥，主要是为了防止早衰）等环节可以达到优质、高产目的。

3.1 棉花氮肥用量的确定

表 3 华中地区棉花氮肥用量

皮棉目标产量 (kg/hm²)	推荐氮施用量（kg/hm²）	
	总量	施肥时期
1 200	240	基施 95，蕾肥 75，桃肥 50，盖顶肥 20
1 500	270	基施 90，苗肥 30，蕾肥 80，桃肥 50，盖顶肥 20
1 800	300	基施 120，苗肥 30，蕾肥 80，桃肥 50，盖顶肥 20

为了获得最高氮肥使用效率，一半（或 1/3）的氮肥应在播种时施用，其余的氮肥可于现蕾期（蕾肥）、花铃期（桃肥）和盖顶肥分次施用。在种植前或种植时施用的氮肥可以与磷、钾肥一起撒施，并混入土壤；在植株以下 5 cm 深，距植株 5 cm 远的部位穴施，所获得的产量要比撒施或简单条施的为好。常将部分氮（1.5%～2.0%的尿素溶液）与杀虫剂一起在开花高峰期和棉铃发育阶段进行叶面喷施。养分形态：可以施铵态氮、硝态氮或酰胺态氮（硝酸铵、硫酸铵、尿素、含铵态氮或硝铵态氮的 NP 或 NPK 复合肥）（表 3）。

3.2 棉花磷肥用量的确定

如果在种植前或种植时施用 NPK 复合肥。将肥料混入土壤或置于潮湿表土以下 7.5～10cm，则对 P 和 K 的反应一般会更好。当 P 和 K 没在种植前施，最晚应在间苗时施用（在灌水之前施于沟的底部）。养分形态：水溶态或柠檬酸溶性态（例如普通过磷酸钙、磷酸铵、磷酸硝酸铵、NP 或 NPK 复合肥）（表 4）。

表 4　华中地区土壤磷分级及棉花磷肥用量

产量水平 （kg/hm²）	肥力等级	Olsen-P （mg/kg）	磷肥用量 （P₂O₅ kg/hm²）
	极低	＜7	120
	低	7～14	90
1 200	中	14～30	60
	高	30～40	30
	极高	＞40	0
	极低	＜7	160
	低	7～14	120
1 500	中	14～30	80
	高	30～40	40
	极高	＞40	
	极低	＜7	200
	低	7～14	150
1 800	中	14～30	100
	高	30～40	50
	极高	＞40	0

3.3　棉花钾肥用量的确定

参见表 5。

表 5　华中地区土壤钾分级及棉花钾肥用量

肥力等级	速效钾 （mg/kg）	钾肥用量 （K₂O，kg/hm²）	施肥时期及用量 （K₂O，kg/hm²）
极低	＜50	—	—
低	50～90	210	基施 80，蕾肥 80，桃肥 50
中	90～120	180	基施 70，蕾肥 70，桃肥 40
高	120～150	150	基施 60，蕾肥 60，桃肥 30
极高	＞150	90	基施 60，蕾肥 30

一部分 K 与 N、P 在种植前施用并混入土壤做基肥，其余钾分次施用，对钾肥的反应常会更好一些。复合肥通常施用含有氯化钾的 NPK，如缺 S 时也可用硫酸钾，一般用 KCl。

3.4　棉花中微量元素用量的确定

施用石灰：棉花对土壤酸度很敏感，当酸性土壤上施用石灰，特别是当 pH 低至约 5.5 时，石灰有显著的效应。如土壤酸性很强，一般亩施石灰 25～50kg，可做基肥与农家肥一起施入。追施以条施或穴施，以亩施 15kg 为宜。

硼（B）肥：根据土壤有效硼含量分 3 个层次：有效 B≤0.25mg/kg，土壤严重缺硼，基施硼肥（含 B 量 10％计）500g/亩，现蕾期用 0.1％～0.2％易溶于水的硼肥溶液，每隔 15d 喷 1 次，加喷施硼肥 1～2 次，施肥增产＞20％；有效 B 为 0.25～0.50mg/kg，土壤中度缺硼，基施硼肥 300g/亩，现蕾期用 0.1％～0.2％易溶于水的硼肥溶液，每隔 15d 喷 1 次，加喷施硼肥 1～2 次，施硼增产 10％～20％；有效 B 为 0.5～0.8mg/kg，土壤轻度缺硼，每隔 15d 喷 1 次，喷施硼肥 2～3 次，施硼增产 5％～10％。

锌（Zn）肥：当 Zn（DTPA 提取）含量低于 0.55mg/kg，则土壤缺 Zn；在此情况下，需要时，一般作基肥，用量为 22kg/hm^2 硫酸锌；也可使用 0.1％～0.2％硫酸锌溶液，在现蕾阶段喷施（可以与杀虫剂一起喷施）。

4　华中地区棉花施肥指导意见

4.1　施肥原则

针对华中地区氮磷化肥用量普遍偏高，肥料增产效率下降，而有机肥施用不足，微量元素硼和锌时有缺乏，主要状况是该区域普遍缺硼，局部缺锌，提出以下施肥原则：

①依据土壤肥力条件，适当调减氮磷化肥用量。

②增施有机肥，提倡有机无机肥料配合。

③依据土壤钾素状况，高效施用钾肥；注意增施硼肥，配合锌肥。

④氮肥分期施用，适当增加生育中期的氮肥施用比例。

⑤肥料施用应与高产优质栽培技术相结合。

4.2 施肥建议

（1）产量水平 110kg/亩以上　基肥：土杂肥 1 000～1 500kg/亩或腐熟饼肥 200～24kg/亩，氮肥（N）8～10kg/亩（基肥施用 30%，苗期追 10%，蕾期追 20%，花铃期追 40%），磷肥（P_2O_5）8～9kg/亩，钾肥（K_2O）17～20kg/亩（基肥施用 30%，蕾期追 40%，花铃期追 30%），硼砂 1.0kg/亩，硫酸锌 1.5kg/亩。

（2）产量水平 80～110kg/亩　基肥：土杂肥 800～1 200kg/亩或腐熟饼肥 150～200kg/亩，氮肥（N）7～9kg/亩（基肥施用 30%，蕾期追 20%，花铃期追 50%），磷肥（P_2O_5）6～8kg/亩，钾肥（K_2O）15～18kg/亩（基肥施用 30%，蕾期追 40%，花铃期追 30%），硼砂 1.0kg/亩，硫酸锌 1.5kg/亩。

（3）产量水平 80kg/亩以下　基肥：土杂肥 600～1 000kg/亩或腐熟饼肥 120～180kg/亩，氮肥（N）6～8kg/亩（基肥施用 30%，蕾期追 20%，花铃期追 50%），磷肥（P_2O_5）5～7kg/亩，钾肥（K_2O）12～15kg/亩（基肥施用 30%，蕾期追 40%，花铃期追 30%），硼砂 1.0kg/亩，硫酸锌 1.5kg/亩。

追肥原则如下：

棉花种植密度低，长势差的田块，追施肥时期可适当提前，施肥量适当增加；有旺长趋势的田块，追施肥时期可适当推迟，施肥量适当减少。结铃多，茎干细，叶片小、薄、色淡的田块，施肥量适当增加；结铃少，叶片肥厚、嫩绿、赘芽多的田块，施肥量适当减少。追肥可在棉花行间沟施（离棉行 15cm 左右），也可在棉花株间穴施，施肥后要及时盖土。如果 8 月中旬后有早衰趋势的棉田，可用 2%尿素加 0.2%磷酸二氢钾的水溶液叶面喷雾，每隔 7～10d1 次，连续喷 2～3 次。

（引自《中国主要作物施肥指南》，张福锁，陈新平，陈清等著，2009）

附录5 新疆棉花施肥指南

（危常州）

1 作物特性

新疆棉花栽培的主要模式是覆膜栽培，约1/2面积采用膜下滴灌方式栽培，其余采用沟灌方式栽培。由于地域广大，南北疆在播种期上有较大差别，南疆一般于3月25日开始播种，北疆于4月15日开始播种，故品种选择上南疆采用早熟—中熟品种，北疆采用特早熟—早熟品种。高产栽培棉花播种密度一般在1.6万～1.8万株/亩水平，收获株数1.4万株/亩左右。棉花生育期介于126～160d，过晚成熟则风险很大，故栽培上推荐采用早熟品种。

棉花的生育期可以划分为苗期、现蕾期、花期、结铃期、成熟期几个阶段，根据管理的水平不同，又可以分出更为细致的阶段，如花期可以分成初花期、盛花期、盛花—结铃期等。不同生态区虽然棉花品种、生育期、栽培模式不完全相同，但高产棉花对养分需求却具有相似的趋势。一般现蕾以前对氮、磷、钾养分需求数量均较低，吸收量占全生育期5%以下。现蕾后养分需求量迅速增加，以氮素养分为例，现蕾—开花期占27.6%，开花—吐絮期吸收量占66.42%。吐絮后主要是养分在植株体内的再分配，但现在的研究表明，高产—超高产棉田在吐絮后需要补充适量养分以维持根系活力，既有利于棉株体内养分循环，也有利于维持光合器官活性以后合成较多的碳水化合物以实现高产目标（即实现"绿叶白絮"的栽培目标）。

　　高产棉田与常规/低产棉田比较，其氮、磷、钾吸收量显著高于低产棉田，对土壤基础肥力的依存度不高，但是对土壤条件要求较高。氮、磷、钾养分吸收高峰期出现较晚，需肥量较大，尤其是钾素。吸收氮钾以前、中期为多，吸收高峰出现较早，而吸收磷以中、后期为多，吸收高峰出现较晚，且氮钾的吸收高峰比磷的短。和长江、黄淮海棉区比较，新疆棉区养分吸收高峰期出现早，单位面积吸收的养分总量最大，这与新疆棉区产量高于其他地区有关，但新疆棉区单位产量所需养分最低。

2　养分需求

　　南北疆不同产量水平不同研究者计算的棉花氮、磷、钾吸收量和相应的氮、磷、钾比例见表1。高产水平下，单位产量氮素吸收量降低，显示高产条件下养分氮素的生产效率更高；单位产量皮棉钾素吸收量显著增加，超高产棉田 N∶K 比例达到1∶1.3以上，而中产水平则接近 1∶1.1；高产棉田与中产棉田对磷素的吸收也有降低的趋势（表1）。

表1　不同产量水平下新疆棉花氮、磷、钾的吸收量

地名	产量（kg/hm²）	养分吸收量（kg/hm²）			100 kg 皮棉养分吸收量（kg）		
		N	P₂O₅	K₂O	N	P₂O₅	K₂O
南疆	1 800	242	71	266	13.4	3.97	14.8
南疆	2 250	263	68	334	11.7	3.04	14.8
北疆	1 950	273	76	274	14.0	3.91	14.1
北疆	2 700	306	99	358	11.3	3.68	13.2
北疆	3 000	413	147	519	13.8	4.91	17.3
北疆	3 150	406	124	492	12.9	3.92	15.6
北疆	3 300	416	117	544	12.6	3.56	16.5

3 推荐施肥技术

研究表明，采用膜下滴灌技术可以在每次灌溉时分次追肥，能够有效地减少氮素损失，且肥料集中施在棉株根部，方便吸收，因此膜下滴灌可以显著提高氮素肥料的利用率。一般常规灌溉氮肥利用率在35%左右，而采用膜下灌溉水肥一体化技术，氮肥利用率可以达到55%～65%，因此，采用膜下滴灌栽培棉花的氮肥施肥量要根据产量目标适度调低。由于氮素在土壤中转化途径多，在土壤中残留量低，且过量施氮容易导致棉花贪青晚熟、落花落蕾等副作用，因此棉花氮素管理适宜采用基于土壤氮素供应和作物生长监测的精细管理。

研究发现，磷素利用率在膜下滴灌条件下也有所提高，但当季利用率仍然只有15%左右，由于磷素在土壤中损失途径少，后效高，磷素轻度过剩没有氮素过剩那样明显的副作用，因此磷素养分管理适合采用恒量监控技术。

钾素养分在沟灌和膜下滴灌条件下均可以达到50%左右的利用率。由于新疆是钾丰富地区，研究表明，低产—中产农田一般钾肥的增产作用不显著，而土壤速效钾含量＞180mg/kg 时使用钾肥虽然可以提高改善棉花抗逆性，但是增产作用不稳定，因此新疆钾肥养分管理也适宜采用养分恒量监控原理进行管理，且土壤施肥的临界值为速效钾 180mg/kg。

中量元素的增产作用在新疆还很少报道，由于新疆绝大多数大田为石灰性土壤且含有一定数量盐碱，多数盐分类型为硫酸盐—氯化物，故土壤有效 Ca、Mg、S 含量较为丰富。目前施肥基本未考虑中量元素。

新疆微量元素中，土壤有效硼含量较高，而有效锌、有效锰、有效钼含量较低。目前关于硼肥增产作用的报道较多。在微量元素养分管理上，适宜采用因缺补缺的管理策略，根据土壤测定或者预备实验决定是否使用微量元素肥料。肥料可以采用含微量元素的复合肥或采用叶面追肥的方式。微量元素土壤养分测定往往不能准确预测肥效，因此推荐采用预备实验鉴定肥效然后再大面积推广。

3.1 以根层养分调控为核心的棉花膜下滴灌氮素实时监控技术

基于目标产量和土壤中 $NO_3^- - N$ 含量的棉花氮肥用量的确定：

（1）基肥用量的确定（表2） 土壤 N_{min} 储量是判断农田氮素供应能力的可靠指标。由于新疆旱地超过90％以上的无机氮以硝酸盐形式存在，故可以测定硝酸盐储量代表土壤无机氮。推荐取样深度 $0\sim60cm$，鲜土样采用 $1mol/LCaCl_2$ 提取剂浸提（同时留样分析含水量），采用流动注射分析仪，铜镉还原柱法或者反射仪速测。测定土壤含水量后换算成干基硝酸盐含量。

（2）追肥用量的确定（表3） 膜下滴灌最突出的优势就是不受田间郁闭的影响，可以在作物生长中后期方便的追肥。膜下滴灌氮肥追肥在新疆一般进行9次左右，每次纯氮用量 $30kg/hm^2$ 左右，具体追肥量要根据苗情诊断决定。经验管理则在花铃期每次追肥 $45\sim60kg/hm^2$，蕾期和结铃期以及9月最后一次追肥 $30kg/hm^2$。

表2 棉花氮肥基肥推荐用量（kg/hm^2）

土壤 $NO_3^- - N$	目标产量				
	1 800	2 100	2 400	2 700	3 000
90	47	59	72	84	96
120	41	54	67	81	94
150	32	46	59	73	87
180	22	37	52	66	81
210	12	27	42	58	73

表 3 棉花氮肥追肥推荐用量（kg/hm²）

土壤 NO₃⁻－N	目标产量				
	1 800	2 100	2 400	2 700	3 000
90	187	236	286	336	385
120	160	216	270	324	377
150	126	182	238	293	349
180	90	148	207	266	324
210	48	109	170	230	291

3.2 以根层养分调控为核心的棉花膜下滴灌氮素实时监控技术（沟灌）

参见表 4、表 5。

表 4 棉花氮肥基肥推荐用量（kg/hm²）

土壤 NO₃⁻－N	目标产量				
	1 500	1 800	2 100	2 400	2 700
90	112	132	152	172	192
120	85	106	127	148	167
150	57	80	102	124	147
180	26	50	74	98	122
210	—	14	40	65	90

表 5 棉花氮肥追肥推荐用量（kg/hm²）

土壤 NO₃⁻－N	目标产量				
	1 500	1 800	2 100	2 400	2 700
90	112	132	152	172	192
120	85	106	127	148	167

（续）

土壤 $NO_3{}^--N$	目标产量				
	1 500	1 800	2 100	2 400	2 700
150	57	80	102	124	147
180	26	50	74	98	122
210	—	14	40	65	90

3.3 棉花膜下滴灌磷钾肥恒量监控技术

（1）棉花磷肥用量的确定（表6） 磷素养分恒量监控技术主要基于作物吸收量，保证缺磷土壤磷素有所积累，磷素丰富的土壤基本维持磷素总量平衡且有效磷含量不降低为原则。

表6 新疆土壤磷分级及棉花磷肥用量

产量水平 （kg/hm²）	肥力等级	土壤 Olsen-P （mg/kg）	磷肥用量 （P_2O_5，kg/hm²）
	极低	<10	120
	低	10～15	110
1 500	中	15～25	95
	高	25～40	85
	极高	>40	70
	极低	<10	150
	低	10～15	135
1 950	中	15～25	120
	高	25～40	110
	极高	>40	90
	极低	<10	170
	低	10～15	160
2 400	中	15～25	140
	高	25～40	120
	极高	>40	100

（2）棉花膜下滴灌钾肥用量的确定（表 7）

表 7　新疆土壤钾分级及对应钾肥用量

肥力等级	土壤交换性钾（mg/kg）	钾肥用量（K_2O，kg/hm^2）
极低	＜90	150
低	90～180	90
中	180～250	60
高	250～350	30
极高	＞350	0

3.4　中微量元素

参见表 8。

表 8　新疆微量元素丰缺指标及对应棉花用肥量

元素	提取方法	临界指标（mg/kg）	基施用量（kg/亩）
Zn	DTPA	0.5	$ZnSO_4$：1～2
B	沸水	1.0	硼砂：0.5～0.75

4　新疆棉花栽培施肥指导意见

新疆目前土壤全磷、速效磷的平均含量普遍比第二次土壤普查时高，但自治区的县、乡的速效磷含量在部分地区有所下降，应增施化学磷肥，以维持土壤磷素的平衡；兵团农牧场的土壤全磷、速效磷普遍提高，尤其是土壤速效磷增加幅度较大。对个别地区土壤速效磷含量高的农场应控制其化学磷肥的用量，提高磷肥的利用率。

目前新疆土壤钾素含量较新疆第二次土壤普查期间普遍下降，90％以上的土壤全钾含量比第二次土壤普查时土壤全钾含量范围的下限还低。土壤钾素含量下降的原因主要是：20 世纪 80

年代中后期农田施用有机肥普遍减少，有的地块多年不施有机肥，农作物产量则随着农业新技术的推广应用而不断提高，作物带走土壤中大量钾素，加之90年代中期以前基本不施用化学钾肥，导致了土壤钾素的下降。

针对以上这些情况提出以下施肥原则：

①增施有机肥，提倡有机无机配合。

②继续做好棉花秸秆还田工作，确保提高农田有机质含量和钾素生物循环效率。

③油饼（棉籽饼）还田是棉花实现高产、超高产的重要经验，在提倡棉籽饼综合开发的同时，要确保棉田施用 750～900kg/hm^2 的棉籽饼。

④依据土壤养分状况，适当调减氮磷化肥用量，尤其是膜下滴灌棉田氮肥用量比常规灌溉棉田用量低 1/3 左右。膜下滴灌棉田氮肥至少 70% 作追肥，以保证作物需肥高峰的需要并提高氮肥利用率。

⑤依据土壤钾素状况，高效施用钾肥。钾肥施用以基肥为主，发现缺钾症状也可追施化学钾肥。

⑥肥料施用应与高产优质栽培技术相结合。

⑦注意微量元素肥料使用，主要是硼肥和锌肥的施用，施肥以基肥为主，肥料种类最好为复合肥。

4.1 棉花施肥建议（滴灌）

（1）产量水平 180kg/亩以上　氮肥（N）25～27kg/亩，磷肥（P_2O_5）10kg/亩，钾肥（K_2O）10kg/亩。

（2）产量水平 150kg/亩　氮肥（N）21～24kg/亩，磷肥（P_2O_5）7kg/亩，钾肥（K_2O）0～5kg/亩。

（3）产量水平 120kg/亩以下　氮肥（N）18～20kg/亩，磷肥（P_2O_5）5kg/亩。

秋翻时用秸秆粉碎机粉碎秸秆并深翻土壤（25cm 以下）。

磷钾肥以基肥为主，滴灌专用肥以选择氮素含量高的品种为宜。基肥占氮肥 1/4 左右，3/4 作追肥，追肥次数 10 次左右。每次滴灌时结合施肥，最好灌水前施肥，后面只灌清水，以利肥料到达深层土壤。

4.2　棉花施肥建议（沟灌）

（1）产量水平 150kg/亩以上　氮肥（N）26～28kg/亩，磷肥（P_2O_5）10kg/亩，钾肥（K_2O）10kg/亩。

（2）产量水平 120kg/亩　氮肥（N）23～26kg/亩，磷肥（P_2O_5）7kg/亩，钾肥（K_2O）0～5kg/亩。

（3）产量水平 120kg/亩以下　氮肥（N）18～20kg/亩，磷肥（P_2O_5）5kg/亩。

秋翻时用秸秆粉碎机粉碎秸秆并深翻土壤（25cm 以下）。

磷钾肥以基肥为主。氮肥 50％左右做基肥，50％做追肥，追肥次数 2～3 次。第一次在头水期，用量 15％左右；第二次在盛花期，用量 35％左右；如在结铃期施肥，则 3 次施肥比例调整为：12％、25％、13％。

（引自《中国主要作物施肥指南》，张福锁，陈新平，陈清等著，2009）

图书在版编目（CIP）数据

棉花营养诊断与现代施肥技术／姜存仓，陈防主编
—北京：中国农业出版社，2011.5
ISBN 978-7-109-15612-8

Ⅰ.①棉⋯　Ⅱ.①姜⋯②陈⋯　Ⅲ.①棉花-营养诊
断②棉花-施肥　Ⅳ.①S562

中国版本图书馆 CIP 数据核字（2011）第 066615 号

中国农业出版社出版
（北京市朝阳区农展馆北路 2 号）
（邮政编码 100125）
责任编辑　贺志清

中国农业出版社印刷厂印刷　　新华书店北京发行所发行
2011 年 6 月第 1 版　　2011 年 7 月北京第 2 次印刷

开本：850mm×1168mm　1/32　印张：11.5　插页：2
字数：298 千字　　印数：1 501～3 500 册
定价：35.00 元
（凡本版图书出现印刷、装订错误，请向出版社发行部调换）

彩图1　棉花缺氮症状（佚名）

彩图2　棉花田间缺氮处理症状表现
（姜存仓提供）

株小，叶暗绿带红黄色

a

彩图4　棉花缺钾与不缺钾症状比较
（姜存仓提供）

叶色暗绿带黄，并有紫色斑块

b

彩图3　棉花缺磷症状表现（佚名）

彩图5 棉花缺钾早期出现的症状
（姜存仓提供）

彩图6 缺钾棉花叶片
（姜存仓提供）

开花前生
长点坏死

彩图7 棉花缺钙症状（佚名）

叶脉间发红

彩图8 棉花缺镁症状

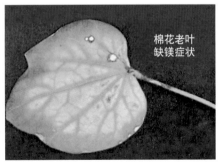

棉花老叶
缺镁症状

彩图9 棉花缺镁症状（佚名）

彩图10 棉花缺硫症状（佚名）

彩图11　棉花缺硼症状（王运华提供）

幼叶先失绿，叶脉间显示网状脉纹

幼叶黄白，叶脉保持绿色

彩图12　棉花缺锰症状（佚名）

彩图13　棉花不同程度的缺锌症状（佚名）

轻度缺锌

重度缺锌

彩图14　棉花不同程度的缺锌症状
（姜存仓提供）

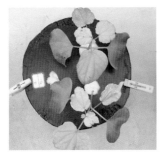

彩图15　棉花缺铁症状（姜存仓提供）

上排为棉铃，下排为吐絮的棉桃

正常　缺氮　缺磷　缺钾　缺镁　缺铁

彩图16　棉铃各种缺素症状（佚名）

缺铁　缺镁　缺钾　缺磷　缺氮

上部叶片除主脉外呈均一黄色

下部叶片脉间失绿，主、支脉均保持绿色，脉纹清晰，呈花斑叶

下部叶片叶尖、叶缘发黄，逐渐向内发展，沿脉间失绿

下部叶片叶色暗绿，有紫色斑块局部组织坏死

下部叶片叶色呈均一的淡黄色，局部有黄红色斑块

彩图17　棉花叶片各种缺素症状（佚名）

彩图18　棉花营养液培养试验
（姜存仓提供）

彩图19　棉花盆栽全生育期土培试验
（姜存仓提供）